KB274257

자연의 상상력

자연의 상상력

자연의 상상력

1판 1쇄 인쇄 2026. 2. 10.
1판 1쇄 발행 2026. 2. 27.

지은이 데이비드 패리어
옮긴이 이은진

발행인 박강휘
편집 정희경 | 디자인 지은혜 | 마케팅 김민준 | 홍보 이한솔
발행처 김영사
등록 1979년 5월 17일(제406-2003-036호)
주소 경기도 파주시 문발로 197(문발동) 우편번호 10881
전화 마케팅부 031)955-3100, 편집부 031)955-3200 팩스 031)955-3111

값은 뒤표지에 있습니다.
ISBN 979-11-7332-481-9 03400

홈페이지 www.gimmyoung.com   블로그 blog.naver.com/gybook
인스타그램 instagram.com/gimmyoung   이메일 bestbook@gimmyoung.com

좋은 독자가 좋은 책을 만듭니다.
김영사는 독자 여러분의 의견에 항상 귀 기울이고 있습니다.

진화하는 자연에서
배우는 희망의 언어

Nature's Genius

자연의 상상력

데이비드 패리어

이은진 옮김

김영사

일러두기

1. 외국의 인명과 지명은 국립국어원의 외래어 표기법을 기준으로 하되, 관용으로 굳어진 표기는 널리 쓰이는 표현을 존중하였다.
2. 동물·식물·곤충·미생물 등의 이름은 백과사전 및 국립생물자원관에 공식 등록된 명칭을 따랐다. 한국어 공식 명칭이 없는 경우에는 통용되는 이름을 사용하되, 원어를 함께 표기하였다.
3. 각주는 모두 옮긴이 주다.
4. 도서와 잡지는 《 》, 논문·영화·예술 작품 등은 〈 〉로 묶어 표시하였다.
5. 본문에는 저자가 직접 만난 사람들과 나눈 대화가 일부 수록되어 있으며, 해당 대화문은 각 인물의 말투와 뉘앙스를 최대한 살려 옮겼다.

암흑 속에서도 희망을 찾아 나서는
모든 이들에게

목차

Nature's Genius

20세기 내내, 산후안 카피스트라노의 절벽제비cliff swallow는 변치 않는 자연의 질서를 상징했다. 이 새들은 아르헨티나에서 겨울을 보낸 뒤, 봄이 오면 수천 킬로미터를 날아와 캘리포니아의 산후안 카피스트라노 선교소• 지붕 처마에 둥지를 튼다. 그것도 매년 같은 날, 3월 19일에 어김없이 돌아온다. 사람들은 이 새들의 귀환을 '자연은 영원히, 변함없이, 한결같이 순환될 것'이라는 증표로 받아들였다.

절벽제비는 참새목의 작은 새로, 보통 사람의 손바닥 크기 정도로 몸집이 아담하다. 이마에는 하얀 삼각형 무늬가 있고, 볼에는 선명한 붉은색이 감돈다. 머리와 등은 어두운색이며, 날개는 길고 뾰족하다. 튜닝포크••처럼 두 갈래로 길게 갈라져 우아해 보이는 여느 제비의 꼬리와 달리, 절벽제비의 꼬리는 삽처럼 짧

• 18세기 스페인 가톨릭교회가 캘리포니아 원주민을 개종시키고 정착시키기 위해 세운 종교·사회 복합 시설로 성당, 수도원, 학교, 농장, 생활 공간을 결합한 공동체. 현재는 역사적인 가톨릭 유적지 겸 박물관으로 운영 중이다.
•• 두 갈래로 갈라진 금속 막대로, 악기의 음을 맞출 때 쓰는 도구.

고 네모지다. 절벽제비는 절벽의 바위 면에 거대한 군집을 이루며 서식하는데, 진흙으로 둥근 바가지 모양의 둥지를 짓고 산다.

그러나 매년 같은 날 돌아온다고 해서, 변화를 거부하는 새라는 뜻은 아니다. 절벽제비는 원래 캘리포니아 해안 지역에 분포했지만, 19세기 미국의 서부 개척 시대를 맞아 점차 동쪽으로 서식지를 넓혀갔다. 목초지를 만들기 위해 숲을 개간하기 시작하자, 들판과 연못이 생겨났고 여기에는 절벽제비가 먹고살기에 충분할 정도로 곤충들이 풍부했다. 또 새로운 농장과 마을이 들어서자, 헛간과 건물 지붕의 처마처럼 둥지를 틀기에 적합한 인공 절벽들이 생겨났다. 특히, 절벽제비는 도로에서 살아남는 법을 익혔다. 고속도로가 뻗어 나가는 곳이라면 어디든 따라가 다리 아래나 배수구 안에 배가 불룩한 진흙 둥지를 짓고 수천 마리가 모여 떠들썩한 군락을 이루었다. 1980년대에 접어들면서 조류학자들은 도로 주변에 서식하는 절벽제비의 사회적 행동을 연구하기 시작했다. 그리고 시간이 지나면서 이상한 현상 하나를 발견했다.

일반적으로 도로는 새들에게 위험한 장소다. 특히 덩치 큰 SUV가 도로를 점령하면서 위험은 더욱 커졌다. 하지만 절벽제비 개체 수가 증가하는 동안, 차에 치여 죽은 개체 수는 예상과 달리 꾸준히 감소했다. 연구자들은 교통사고로 죽은 새들의 날개 길이를 다른 개체들과 비교했는데, 흥미로운 차이점을 하나 발견했다. 차에 치여 죽은 제비는 대체로 길고 뾰족한 날개를 가지고 있었지만, 도로에서 살아남은 제비는 짧고 둥근 날개를 가진 경우가 많았다. 단검처럼 날카롭던 원래 모양에서 흙손처럼 둥글고 뭉툭하게 모양이 바뀌어 있었다. 이런 뭉툭한 날개 덕분에 절벽제비는 더욱 민첩해졌고, 빠르게 위로 튀어 오르거나 날렵하게 방향을 바꿀 수 있는 능력이 생겼다. 덕분에 이 새들은 자동차가 돌진해오는 순간 빠르게 방향을 틀어 피할 수 있었고, 그렇게 살아남은 개체들이 유전자를 후세에 전달했다. 결국, 날개가 짧은 제비들이 '치킨 게임'을 더 잘한 듯하다.

진화가 일어나는 요인은 다양하다. 먹이가 줄어서일 수도 있고, 새로운 먹잇감이 등장해서일 수도 있다. 때때로 유전자 풀에서 유익한 돌연변이가 나타나기도 한다. 서로 다른 종들이 만나 경쟁하거나 위협에 대응하다가 진화가 일어나기도 하고, 반대로 고립된 환경에서 각자의 방식으로 진화하기도 한다. 결국, 모든 생명체는 시간과 환경이 가하는 압력을 견디며 진화해온 결과물이다. 절벽제비에게 작용한 압력의 정체는 질주하는 3톤짜리 SUV였다. 자연의 불변성을 상징하던 이 새들은 단 몇십 년 만에 진화했다. 그 변화를 불러온 존재는 다름 아닌 인간이었다.

우리는 경이로움으로 가득한 세상에 살고 있지만, 동시에 생명의 토대를 뒤흔드는 뿌리 깊고도 전면적인 재앙 한가운데에서 있다. 절벽제비는 인간이 만든 위협 중 하나에 적응하는 방법을 찾아내 살아남았지만, 전 세계적으로 보면 전체 조류 종의 절반이 사라지고 있다. 2019년, 유엔 보고서는 2100년까지 최

짧고 둥근 날개를 가진 절벽제비

대 1백만 종의 동식물이 멸종할 수 있다고 내다보았다. 하지만 이 위기의 중심에서 눈에 잘 띄지 않게 진행되는 또 다른 흐름도 분명히 존재한다. 일부 생물들은 놀라운 속도로 변하고 있다. 멸종을 초래하는 주요 원인들, 그러니까 농업부터 도시화, 외래종 확산, 오염, 심지어 기후 위기까지 이 모든 원인이 동시에 생물의 진화 속도를 끌어올리고 있다. 약 40억 년 동안, 지구상의 생명체는 존재하는 방식, 감각하는 방식, 이동하는 방식, 번식하는 방식을 끊임없이 실험하며, 각 시대가 요구하는 도전에 대응할 새로운 길을 찾아왔다.

그럼에도 지금 생명체들은 인간이 변형시킨 환경 속에서 그 어느 때보다 혹독한 적응을 요구받고 있다. 남극을 제외한 모든 대륙에서 동물, 식물, 곤충 들은 변화하는 기후와 인간이 바꿔놓은 생태계의 압력에 부단히 적응해오고 있다. 지구온난화는 산호와 이끼부터 새와 나비에 이르기까지, 거의 모든 생물의 서식지를 확장시키고 있다. 도시의 고층 건물은 절벽이 되고, 지하철은 동굴이 되며, 공원은 새로운 물길이 된다. 인간이 만든 공간들이 자연의 자리를 대신하고 있는 것이다. 거대한 선박들이 오가면서, 한때는 바다에 가로막혔던 대륙들 사이로 생물들이 퍼져나간다. 이제 인간의 흔적은 생명의 가장 미세한 변화 속에도 스며든다. 새들은 도시의 소음에 적응하느라 본래의 노래를 잃었고, 거미들은 환경에 맞춰 거미줄의 모양을 바꾸었으며, 코끼리는 밀렵꾼을 피하려 상아 없이 태어난다. 인간 문명 자체가 가장 강력한 진화의 원동력이 되었다. 지구의 생태환경이 변화할수록 그 영향은 점점 더 심각해질 것이다. 그렇다면 이 광범위한 변화 속에서 어떻게 하면 지속가능한 미래를 열어갈 수 있을까?

사실, 진화의 유연성과 적응력은 우리가 지속가능한 도시를 건설하고, 오염 문제를 해결하며, 기후 변화에 대응하는 법을 배우는 데 중요한 통찰을 제공한다. 설령 인간이 끼친 영향으로 진화의 방향이 틀어진다 해도, 진화는 여전히 변화를 위한 지혜를 간직하고 있다.

본격적으로 진화의 교훈을 살펴보기 전에, 먼저 경고의 말을 전하고자 한다. 현재 인류가 진화를 이끄는 존재가 되었다는 사실, 다시 말해 무려 37억 년 동안 지구 생명을 형성해온 강력한 힘을 우리가 주도하고 있다는 사실은 자만하거나 안일해질 이유가 되지 않는다. '적응'은 만능 해결책이 아니다. 많은 종들이 인간이 지배하는 행성에서 살아남기 위해 스스로 변화하고 있다고 해서, 생물다양성의 위기를 불러온 책임에서 우리가 자유로워지는 것은 아니다. 생태계가 산산조각 난 채로 방치된 상황에서, 그 조각들을 자연선택이 알아서 수습해줄 거라 믿고 손을 놓아서는 안 된다. 우리가 계속해서 대기 환경을 훼손하고, 바다의 균형을 무너뜨리며, 도로와 자원을 개발한다는 명목으로 자연을 파괴하고, 산업 오염물질로 공기, 토양, 물을 오염시키는한, 대규모 죽음은 필연적으로 뒤따를 것이다.

생물들은 대부분 지금 속도로 진행되는 기후 변화와 서식지 파괴를 따라잡지 못한다. 특정한 환경에 정교하게 적응해 살아가는 생물일수록, 그 환경을 더 이상 유지할 수 없을 때 변화에 발맞춰 살아남을 가능성이 더 낮다. 가장 강인하고, 가장 적응력이 뛰어난 종들이 다가올 미래의 생태계를 구성할 것이다. 하지만 새롭게 드러난 특징이 생존에 유리한 방향으로 작용하지 않을 가능성도 크다. 즉, 목표를 빗나간 진화가 될 수 있다는 말이다. 변화가 결과적으로 생물을 더 취약하게 만드는 '부적응' 현상을 초래할 가능성은 꽤 높게 존재한다. 생태계는 수많은 생명들이 얽히고설킨 채, 정교하고도 정밀하게 균형을 이루는 관계망이다. 생태계 변화는 결코 개별적으로 일어나지 않을 것이다. 이 관계들이 미묘하게 바뀌는 것만으로도 그 영향이 누적되면 결국 심각한 결과를 불러올 수 있다.

그럼에도, 변화는 지금 이 순간에도 전 세계에서 동시에 일어나고 있다. 어떤 생물은 인간이 지배하는 행성의 조건에 맞춰 생존 방식 자체를 바꾸고 있다. 만약 이들이 새로운 환경에서 성공적으로 적응해 번성한다면, 인간이 촉발한 환경 변화가 결국 그 종들의 진화 방향을 새롭게 결정하는 셈이다. 따라서 지금 우리가 목격하고 있는 변화는 먼 미래에 중대한 영향을 미칠 가능성이 크다. 진화는 결코 멈추지 않는다. 생명의 기반이 심각하게 위협받는 상황에서도, 끊임없이 반응하며 스스로 새로운 해법을 찾아내는 것이 자연의 작동 원리이기 때문이다. 따라서 우리는 이러한 위기의 시대에 더 나은 세상을 만들기 위해 진화로부터 무엇을 배워야 할지 고민해야 한다.

한때는 진화를 매우 느리게 진행되는 과정, 수백만 년에 걸쳐 점진적으로 펼쳐지는 변화로 여겼다. 그런데 인간이 진화의 속도를 상상 이상으로 끌어올렸다. 한때 대륙의 절반을 뒤덮었던 광활한 숲이 조각조각 나뉘면서, 북아메리카의 참새목의 새들은 불과 100년 사이에 새로운 모양의 날개를 갖게 되었다. 1948년, 파울 뮐러Paul Müller가 살충제 디디티DDT를 발견한 공로로 노벨상을 받았지만, 집파리들은 시상식이 열리기도 전에 이미 그 독성에 맞서기 시작했다. 1960년대에는 모기도 디디티에 내성을 갖게 되었으며, 1990년이 되자 500종 이상의 곤충이 디디티에 완전히 내성을 가지게 되었다. 1980년대 이후 사냥꾼들이 크고 뿔이 잘 발달한 개체를 집중적으로 사냥하자, 캐나다 앨버타 지역의 큰뿔야생양bighorn sheep은 뿔과 몸집이 점점 작아지는 형태로 변화했다. 베네수엘라 카리아코만의 해양 플랑크톤은 불과 15년 만에 주변 해역보다 0.5도 높은 온도에서도 생존할 수 있도록 변화에 적응했다. 세균이 항생제 내성을 획득하는 유전자 조합 시스템인 항생제 인테그론integron은 인간과 동물의 배설물을 통해 매일 약 10의 23제곱에 달하는 개체 수가 환경으로 배출된다. 이로 인해 새로운 항생제 내성균이 더욱 빠르게 퍼질 수 있다.

2016년, 하버드대학교 과학자들은 인간이 유발한 변화 속에서 생물의 진화가 얼마나 빠르게 일어나는지를 보여주는 실험을 설계했다. (물론, 이 실험의 대상은 미생물이었으며, 미생물은 더 복잡한 생명체보다 훨씬 빠르게 변화할 수 있다.) 이른바 '메가 플레이트 mega-plate 실험'이라 불리는 이 연구는 탁자 크기의 거대한 페트리접시 하나를 아홉 구역으로 나눈 뒤, 중심으로 갈수록 항생제 농도를 점점 높이는 구조로 설계되었다. 가장 바깥쪽 구역에는 항생제를 전혀 투입하지 않았고, 그다음 구역에는 대장균이 버틸 수 있는 수준의 항생제를 투입했다. 이후 구역들은 각각 이전 구역의 10배, 100배 농도의 항생제를 투입했으며, 중앙 구역에는 본래 대장균이 생존할 수 있는 최대치보다 1천 배나 높은 농도의 항생제를 투입했다.

연구진이 촬영한 타임랩스 영상은 대장균을 가장 바깥쪽에 투입한 순간부터 무슨 일이 벌어지는지를 생생히 보여준다. 한천 배지*에 먹물을 섞어 배경을 검게 만들면, 그 위에서 증식한 박테리아는 배경과 대비되어 흰색으로 나타난다. 처음에 미생물은 항생제가 없는 구역을 빠르게 채운다. 그러다 자신들이 적응할 수 있는 수준보다 더 높은 농도의 항생제가 있는 구역의 경계에 도달하자 성장이 멈춘다. 그러다 마침내 단 하나의 돌연변이 개체가 밤하늘에 번지는 섬광처럼 경계를 넘는다. 뒤이어 더 강한 내성을 가진 돌연변이들이 나타나 공간을 서로 차지하려고 경쟁하며 안쪽으로 점점 퍼진다. 그리고 마침내 야생에서 대장균이 견딜 수 있는 최대 농도의 1천 배에 이르는 구역까지 도달한다. 검은 한천 배지 위에서 흰색 박테리아가 꽃처럼 퍼져

• 해조류에서 추출한 한천을 이용해 만든 고체 형태의 세균 배양 배지.

나가는 모습은 마치 어두운 바다 위에 얼음 결정이 형성되는 광경을 연상시킨다. 대장균이 치명적인 중앙 구역에 도달하기까지 걸린 기간은 겨우 11일에 불과했다.

인간이 만든 환경의 압력에 적응해나가는 동물, 식물, 곤충, 미생물 들에게서 우리가 얻을 수 있는 교훈은 바로 이것이다. 변화는 놀라울 만큼 빠르게 일어날 수 있다. 자연이 보여주는 이런 적응력을 우리도 배워야 한다. 우리는 자연이 어쩔 수 없이 스스로 변화하도록 내몰고 있다. 하지만 재앙을 피하려면 우리 역시 변화해야만 한다. 다행히 변화의 가능성은 모든 생명체 안에 깃들어 있다.

사람들은 생물학적 변화가 유전자에 의해 결정된다고 배운다. 하지만 20세기 전반까지만 해도, 유전자는 과학자들의 상상 속에만 존재하는, 실체 없는 개념에 가까웠다. 식물의 유전에 관한 그레고어 멘델Gregor Mendel의 선구적인 연구가 19세기 후반인 1860년대에 발표되었지만, 당시에는 거의 주목받지 못했다. 그러다 1900년 무렵이 되어서야 새로이 조명받기 시작했고, 이 연구는 유전 현상을 과학적으로 설명하려는 새로운 시도의 출발점이 되었다. 1906년에는 이러한 흐름 속에서 '유전학genetics'이라는 용어가 처음 사용되었고, 3년 뒤에는 '유전자gene'라는 개념도 등장했다. 다만 이 시점까지도 유전자는 여전히 물리적 실체가 확인되지 않은, 이론 속 개념에 불과했다. 당시에는 그 누구도 유전자가 어떻게 생겼는지, 심지어 실제로 존재하는지조차 알지 못했다. 많은 과학자에게 유전자는 유전학을 설명하려면 꼭 필요하지만, 물리적 실체가 불분명한 가설에 불과했다. 즉, 형질이 세대를 거쳐 변함없이 전달된다는 사실을 설명하기 위해 가정된 개념적 도구였던 셈이다.

그럼에도 불구하고, 아니, 어쩌면 그 실체 없음 덕분에, 유전자는 거의 신화적인 힘을 갖게 되었다. 1944년, 에르빈 슈뢰딩거Erwin Schrödinger는 유전자를 가리켜 "입법자이자 집행자, 설계도이자 기술자. 이 모든 역할을 한 몸에 지닌 생물학적 폭군"이라고 했다. 1953년, 제임스 왓슨James Watson과 프랜시스 크릭Francis Crick은 로절린드 프랭클린Rosalind Franklin의 엑스선결정학 연구를 바탕으로 DNA의 이중나선 구조를 발견했다. 이로써 유전자가 마침내 화학적 실체가 있는 존재로 드러났지만, 그 사실은 오히려 유전자의 위상을 더 높이는 계기가 되었다. 유전자는 진화적 변화를 주도하는 핵심 요소로 자리 잡았다. 물리학자이자 철학자인 에블린 폭스 켈러Evelyn Fox Keller는 유전자를 가리켜 "물리학자에게는 원자요, 플라톤에게는 영혼"•이라고 표현했다.

싯다르타 무케르지Siddhartha Mukherjee는 20세기 과학을 정의하는 세 가지 핵심 단위로 유전자, 원자, 바이트byte를 꼽았다. 이 중에서 우리의 집단적 상상력을 가장 강력하게 사로잡은 것은 바로 유전자였다. 그 이유 중 하나는 유전자가 다른 두 요소의 특징을 모두 가지고 있다고 보았기 때문이다. 유전자는 한편으

• 진화적 변화의 가장 근본적인 단위이자 생명의 본질적인 요소라는 의미.

로는 생명의 근본 정보를 담은 창고였고, 다른 한편으로는 변화를 일으키는 신비로운 에너지였다. 대중들은 점차 유전자를 물리학보다 컴퓨터과학의 언어로 이해하기 시작했다. 유전자는 생물학적 중앙처리장치CPU처럼 데이터를 저장하는 동시에 생명체를 조절하는 명령 센터로 여겨졌다. 돌연변이, 자연선택, 유전적 부동genetic drift**에 의한 변화는 마치 컴퓨터 프로그램에 작은 오류가 끼어드는 것과 같았다.

그러나 유전학이 발전하면서 진화가 훨씬 더 복잡한 과정임이 밝혀졌다. 유전자는 결합하여 게놈genome(유전체)을 형성한다. 게놈은 생명체의 DNA에 암호화된 모든 정보를 합한 것으로, 이를 바탕으로 표현형phenotype이 생성된다. 표현형이란, 생명체의 생리적 특징부터 행동 양식에 이르기까지 종을 규정하는 형질들의 집합을 의미한다. 《아빠가 읽어주는 신기한 이야기Just So Stories》에 나오는 표범의 반점이나 코뿔소의 주름처럼, 종을 특징짓는 이런 생김새가 바로 표현형의 한 예다. 놀랍게도 하나의 게놈에서 다양한 표현형이 나타날 수 있다. 유전자는 마치 스위치를 조작하듯 켜지거나 꺼질 수 있으며, 발현된 유전자와 비발현된 유전자가 다양한 조합을 이루면서 각기 다른 표현형을 만들어낸다. 이렇게 하나의 생명체가 가진 모든 표현형의

** 한 집단 내 우연한 변화로 인해 유전자 비율이 세대마다 달라지는 현상. 자연선택과 달리, 생존에 유리한 형질이 아니라도 무작위적인 요인에 의해 특정 유전자가 퍼지거나 사라질 수 있고, 주로 개체 수가 적고 고립된 집단에서 일어난다.

총합을 '페놈phenome'이라고 한다. 페놈은 특정 환경 조건에 더 잘 맞거나 덜 적합한 다양한 형질이 모인 집합체다.

그리고 변화하는 환경에 맞게 이러한 형질들을 조정할 수 있는 능력을 '가소성plasticity'이라고 한다. 이와 같은 적응력은 민들레부터 물벼룩에 이르기까지 자연계 전반에서 발견된다. 예컨대, 물벼룩은 환경의 요구에 따라 몸 크기, 여과 섭식 기관의 구조, 심지어 생활 주기의 리듬까지 변화시킬 수 있다. 가소성은 생명체가 미리 정해진 신체 구조나 행동 양식을 단순히 선택하는 것을 의미하지 않는다. 오히려 유전자와 환경이 협력하여 만들어내는 결과물로 이해하는 편이 더 적절하다. 즉, 생명체의 모습이나 특성이 변화하는 방식은 단순히 유전 정보에 의해 결정되는 것이 아니라 환경과의 상호작용을 통해 형성된다. 게놈은 다양한 '후성유전적 요인epigenetic factors'의 영향을 받으며, 그에 따라 특정 유전자의 스위치가 커지거나 꺼진다. 그렇게 하나의 게놈은 전혀 다른 표현형으로 모습을 드러낸다.

'표현형 가소성' 덕분에 생명체는 변화에 맞춰 몸을 바꾸고, 행동을 새롭게 조율할 수 있다. 북극여우는 겨울에는 하얀 털로 덮여 있다가, 여름이 되면 회색이나 갈색 털로 바꾼다. 오늘날 우리가 목격하는 적응 사례들은 대부분 유전적 변화의 증거라기보다는 가소성이 만들어낸 표현형의 변이인 경우가 많다. 앞에서 살펴본 절벽제비도, 녹색황금방울개구리green and golden bell frog와 그린란드순록Greenland caribou도 유전자가 변한 것이 아니라, 본래 지닌 가소성을 활용해 표현형을 바꾼 것이다.

오하이오의 숲을 밝히는 홍관조는 선명한 붉은 깃털을 자랑하지만, 도시 북부에 서식하는 홍관조들은 상대적으로 색이 덜 화려하다. 그럼에도 이 개체들은 환경 변화에 적응한 덕분에 짝을 찾는 데 불리하지 않다. 숲에 사는 홍관조들의 깃털 색이 더 선명한 이유는 카로티노이드carotenoid가 풍부한 인동덩굴을 먹기 때문이고, 이들은 화려한 붉은색 깃털을 과시하며 이성을 유혹한다. 반면, 도시에는 인동덩굴이 부족해서 도시 홍관조들은 깃털 색이 흐릿하다. 그 대신 이들은 화려한 깃털 없이도 짝을 찾을 수 있도록 번식과 장식의 유전적 연관성을 스스로 느슨하게 조정했다. 산호부터 나비, 나무에 이르기까지 다양하기 그지없는 생물들이 서식지를 넓혀가는 이유도, 숲 도롱뇽과 잠자리가 몸의 형태를 변화시키는 이유도, 기후가 따뜻해질수록 푸른 바다거북이가 암컷 새끼를 더 많이 낳는 이유도 모두 이 때문이다. 아프리카발톱개구리African clawed frog의 올챙이는 장에 미세플라스틱이 쌓여 흡수할 수 있는 영양소가 줄어들자, 장의 길이와 크기를 키우는 방식으로 몸을 조율한다. 이 모든 변화는 가소성 덕분이다.

이렇듯 생물들이 가소성을 활용해 환경 변화에 적응해가는 가운데, 일부 생물들 사이에서는 '종 분화'가 진행되고 있다. 런던 지하철은 물론이고 뉴욕과 시카고의 지하철에서도 모기들은 지하 환경에 적응하면서, 이제는 지상에서 서식하는 같은 종의 모기들과 교배할 수 없게 되었다. 또, 유럽의 기온이 상승하면서 검은머리휘파람새blackcap의 아종 중 일부는 스페인으로 향하는 기존 이동 경로 대신, 영국으로 향하는 새로운 이동 경로를 개척했다. 흥미로운 점은 이들의 후손은 사육 환경에서도 본능적으로 영국 방향으로 날아가려 한다는 점이다. 이는 새로운 이동 경로가 후천적으로 학습된 게 아니라, 유전적으로 각인되었음을 시사한다. 이런 변화는 생물이 완전히 새로운 종으로 나아가는 첫걸음에 해당한다. 수백만 년 뒤, 런던 지하철 모기의 후손은 '호모사피엔스'의 영향을 받아 진화한 수많은 생물종 중 하나가 되어 있을지 모른다. 하지만 지금 우리가 보고 있는 변화들은 대부분 여전히 가소성에서 비롯된 것이다.

어쩌면 물고기가 처음 육지로 올라올 수 있었던 것도 가소성 덕분이었는지 모른다. 세네갈비처senegal bichir는 몸이 마름모꼴에 가깝고 등에 가느다란 가시들이 줄지어 있으며, 두 개의 단단하고 뭉툭한 가슴지느러미를 지닌 비교적 작은 물고기다. 나일강 유역이 원산지인 이 물고기는 폐와 아가미를 모두 가지고 있으며, 현존하는 물고기 가운데 초기 육상 어류와 가장 닮은 종으로 알려져 있다. 세네갈비처는 가슴지느러미를 이용해 땅을 밀며 몸을 끌어 이동할 수 있다. 2014년, 과학자들은 이 물고기가 육상 환경에서 어떻게 반응할지 살펴보기 위해 실험을 진행했다. 결과는 놀라웠다. 어깨뼈가 길어지면서 가슴지느러미와 연결된 뼈의 구조가 더욱 튼튼해져 육상에서 몸을 지탱하며 이동할 수 있게 되었다. 또한 두개골과 몸통을 잇는 부위의 결합이 느슨해지면서 머리를 더 자유롭게 움직일 수 있게 되었다.

이러한 변화 끝에 이 물고기는 3억 6천만 년 전 바다를 떠난 선구자 틱타알릭tiktaalik*과 훨씬 더 닮은 모습을 띠게 되었다. 더욱 놀라운 점은 이 변화가 단 한 세대도 지나지 않은, 겨우 8개월 만에 이루어졌다는 점이다.

과거에는 수천 년이 걸렸던 환경 변화가 이제는 불과 수십 년만에 진행되고 있다. 다양한 생명체가 환경에 맞춰 몸의 형태를 바꾸고, 먹이를 섭식하는 방식이나 이동 습성을 조정하는 능력은 생존에 필수가 되었다. 그리고 이러한 적응력은 우리 인간에게도 필수적이다. 이 책은 인간이 가진 '가소성'을 탐구하는 책이다. 물벼룩이나 세네갈비처가 보여주는 변화 능력은 우리에게도 내재해 있기 때문이다. 사실, 인류는 탄생 이래로 가소성을 바탕으로 끊임없이 적응해왔으며, 첨단 기술과 의학, 농업이 우리를 자연과 단절시킨 지금도 여전히 그 적응력을 활용하고 있다. 유전자를 바꿀 필요까지는 없을지도 모른다. 바꿔야 하는 것은 우리의 '삶의 방식'이다. 자연 속 생물들이 환경 변화에 적응하는 모습은 우리가 나아가야 할 방향을 제시해준다.

자연을 고려한 디자인은 우리의 일상을 혁신적으로 변화시킬 수 있다. 산호의 구조를 모방하면, 균열을 스스로 복구하고 대기

---

* 데본기에 서식했던 물고기로 현재 멸종했다. 어류에서 육상 척추동물로 진화하는 과정의 중요한 연결고리로 여겨진다. 물고기처럼 아가미와 비늘을 지닌 동시에, 머리를 독립적으로 움직일 수 있었고, 튼튼한 지느러미 뼈를 이용해 얕은 물속이나 습지 위를 밀며 이동했을 것으로 추정된다.

중 탄소를 흡수하는 건물을 만들 수 있다. 도시에 서식하는 동물들이 변화하는 방식에서 아이디어를 얻는다면, 폐기물 처리 방식을 혁신할 수도 있다. 사과 껍질과 새우 껍질로 만든 생분해성 플라스틱으로 합성 플라스틱을 대체할 수도 있다. 미생물의 화학적 능력을 이용하면 가정에 에너지를 공급할 수 있을 뿐만 아니라, 우리가 먹는 음식의 성질도 근본적으로 바꿀 수 있다. 그보다 더 근본적으로, 자연과 협력하는 법을 배운다면 인간이라는 존재 자체를 다시 정의할 수도 있다. 인류는 환경을 오염시키면서 스스로를 자연과 분리된 존재로 여겨왔다. 하지만 다른 생물들이 화학물질과 플라스틱 오염에 어떻게 적응해나가는지 살펴보다 보면, 우리가 자연과 관계를 회복할 단서를 찾을 수 있을지 모른다.

기후 변화는 철새의 이동, 동물의 번식 시기, 식물의 개화 시기를 조절하는 수많은 '자연의 시계'를 어지럽히고 있다. 하지만 우리가 자연의 리듬과 조화를 이루는 법을 배운다면, 예컨대 숲이 변화하는 시간에 맞춰 우리의 삶을 조율한다면, 정치 시스템까지 변화시킬 수 있을지 모른다. 또한 생명체들이 사고하고, 꿈꾸고, 소통하는 방식에 인간이 어떤 영향을 미치는지를 이해하면 할수록 우리는 생명과 더불어 살아가는 삶의 윤곽을 새롭게 그려볼 수 있다.

지금까지 인간이 초래한 변화는 대부분 의도하지 않은 결과였다. 우연처럼 보일지라도, 그 변화는 인간이 오랫동안 생명의 모습을 바꾸려 지속적으로 개입해온 과정 속에서 발생했다. 식물을 재배하고 동물을 길들인 최초의 시도는 현대 문명의 토대를 마련했으며, 앞으로의 유전자 편집 기술은 멸종 위기종들이 변화에 적응하도록 도울 것이다. 이 모든 시도를 보며 '인간이란 무엇인가'를 다시 묻게 된다. 우리는 변화하는 세계의 일부이며, 우리 역시 변화할 수 있는 존재라는 사실을 받아들여야 한다. 인간은 스스로를 자연과는 다른 특별한 존재로 여겨왔다. 하지만 변화하고 적응하는 능력은 언제나 자연이 지닌 고유한 지혜였고, 우리는 그 능력을 점점 잃어가고 있다. 지구상의 생명은 지금 이 순간에도 변하고 있고, 이제는 세상을 새롭게 그려볼 때다. 우리가 던져야 할 진짜 질문은 이것이다.

우리가 그 변화에 함께할 수 있을까?

만약 그럴 수 있다면, 이 경이롭고도 신비로운 지구는 모든 생명이 공존하며 번영하는 희망의 터전이 될 수 있을 것이다.

1

우리는
지금도
다시 만들어질 수 있다

최적의 개, 적응의 힘

한때, 봄이 오면 세상은 거칠고 야만스러운 혼돈에 휩싸였다. 로마의 루페르칼리아 축제 동안, 모든 동물의 주인인 파우누스 루페르쿠스Faunus Lupercus 신을 섬기는 제사장들은 연기 자욱한 제단 아래에서 이마에 피를 바른 채 희미하게 웃었다. 그들은 벌거벗은 몸에 제물로 바쳐진 염소의 낡은 가죽만을 걸치고, 도시를 내달렸다. 마주치는 이들을 향해 피 묻은 염소 가죽 채찍을 휘둘러 사람들을 공포에 몰아넣었다. 농부들은 파우누스를 달래지 않고 숲을 개간해 작물이나 가축을 키우면 벌을 받을 것이라 믿었다.

루페르칼리아 축제는 늑대가 양 떼에 가까이 다가오지 못하게 하는 의식이었다. 시인 호라티우스Horatius는 이렇게 노래했다.

    늑대가 어슬렁거려도 태평한 양들 사이로
    선하신 파우누스여, 햇살 가득한 내 농장을
    부디 살며시, 살며시 지나가소서.

1800년 1월 4일, 새 세기가 시작된 지 며칠 지나지 않아, 이탈리아 남부 풀리아 지역(이탈리아반도의 '굽'이 아드리아해를 뚫고 들어가는 곳)의 루체라 성벽 아래에서 한 귀족이 루페르칼리아의 유물을 발견했다. 이것이 현재 영국 옥스퍼드 애슈몰린박물관에 소장된 루체라 청동상이다. 14개의 청동 조각상으로 구성된 이 유물은 기원전 7세기경 인간과 동물의 형상을 조각해서 파우누스에게 바친 공물이었다. 인간 조각상 중 하나는 방패를 들고 있으며, 다른 하나는 악기를 불고 있다. 동물 조각상 중에는 황소와 비슷하게 생긴 동물과 거위, 개, 양 그리고 우아하게 말린 뿔을 가진 염소 머리가 포함되어 있다. 19세기 기록에 따르면, 한때는 어린 양을 문 늑대 조각상도 이 청동상 무리에 포함되어 있었던 것으로 보인다.

그런데 지금은 그 늑대가 사라졌다. 파우누스를 달래기 위해 드리던 그 오래된 제사 의식이 실제로 효과가 있었다고 해야 할까? 늑대가 사라진 자리에는 인간과, 인간이 길들인 동물들만 남았다. 그곳은 곧 익숙한 농장의 풍경이 되었다. 하지만 자세히 보면 이 익숙함은 어딘가 잘못되어 보인다. 19세기의 한 고생물학자는 청동상 가운데 염소 조각상이 실제로는 야생 앨파인아이벡스Alpine ibex를 보고 만들었을 수 있다고 추측했으며, 황소 조각상 또한 지금의 소가 아니라 멸종한 야생 오록스*Bos primigenius*, 즉 모든 소의 조상일 가능성이 있다고 주장했다. 이 청동상의 동물들은 길들여짐과 야생성 사이를 오가며 숲과 농장의 경계를 넘나든다. 그리고 바로 거기에 개가 있다.

개는 인간이 가장 오랫동안 함께해온 동물이다. 최소 1만 4천 년 동안 인간과 함께하며 완전히 길들여졌지만, 고고학적·유전체학적 증거에 따르면 늑대와 개가 갈라지는 과정은 훨씬 더 이전에 시작되었다. 프랑스 쇼베 동굴에 남아 있는 2만 6천 년 전 화석 발자국을 보면, 한 아이가 커다란 개과 동물과 함께 달리고 있다. 크기와 보폭을 분석한 결과, 늑대보다 개에 가까운 모습이었다. 한편 벨기에의 한 동굴에서 발견된 개의 특징을 지닌 두개골은 3만 년이 넘은 것으로 밝혀졌다. 시베리아에서 미라 상태로 발견된 늑대의 유전체를 분석한 결과에 따르면, 개와 늑대는 무려 4만 년 전부터 갈라지기 시작했을지도 모른다. 루체라 청동상이 만들어질 즈음, 개는 이미 오래전부터 개였다. 그럼에도 이 개 조각상에는 여전히 야생의 흔적이 남아 있다.

시인 앤서니 바니 카필데오Anthony Vahni Capildeo는 루체라 청동상을 다룬 시 〈개인가 늑대인가Dog or Wolf〉에서 이렇게 노래했다. "나는 바짝 선 귀로 세상을 듣지만, 내 꼬리는 만족스럽게 둥글게 감긴다." 늑대의 특징과 사냥개의 특징이 한데 섞여 있는 묘사다. 경계하며 바짝 세운 귀는 여전히 '늑대Canis lupus'의 것이지만, 기뻐서 흔드는 꼬리는 '개Canis familiaris'의 것이다. '착한 루포Good lupo'는 '최적의 개Optimum dog'와 같은 모습을 하고 있다고 바니 카필데오는 말한다. 이 개 조각상 하나에 수천 년에 걸친 길들이기의 역사가 담겨 있으며 한 종種을 인간의 필요에 맞게 변화시킨 끝없는 시간이 이 기묘한 조각 속에 응축되어 있다.

그것은 동물이 변화해온 역사이며, 결국 오늘날 우리가 살아가는 인간 중심의 세계를 탄생시킨 과정이기도 하다.

약 4만 년 전, 유럽 또는 중앙아시아 어딘가에서 회색늑대 한 마리가 사냥꾼들이 버린 동물 사체의 냄새를 맡았다. 사람을 본능적으로 두려워하지 않는 동물은 인간이 머무는 곳 주변에서 손쉽게 먹이를 얻을 수 있었다. 이러한 적응력은 점차 공존으로 이어졌고, 늑대와 인간은 서로를 받아들이며 함께 살아가는 법을 배웠다. 그 과정에서 늑대들은 변하기 시작했고, 세대가 지날수록 늑대와는 다른 모습의 개체들이 점점 늘어났다.

진화생물학자들은 이를 '공존을 통한 길듦'이라고 부른다. 인간이 개입하지 않아도 동물들이 자연스럽게 길들여지는 과정을 가리킨다. 이 방식으로 길들여진 동물은 개만이 아니었다. 북아프리카에서는 고양이, 동남아시아에서는 닭, 서유라시아에서는 돼지가 같은 경로를 따라 인간과 서서히 가까워졌다. 하지만 인간은 동물들이 적응하기를 단순히 기다리는 데서 그치지 않았다. 가축을 직접 관리하는 법을 터득했고 털과 우유, 고기를 얻기 위해 무리를 길들이기 시작했다. 인간은 사육한 동물들을 선별하여 번식시켰고, 길들이는 일은 더욱 체계적으로 이루어졌다. 염소, 양, 소가 비슷한 시기에 같은 지역에서 길들여진 것은 우연이 아니다. 이 동물들은 오늘날 중동 지역에 해당하는 '비옥한 초승달 지대'에서 약 1만 년 전 농경이 시작되며 본격적인 가축화가 이루어졌다.

가축 사육과 작물 재배는 인간 중심의 세계를 탄생시킨 산파였다. 우리가 아는 세상은 인류가 동물과 식물을 의도적으로 변화시키기 시작하면서 탄생했다. 약 2만 3천 년 전, 갈릴리해 연안에서 소규모로 야생 식물을 재배한 흔적이 남아 있다. 그리고 기원전 9400년경, 레반트 지역의 신석기인들은 엠머밀, 일립소맥, 보리, 완두, 렌즈콩, 쓴풀, 병아리콩, 아마 같은 여덟 가지 시조 작물을 재배하기 시작했다. 작물 재배는 '인간으로 산다는 것'의 의미 자체를 바꿔놓았다. 작물이 없었다면, 도시는 물론 그 뒤를 이어 꽃피운 문화들 역시 상상할 수조차 없었을 것이다. 인간은 다른 생명체를 활용하며 자신이 할 수 있는 일의 범위를 넓혀갔다. 석기를 쓰면서 더 단단한 것을 벨 수 있게 되었고 창을 사용하면서 사냥 범위를 확장했듯이, 가축을 기르면서 황소의 힘, 말의 속도, 개의 예리한 후각을 이용할 수 있게 되었다. 또한, 이 변화는 인간의 몸 자체를 바꿔놓았다. 동물과 식물을 기르는 과정에서 농경민들은 수렵채집인보다 더 강한 팔과 단단한 골격을 갖게 되었으며, 키는 더 작아졌다. 농경은 식단을 다양화하고 영양 공급을 풍부하게 했지만, 동시에 새로운 질병의 확산을 불러왔다.

인간이 중심이 된 세계에서 우리는 앞으로 어떻게 살아가야 할까? 자연이 지닌 야생의 지혜는 우리에게 무엇을 가르쳐줄까? 그것을 알려면, 먼저 인류가 가장 처음 다른 생명체를 변화시킨 방식을 알아야 한다.

— 인류가 가장 처음 다른 생명체를 변화시킨 방식

오랜 세월 동안 인류는 다양한 종을 길들여왔지만, 그 이후의 과정은 여전히 수수께끼로 남아 있었다. 인간은 동물을 길들일 줄은 알았지만, 그 특성이 어떻게 후대에 유전되는지는 알지 못했다. 유전형질이 세대를 거쳐 전달되는 방식은 찰스 다윈Charles Darwin의 자연선택 이론으로도 완전히 설명되지 않았다. 러시아에서 비밀리에 시작된 대담한 실험이 마침내 그 해답을 제시한 것은 20세기 후반에 들어서였다.

1866년, 찰스 다윈은 《가축화된 동물과 재배식물의 변이The Variation of Animals and Plants Under Domestication》라는 책을 출간했다. 이 책에서 그는 처음으로 가축화된 종들에게서 나타나는 공통된 특징을 정의했다. 길들여진 동물들은 크기와 생김새가 변하고, 처진 귀나 둥글게 말린 꼬리처럼 성장한 뒤에도 어린 개체의 특징이 남았다. 이마에 흰 얼룩이 나타나는 등 털색이 변하고, 인간과 더 잘 어울리며 사회성이 높아졌다. 또한, 더 어린 나이에 생식능력을 갖추고 번식기가 길어지는 경향이 있었다. 이런 특성들은 '가축화 증후군' 또는 '가축화 형질'이라는 개념으로 정리되었다. 다윈은 연구를 통해 자연선택 이론에서 부족한 부분을 메우려 했지만, 바로 이 지점에서 한계를 드러냈다. 그는 생물의 각 기관이 자신을 복제하는 데 필요한 정보를 담은 입자gemmule를 생성한다고 가정했다. 이 입자들이 자손에게 전달되면, 심장 입자는 심장 만드는 법을 결정하고, 팔다리 입자는 팔다리의 구조를 결정하는 방식이었다. 그는 이 개념을 '범생설 pangenesis'이라고 불렀다.

다윈의 범생설은 그의 다른 위대한 과학 업적과는 달리 거의 잊힌 이론이 되었다. 오늘날 독자들에게는 몸의 각 부분이 자기 자신의 축소판을 만들어낸다는 발상이 기묘하면서도 어딘가 인간적으로 느껴질 수도 있다. 하지만 다윈과 같은 시대를 살았던 동료 과학자들은 이 이론을 받아들이지 않았다. 그가 남긴《가축화된 동물과 재배식물의 변이》는 다윈 생전에 5천 부밖에 팔리지 않았다.

그런데 다윈도, 그의 독자들도 알지 못했던 사실이 있다. 유전에 관한 해답이 이미 발견될 조짐을 보이고 있었다는 점이다. 그 실마리는 오늘날 체코공화국 지역에서 활동한 아우구스티누스회 수도사 그레고어 멘델의 연구에서 나왔다. 멘델은 완두콩을 연구하며, 키나 색깔 같은 형질이 부모에게서 각각 하나씩 물려받은 대립유전자 쌍에 의해 결정된다는 사실을 밝혀냈다. 어떤 형질이 발현되는지는 두 개의 대립유전자 중 우성 유전자에 의해 결정된다는 점 역시 알아냈다. 멘델은 다윈이 범생설을 발표한 해와 같은 해인 1866년에 자신의 유전법칙을 발표했지만, 범생설보다도 더 관심을 받지 못한 채 잊히고 말았다. 멘델의 연구가 새롭게 주목받고 높은 평가를 받은 것은 20세기 초가 되어서였다. 이후 다윈의 자연선택 이론과 멘델의 유전법칙이 결합하여 '현대종합이론modern synthesis'이 탄생했다. 이것이 바로 유전학의 기초를 이루는 핵심 개념이다.

1930년대, 젊은 러시아 유전학자 드미트리 벨랴예프Dmitri Belyaev
는 다윈이 설명한 '가축화 증후군'에 깊이 매료되었다. 훗날 그는
야생동물을 길들이는 과정을 연구하는 혁신적인 실험을 고안하
며, 가축화가 이루어지는 원리를 새롭게 밝혀냈다. 하지만 당시
스탈린 체제의 러시아에서 멘델 유전학을 신봉하는 것은 위험한
일이었다. 러시아에서는 1930년부터 1933년까지 이어진 대기근
동안 최소 5백만 명이 굶어 죽었으며, 1946년에서 1947년 사이
에도 수백만 명이 추가로 목숨을 잃었다. 스탈린은 추가적인 식
량난을 막고, 소련을 극한 상황으로 몰아넣은 농업 개혁을 정당
화할 과학적 돌파구가 절실했다.

이처럼 극도로 불안정한 상황에서 한 사기꾼이 빠르게 기회
를 포착했다. 트로핌 리센코Trofim Lysenko라는 인물이었다. 리센
코는 기온이 매우 낮은 환경에서도 곡물 수확량을 극적으로 늘
릴 방법을 개발했다고 주장했다. 그가 내세운 이론은 과학적 근
거가 전혀 없었고, 실험 결과도 조작된 것이었다. 하지만 자신을
포장하는 능력과 정치적 술수가 뛰어난 리센코는 스탈린의 눈
에 들었다. 스탈린은 그를 '맨발의 교수'라 부르며 '소비에트의
영웅'이라고 치켜세웠다. 한편 리센코는 자신의 입지를 지키기
위해 멘델 유전학을 신봉하는 과학자들을 탄압하며, 그들을 타
락한 서구 사상의 추종자로 몰아갔다. 그 위협은 결코 가볍지
않았다. 1935년 농업 회의에서 리센코가 유전학자들을 '국가의
적'이라며 격렬하게 비난하자, 스탈린은 자리에서 벌떡 일어나
열렬히 박수를 보냈다.

이처럼 당시 러시아 과학계를 리센코가 장악하고 있었음에도 불구하고, 멘델의 유전학에 깊이 매료된 벨랴예프는 인간이 만든 환경이 다른 종에 미치는 영향을 연구하는 데 몰두했다. 유전학자로 밝혀지는 순간, 목숨을 잃을 수도 있었기에 그는 조심스럽게 행동할 수밖에 없었다. 1937년, 모스크바를 방문했을 때였다. 그가 존경하던 형 니콜라이가 체포되어 정식 재판도 없이 총살당했다. 니콜라이는 어린 벨랴예프가 유전학자의 꿈을 키우는 데 결정적인 영향을 준 인물이었다. 1940년에는 당대 최고의 유전학자 니콜라이 바빌로프Nikolai Vavilov가 길거리에서 검은 양복을 입은 남성 네 명에게 붙잡혀 모스크바의 악명 높은 루비얀카 감옥으로 끌려간 사건도 있었다. 그는 1930년대 대기근이 다시는 반복되지 않도록, 동시대 어떤 과학자보다도 많은 식물과 씨앗 샘플을 모았다. 하지만 1943년, 결국 감옥에서 굶어 죽고 말았다.

1939년, 벨랴예프는 모스크바 중앙연구소에서 모피 개량 연구원으로 일을 시작했다. 그는 코발트블루부터 빛나는 진주색까지 기존에는 볼 수 없었던 색상의 모피를 개발하며 명성을 쌓았다. 1952년에는 에스토니아 탈린에 있는 여우 농장을 비밀리에 방문했다. 그곳에서는 단 3세대 만에 야생 여우를 더 온순하게 만드는 데 성공했고, 이 경험은 그에게 결정적인 영감을 주었다. 1959년, 그는 노보시비르스크 인근에 조성된 연구 도시 아카뎀고로도크의 세포유전학연구소 소장으로 취임했다. 모스크바에서 3천 2백

킬로미터 떨어진 이곳은 리센코의 감시를 피할 수 있는 공간이기도 했다. 그렇게 마침내, 동물 진화 연구 역사상 가장 오랫동안 지속될 실험이 시작될 무대가 갖춰졌다. 1910년, 캐나다 프린스에드워드섬에서 사육된 은여우 모피 한 장이 2천 5백 달러에 팔렸다. 은여우 산업이 높은 수익을 올리자, 1920년대에는 그 후손들이 시베리아로 보내져 새로운 수익원으로 이용되었다. 벨랴예프는 탁월한 여우 사육 실력을 앞세워 실험을 감출 완벽한 명분을 얻었다. 혹시라도 리센코의 심복들이 의심한다면, 여우의 번식기를 연장해 공산당의 재정을 확충하는 방안을 연구하는 중이라고 둘러댈 수 있었다. 하지만 벨랴예프의 진짜 목적은 따로 있었다. 그는 인간과 접촉하는 시간을 극적으로 늘려주는 것만으로도 여우의 신체에 광범위한 변화를 일으킬 수 있다는 가설을 시험하고자 했다. 벨랴예프는 동료에게 자신의 야심을 이렇게 털어놓았다. "나는 여우를 개로 만들 거야."

아카뎀고로도크에는 벨랴예프가 구상한 실험을 수행할 만한 시설이 부족했다. 그래서 조수인 류드밀라 트루트Lyudmila Trut에게 노보시비르스크에서 320킬로미터 이상 떨어진 레스노이에 있는 여우 농장에 번식 센터를 설립하라고 지시했다. 그곳에서 트루트는 사육된 여우 수천 마리를 관리했다. 여우들은 길게 늘어선 개별 철제 우리 안을 서성이며 날카롭게 울부짖었다. 트루트는 훗날 그곳의 소음과 악취가 견디기 힘들 정도였다고 회고했다. 그녀가 수많은 울음소리 속에서 가장 온순한 개체를 가려낸 방식은 놀랄 만큼 단순했다. 트루트는 여우 우리 앞에서 한 마리씩 차례로 다가가며 걸음 수를 세었다. 트루트가 다가갔을 때 이빨을 드러내거나 으르렁거리는 반응이 가장 늦은 개체, 즉 가장 온순한 새끼 여우들이 선발되어 번식군을 형성했다. (과학자들은 이와 별도로, 선발 과정을 거치지 않은 대조군 여우들도 연구했다.)

프린스에드워드섬에서 들여온 은여우는 러시아에서 50년 동안 사육되었지만, 그동안 선별적인 번식이 이루어진 적은 없었다. 그들은 여전히 야생 여우와 같은 외형과 행동을 보였다. 사람이 다가가면 으르렁거리며 경계했고, 번식 주기도 야생 여우와 동일하게 계절에 따라 이루어졌다. 벨랴예프는 실험 결과가 나오기까지 50년은 걸릴 것으로 예상했다. 하지만 실제 변화는 50개월 만에 나타났다. 단 3세대 만에 여우들은 사람을 두려워하지 않게 되었다. 트루트가 '엠버'라는 이름을 붙인, 4세대인 한 새끼 여우는 처음으로 꼬리를 흔들었다. 6세대의 새끼들은 트루트나 연구진이 다가오면 반가운 듯 손을 핥았고, 홀로 남겨지면 애처롭게 낑낑거리며 울었다. 8세대에 이르러서는 일부 개체의 꼬리가 둥글게 말렸다.

1964년, 리센코가 몰락하면서 러시아 생물학계를 장악하고 있던 그의 영향력은 급격히 약화되었다. 반면, 벨랴예프의 실험은 구체적인 성과를 내기 시작했다. 1967년까지 인간과의 접촉이 여우들에게 급격한 변화를 일으킨다는 증거자료가 충분히 쌓였다. 이윽고 그는 아카뎀고로도크에 실험을 위한 전용 농장을 설립하도록 지시했다. 그는 여우 실험에 몰입한 나머지, 때때로 감정을 숨기지 못할 때가 있었다. 동료 과학자들에게 실험을 설명할 때면 새끼 여우처럼 눈을 동그랗게 뜨고, 손목을 오그려 앞발을 내미는 흉내까지 냈다.

1969년, 결정적인 돌파구가 열렸다. 모든 늑대와 여우의 새끼는 태어날 때 귀가 축 늘어져 있지만, 몇 주가 지나면 곧게 펴지는 것이 일반적이다. 그러나 트루트가 '메치타Mechta'(러시아어로 '꿈'이라는 뜻이다)라고 이름 붙인 한 여우는 성체가 되어서도 늘어진 귀를 그대로 유지했다.

또 다른 새끼 여우는 이마에 별 모양의 흰 무늬가 있었다. 이 것은 다윈이 정리한 '가축화된 동물'의 대표적인 특징 중 하나였다. 벨랴예프는 그 새끼 여우를 처음 보았을 때, "세상에, 이런 신기한 녀석은 또 처음 보네!" 하고 감탄했다고 한다.

같은 시기, 1년에 한 번 새끼를 낳던 여우들의 번식 주기도 깨졌다. 전체 암컷의 40퍼센트가 1년에 세 번씩 새끼를 낳았다. 실험 결과, 가축화된 여우들은 대조군에 비해 스트레스 호르몬 수치가 절반 수준에 불과했다. 이제 이들은 늘어진 귀에 얼룩무늬 털을 가졌을 뿐만 아니라, 일 년에 여러 번 새끼를 낳고, 사람을 잘 따르는 성향까지 띠게 되었다. 지구상 어디에도 이런 여우는 없었다. 불과 10세대 만에 여우는 개와 매우 흡사한 모습으로 바뀌었다.

변화는 계속되었다. 15세대에서 20세대 사이, 여우들은 다리와 꼬리가 짧아졌고, 일부 개체는 부정교합이 뚜렷하게 나타났

| 축 처진 귀가 생긴 최초의 은여우, 메치타

다. 두개골은 점점 좁아졌고, 수컷은 암컷과 더 비슷한 외형을 보였다. 1974년, 트루트는 연구를 위해 마련한 집으로 이사해 '푸쉰카Pushinka'라는 새끼 여우와 함께 생활했다. 푸쉰카는 러시아어로 '작은 털 뭉치'라는 뜻이었다. 그녀는 여우가 사람과 함께 살며 어떻게 적응하는지를 알아보기 위해 실험을 진행했다. 첫날 밤은 불안해 보였지만, 이튿날부터 푸쉰카는 트루트의 침대 발치에서 잠들었고, 낯선 사람이 오면 경계하는 양 짖었다.

여우 새끼는 늑대 새끼와 마찬가지로 처음에는 인간을 경계하지 않는다. 하지만 성장하면서 점점 더 공격적인 성향을 보인다. 벨랴예프는 이 공격성을 억제하거나 아예 없애면, 성체가 되어서도 어린 개체의 특징이 남게 되고, 그 결과 신체와 행동에 예상치 못한 다양한 변화가 일어난다는 사실까지 알아냈다. 1978년, 그는 모스크바에서 열린 국제유전학회 강연에서 이 과정을 '불안정 선택'이라고 명명했다. 일반적으로 자연선택은 환경에 적응하기 어려운 형질을 도태시키고, 환경과 조화를 이룬 형질이 세대를 거듭하며 유지되도록 이끈다. 이때, 환경이 급격히 변하면 그 균형이 무너지고, 하나의 변화가 예상치 못한 여러 가지 변화를 연쇄적으로 일으킬 수 있다.

이후 연구에서 벨랴예프는 '불안정 선택'이 일어나는 생리적 원인을 밝혀냈다. 신경능선세포는 시상하부-뇌하수체-부신 축과 관련된 줄기세포의 일종으로, 스트레스 호르몬 생성 과정과 깊은 연관이 있다. 또한, 귀와 꼬리의 연골, 턱과 치아 조직, 색소 형성에도 관여한다. 즉, 온순한 개체를 선별해 번식시키는 과정에서 신경능선세포가 정상적으로 발달하지 않는 현상이 나타나며, 그 결과 늘어진 귀, 둥글게 말린 꼬리 같은 특징이 함께 나타나게 된다.

벨랴예프의 은여우 실험에도 분명 한계는 있었다. 이 실험은 수천 년 전 늑대가 개로 변한 과정을 그대로 재현한 것은 아니었다. 늑대가 개로 변해온 과정은 이보다 훨씬 더 느리고, 점진적으로 이루어졌을 것이다. 또한 '개'를 목표로 삼아 인위적으로 유도한 것도 아니었다. 그럼에도 은여우 실험은 생명체에 내재된 놀라운 가소성을 보여주었다. 우리 조상들은 이 가소성을 이용해 인간에게 유용한 새로운 종과 계통을 만들어냈으며, 그 과정에서 이전에는 없던 방식으로 다른 생명체를 조정하고 통제할 수 있게 되었다. 야생 들소 오록스는 집소가 되었고, 아시아의 야생 양 무플론은 오늘날의 양으로 변했다. 이 모든 과정에서 '불안정 선택'이 핵심적인 역할을 했다. 인간이 동물을 가까이하면서, 인간의 존재 자체가 그들을 변화시켰다. 벨랴예프는 가축화 과정을 세심하게 관리하지 않으면, 의도치 않게 우리가 원하지 않는 형질이 나타날 수도 있다는 점을 간파했다. 그는 가축화를 가리켜 "인류가 시도한 가장 위대한 생물학적 실험 중 하나"라고 말했다.

오늘날 우리가 알고 있는 가축의 모습이 형성되기까지 수많은 시행착오가 있었을 것이다. 하지만 가축화가 진행되면서 인간은 자연의 균형을 깨뜨리던 존재에서 인위적으로 조정하는 존재로 변했다. 즉, 사람들은 선택 과정을 통제함으로써 매 세대 태어나는 소와 양이 이전 세대와 똑같은 모습과 생산성을 유지하도록 했다. 생산성을 극대화하기 위해 동물의 몸을 일정한 형태로 맞추려는 이러한 노력은 상상을 초월하는 (때로는 괴이하기까지 한) 결과를 초래하게 된다.

2014년, 스웨덴의 한 유전학 연구팀이 적색야계를 대상으로 벨랴예프의 실험을 재현했다. 연구진은 같은 방법으로 온순한 개체를 선별해 번식시켰고, 단 3세대 만에 뚜렷한 변화가 나타났다. 이 닭들은 인간을 두려워하지 않게 되었고, 몸집이 더 빠르게 커졌으며, 더 큰 알을 낳았다. 적색야계는 소형 닭을 연상시킨다. 특히 수컷은 초록과 금빛이 섞인 깃털과 붉은 볏을 가지고 있어, 어린이 그림책에 나오는 수탉 캐릭터를 떠올리게 한다. 오늘날의 육계가 약 8천 년 전 동남아시아에 살던 적색야계의 후손임을 떠올리면, 이런 연상은 그리 놀라울 일도 아니다.

그러나 오늘날 농장에서 기르는 닭은 그림책 속 닭과는 전혀 다른 모습을 하고 있다. 벨랴예프의 여우처럼, 산업용 육계도 야생의 조상보다 훨씬 빠르게 성장하도록 선택적으로 교배되었다. 일반적으로 태어난 지 5주면 사실상 출하 가능한 체중에 이르러 도축장으로 보내지는데, 이 무렵에는 몸이 기형적일 정도로 비대해진다. 가슴 근육이 지나치게 발달한 탓에 제대로 걷는 것조차 어려워지고, 심지어 숨 쉬는 것마저 힘들어진다.

오늘날의 육계는 그 조상이 적색야계에서 갈라져 나온 이후 몸집이 세 배나 커졌다. 이러한 급격한 성장은 대부분 지난 70년 사이에 이루어졌다. 1957년에 태어난 육계는 오늘날 사육되는 육계 몸무게의 4분의 1에서 5분의 1에 불과했다. 하지만 성장을 극대화하려는 시도는 이보다 훨씬 전부터 있었다. 1916년, 미국의 한 농업 교과서에는 농부들이 스스로를 '제조업자'로 여겨야 한다고 기록되어 있다. 농부 역시 원재료를 가공해 가치 있는 완제품을 만드는 존재라는 뜻이다. 이런 사고방식의 변화가 야생 닭의 형태까지 바꿔놓았다. 닭은 이제 최대한 짧은 시간 안에 가장 많은 생산량을 내도록 설계된 신체 구조를 갖게 되었다. 산업형 농장은 독특하면서도 강력한 진화의 장이 되었고, 그 결과 닭은 폭발적으로 번성했다.

현재 전 세계에서 사육되는 닭 개체 수는 227억 마리에 달한다. 이는 현재 단일 조류 종 가운데 지구 역사상 가장 많은 수치다. 그다음으로 개체 수가 많은 조류인 붉은부리퀠레아red-billed quelea와 비교해도 열 배를 훌쩍 넘는다. 한때 하늘을 뒤덮을 정도로 많았던 북미의 여행비둘기조차 최대 개체 수는 50억 마리에 불과했다. 반면, 닭은 남극을 제외한 전 세계 어디에서나 사육된다.

결국, 불안정 선택은 우리 세계마저 불안정하게 만들었다. 오늘날 농업은 생태계를 변화시키는 가장 강력한 요인 중 하나로 풍부한 생명으로 가득했던 숲을 소와 농작물이 자라는 들판으로 바꾸고 있다. 현재 지구상에 사는 육상 포유류의 생물량* 중 60퍼센트가 이미 가축화된 동물이다. 또한, 전 세계 육지의 약

---

* 어느 지역 내에 생활하고 있는 생물의 현존량.

40퍼센트가 농업용으로 사용되면서, 다른 모든 생명체는 결국 인간이 길들인 세계의 변두리에서 살아남을 방법을 찾아야만 하는 처지에 놓였다. 그렇다면 우리는 또 다른 '가축화 혁명'으로 이 균형을 되찾을 수 있을까?

━ 길들임과 자유, 그 사이에서

맑게 갠 5월의 어느 아침, 나는 적색야계와 닭을 떠올리며 에든버러 뉴타운을 걸었다. 환경운동가인 조지 몽비오George Monbiot를 만나러 가는 길이었다. 전날 저녁, 나는 그의 강연을 들었다. 그는 산업형 농업을 "지구를 황폐하게 만든 가장 파괴적인 활동"이라고 칭했다. 자신의 책《리제네시스Regenesis: Feeding the World Without Devouring the Planet》에서는 거대 농업회사Big Farmer**의 문제점을 조목조목 지적하며 비판했다.

전 세계에서 동물의 서식지를 가장 많이 파괴한 주범은 가축을 키우기 위해 늘린 방목지였다. 지난 100년 동안 사라진 숲의 80퍼센트가 목축업 때문에 벌목되었다. 농업은 전 세계 온실가스 배출량의 3분의 1을 차지한다. 현재 재배되는 농작물의 절반은 지난 50년간 개체 수가 폭발적으로 증가한 가축을 먹이기 위해 쓰이고 있으며, 닭의 개체 수는 20세기 중반보다 다섯 배나

**　대형 제약회사를 뜻하는 'Big Pharma'에서 착안한 표현. 산업형 농업을 주도하는 거대 농업회사와 그 시스템을 비판적으로 지칭한다.

늘었다. 전 세계 농작물의 유전적 다양성은 1900년과 비교해 4분의 1 수준으로 감소했으며, 현재 농업은 밀, 쌀, 옥수수, 콩 단 네 가지 작물에 의존하고 있다. 아마존 같은 원시 열대우림이 농경지로 바뀌면서, 전 세계 멸종 위기종 2만 8천 종 중 2만 4천 종이 서식지 파괴로 인해 멸종에 더 다가섰다. 나는 조지 몽비오에게 가축화가 지구의 환경을 어떻게 바꾸었는지 물었고, 그는 이렇게 답했다.

단연코, 축산업이 가장 파괴적입니다. 이유는 단순해요. 엄청난 면적의 땅이 필요하기 때문이죠.

농경지 확장으로 생명이 넘치던 숲, 습지, 사바나 생태계가 단조롭고 황폐한 풍경으로 바뀌었다. 우리가 선호하는 농작물을 심고 수확하는 과정 자체가 토양에 인위적인 재앙을 불러온다. 경작지를 만들기 위해 다른 식물을 제거하고, 그 과정에서 곤충을 대부분 쫓아낸다. 방목지를 조성하는 일은 생태계의 다양성이 사라진 초지를 만드는 것과 다름없다. 숲과 습지가 사라질 때마다 탄소 배출의 기회비용이 따른다. 방목지에서 키운 소로 쇠고기 1킬로그램을 생산할 때, 파괴되지 않고 남은 숲과 습지가 흡수했을 1,250킬로그램의 탄소가 대기 중으로 방출된다. 이를 환산하면, 쇠고기 4킬로그램(한 달 동안 매주 일요일 로스트비프를 먹을 때 소비하는 양)을 생산할 때 배출되는 탄소의 양은 런던에서 뉴욕까지 비행기를 타고 왕복할 때 배출되는 탄소 양과 같다.

내가 육계 이야기를 꺼내자, 조지는 "우리는 매년 660억 마리의 닭을 도살합니다"라고 말했다. "그중 대부분은 커다란 철제 창고 같은 공장에서 길러지죠. 창문도 거의 없는 밀폐된 공간에 한 번에 5만, 6만, 7만 마리, 심지어 10만 마리까지도 빽빽하게 갇혀 있습니다. 이 닭들은 그저 산업용 제품일 뿐이에요. 도살된 뒤에는 털이 뽑히고, 조각나죠. 살아서는 세계 각지에서 온 사료를 먹고 자라는데, 주된 먹이는 브라질산 대두입니다." 조지 몽비오는 질소와 인이 포함된 엄청난 양의 비료가 초래하는 또 다른 결과에 대해 설명했다. "2011년 이후, 매년 6개월 동안 멕시코만에 형성된 모자반 띠가 브라질 해안을 따라 남하하고, 대서양을 가로질러 서아프리카 해안까지 이어집니다. 하나로 이어진 거대한 띠예요."

나는 "그 규모가 그레이트배리어리프Great Barrier Reef를 훨씬 뛰어넘겠군요"라고 물었고, 조지는 이렇게 답했다. "아, 물론이죠. 훨씬, 훨씬 더 큽니다. 지구의 4분의 1을 감싸고 있을 정도니까요." 이 해조류 띠는 원래도 규모가 컸지만, 타파조스강과 싱구강, 토칸틴스강을 따라 흘러내린 비료 유출수가 아마존강을 거쳐 바다로 유입되면서 더욱 과도하게 번식하고 있다.

"그러다 이 해조류가 죽어 썩기 시작하죠." 조지가 말했다. "그 과정에서 물속의 산소를 모두 빨아들이면서 죽음의 해역을 만듭니다." 죽음의 해역이란, 심해가 산소 부족으로 황폐해져 거의 아무 생명체도 살아남을 수 없게 된 광활한 해역을 뜻한다. 이 거대한 해조류 띠는 이제 자연이 만들어낸 가장 압도적인 광경

중 하나가 되었지만, 동시에 대량 축산에 필요한 닭과 돼지 사료를 생산하면서 생긴 부수적 피해이기도 하다고 조지는 설명했다. 그렇지만 산업형 농업의 문제가 분명한 만큼, 그 산업이 필요하다는 사실 또한 명확하다. 80억 명의 인구가 먹을 음식과 입을 옷을 필요로 하는 시대에, 우리는 인간과 동물의 삶을 어떻게 다시 설계할 수 있을까?

기후 위기에 직면한 지금, 개인이 실천할 수 있는 가장 효과적인 대응으로 식단 변화가 자주 언급된다. 2022년 한 연구에 따르면, 동물성 농업*을 단기간에 단계적으로 폐지하면, 연간 이산화탄소 배출량을 약 25기가톤Gt 줄일 수 있다. 이는 산업화 이전 대비 지구 평균 기온 상승을 2도 이내로 억제하기 위해 필요한 온실가스 순감축량의 절반에 해당하는 규모다. 만약 전 세계가 완전히 비건 식단을 채택한다면, 식품 생산에서 발생하는 온실가스 배출량이 70퍼센트 감소한다. 광활한 땅은 다시 자연으로 돌아가 야생 생태계를 회복하는 데 쓰인다. 그러면 야생 생물량이 대폭 증가하고, 거대한 탄소 흡수원이 새로 만들어질 것이다. 또한, 메탄과 아산화질소 같은 온실가스의 배출량도 급격히 줄어들 것이다. 이들 가스의 상당 부분이 동물성 농업에서 발생하기 때문이다.

---

* 육류, 유제품, 달걀, 양식 어류 등 동물성 식품을 생산하는 산업 전반을 의미하며, 전통적인 축산업뿐만 아니라 양식업과 벌꿀 생산까지 포함하는 개념이다.

이런 변화가 실제로 이루어지려면, 인간과 땅 그리고 인간과 다른 생물종과의 관계에 엄청난 혁명이 필요하다. 농부들은 대규모 번식 프로그램을 대폭 축소해야 하고, 산업형 농업이 의존해온 공장식 시스템은 '재야생화 농업rewilded agriculture'으로 바뀌어야 한다. 재야생화 농업은 지역별 환경과 조건에 맞춰 다양한 방식이 조합된 형태가 될 것이다. 두말할 필요도 없이, 서구식 소비 방식은 지속 불가능한 일시적 현상이자 과거의 유물로 기억될 것이다.

거대 농업회사의 영향에서 벗어나려면, 기존의 전통적인 식량 생산 방식을 근본적으로 뒤바꿔야 한다고 조지 몽비오는 말한다. 흙은 지구에서 가장 생명력이 풍부한 환경 중 하나다. 단 1제곱미터의 흙에는 수십만 마리의 극미동물**과 수천 종의 생물이 서식하고 있으며, 그중 상당수는 아직 과학적으로 규명되지 않았다. 흙 1그램에는 균근균이 식물과 공생하도록 돕는 미세한 네트워크가 1킬로미터나 뻗어 있고, 10억 개에 달하는 박테리아가 존재하기도 한다. 하지만 집약적 농업 방식은 비옥한 토양을 점점 황폐화시키며, 기후 변화는 토양 침식을 더욱 악화시킨다.

우리는 토양에 독성이 강한 항생제와 살충제를 대량으로 사용하고, 심지어 토양을 더 부드럽게 만들어 경작을 쉽게 하고자

** 현미경으로만 볼 수 있는 아주 작은 형태의 생체 또는 원생동물.

미세플라스틱[•]까지 투여하고 있다. 조지가 지적했듯이, 겨우 1센티미터의 표토가 형성되는 데 최대 1천 년이 걸린다는 사실을 생각하면, 이런 식의 무분별한 토양 남용은 도저히 믿기 어려울 정도다. 조지 몽비오는 집약적 농업을 대체할 방법으로, 흙이 가진 놀라운 창의성, 그중에서도 특히 흙 속 박테리아의 역할에 주목해야 한다고 말했다. 이를 통해 남아 있는 지구 생태계를 훼손하지 않으면서 80억 명 이상의 인류를 먹여 살릴 수 있는 길을 모색할 수 있다고 덧붙였다.

토양에 서식하는 쿠프리아비두스 네카토르*Cupriavidus necator*라는 박테리아가 있다. 이 박테리아는 광합성 대신 수소에서 에너지를 얻도록 진화했다. 대기 중의 탄소, 물, 질소만으로 배양하고 발효되는 이 박테리아를 가공하면 단백질 함량이 60퍼센트에 달하는 황금빛 식용 가루를 얻을 수 있다. 조지는 이 식용 가루로 팬케이크를 만들면 버터를 넣은 듯 깊고 고소한 풍미가 나고, 기존의 팬케이크와도 크게 다르지 않다고 말했다. 만약 우리가 미생물 발효를 주요 단백질 공급원으로 활용한다면, 예컨대 대두 생산을 미생물 발효로 대체할 경우, 현재 대두 재배에 필요한 땅의 1천 7백 분의 1 수준의 면적만으로도 같은 양의 단백질을 충분히 생산할 수 있는 것이다.

• 농업용 비닐이나 플라스틱 폐기물이 분해되면서 생긴 미세한 입자 또는 일부러 토양 개량을 위해 투입하는 합성 물질을 가리키며, 여기에서는 후자를 의미한다.

지금까지 인류는 언제나 광합성에 의존해 식량을 얻어왔다. 광합성을 이용해 식량 생산량을 극대화하려는 노력으로 탄생한 것이 농업이다. 만약 우리가 박테리아 단백질을 식단에 받아들일 수만 있다면, "인류 역사상 처음으로 광합성과 무관한 주식이 탄생할 것"이라고 조지는 말했다. 그는 미생물 농업으로 확보된 토지를 자연으로 되돌리는 재야생화 농업에서 그 가능성을 본다. "지구의 넓은 땅을 자연에 돌려줄 수 있다면, 그 효과는 단순히 생태계가 되살아나고 대기 중 탄소가 줄어드는 데서 끝나지 않을 거예요. 인간과 자연이 다시 연결되는 계기가 될 겁니다. 그건 실용적인 측면에서만이 아니라, 인간의 정신을 위해서도 꼭 필요한 변화예요. 어쩌면 우리는 인간과 자연이 본래의 관계를 회복하는 역사적인 순간을 보게 될지도 모릅니다."

런던에 기반을 둔 연구소 리싱크X는 2020년 보고서에서 미생물군을 기반으로 한 농업이 '2차 가축화 혁명'이 될 수 있다고 제안했다. 이 보고서는 1차 가축화 혁명에서 흔히 간과되는 중요한 요소가 바로 미생물의 역할이라고 지적한다. 인간이 소를 길들이면서, 단순히 소 자체만이 아니라 소의 소화관에 서식하는 박테리아도 인간의 통제권 아래 들어오게 된다. 이 박테리아들은 소가 영양분을 소화하고, 근육을 키우며, 우유를 생산하는 데 중요한 역할을 한다. 초기 농업은 단순히 동물을 길들이는 것이 아니라, 그 동물의 몸속에 서식하는 미생물 생태계까지 함께 관리하는 하나의 복합 시스템을 만들어낸 과정이라고 볼 수 있다. 리싱크X는 2차 가축화 혁명을 통해 소와 같은 중개자를 거치지 않고도 단백질, 탄수화물, 지방을 직접 생산할 수 있다고 주장한다. 소의 반추위 발효 과정을 모방해, 1만 갤런(약 3만 8천 리터) 규모의 온도 조절이 최적화된 강철 발효조에서 박테리아를 활용해 유제품 없이도 똑같은 영양소를 생산할 수 있다는 것이다.

'1차 가축화 혁명'과 '2차 가축화 혁명'이라는 개념은 실제 가축화 과정이 거친 훨씬 더 복잡하고 미묘한 변화를 지나치게 단순화하는 경향이 있다. 고고학자들에 따르면, 신석기시대 초기의 가축 사육은 전적으로 고기 생산에 집중되었다고 한다. 여러 세대가 지난 뒤에야 2차 생산물 혁명이 일어나면서, 농부들이 우유, 양털, 가죽 같은 부가적인 생산물도 활용하기 시작했다. 이처럼 가축화의 과정은 실로 복잡하고 다층적인 변화를 거쳐 이루어졌다. 한편, 2차 가축화 과정이 초래한 변화는 또 하나의 독립적인 혁명으로 간주될 만큼 급진적이다. 그런데 이 변화를 혁명으로 보는 이들도 있지만, 단순히 역사가 반복되는 것에 불과하다고 보는 이들도 존재한다.

리싱크X 보고서에는 "1차 가축화 혁명은 우리가 거대 생물을 통제할 수 있게 만들었다. 2차 가축화 혁명은 우리가 미생물을 통제할 수 있게 만들 것이다"라고 쓰여 있다. 하지만 지리학자 줄리 거스만Julie Guthman은 효율성을 극단적으로 추구하는 이런 생산 방식이 온도와 조명을 철저히 조절하는 공장식 축산과 성장 촉진을 위해 항생제를 남용하는 산업형 농업 방식을 그대로 답습하는 것에 지나지 않는다고 지적한다. 그녀는 산업형 농업이 세 가지 핵심 목표에 따라 움직여왔다고 말한다.

첫 번째는 끊임없는 생산을 통해 효율성을 극대화한 것이고, 두 번째는 착유 설비나 도축 공정에 맞춰 동물의 신체를 표준화한 것이고, 세 번째는 이 과정에서 생기는 위험을 줄이기 위해 표준화된 동물에게 항생제를 대량 투여한 것이다. 이런 산업형 농업의 논리를 미생물군에도 그대로 적용하려는 시도는 결국 기존 방식을 답습하면서 거기에 목표를 하나 더 추가하는 꼴이라고 거스만은 비판한다. 그 목표는 바로 다른 생명체를 가축이자 농지로 삼아 '살아 있는 공장'으로 전환하는 것이다. 단백질 생산을 위해 길러지는 미생물이 가축이면서 동시에 농지가 되는 셈이다.

공장식으로 배양되는 미생물은 비참한 환경에서 사육되는 닭이나 돼지를 볼 때처럼 강한 연민을 불러일으키기 어렵다. 미생물이 포유류나 조류처럼 고통을 느낀다고 말하기도 어렵다. 따라서 농업을 미생물 중심으로 바꾸면, 자연을 사랑한다고 주장하면서도 실제로는 자연을 착취하는 모순을 해결할 수 있다고 생각하기 쉽다. 하지만 실험실에서 표준화된 미생물을 생물반응기에 넣어 단백질을 생산하는 이런 농장 역시, 결국 소나 닭을 착취하는 기존 농장과 크게 다르지 않을지도 모른다. 우리는 생물다양성을 파괴하지 않고 기후 위기를 초래하지 않는 방식으로 식량을 생산해야 한다. 이 원칙만큼은 누구도 반박하기 어려울 것이다. 식량 생산의 혁신이 이루어지려면, 우리 스스로도 변해야 한다.

우리 조상들은 가축을 소중히 여겼다. 가축 없이는 생존 자체가 불가능했기 때문이다. 루체라 청동상에 표현된 희망과 두려움은 인간이 가축과 맺고 있던 깊은 유대를 보여준다. 그런데 언젠가부터 인간과 가축의 관계는 단절되었고, 동물은 점점 하나의 상품으로 취급되기 시작했다. 음식 문화 운동가 마이클 폴란Michael Pollan은 우리에게 이렇게 묻는다. "음식을 단순한 상품이 아니라 관계로 바라본다면, 어떤 일이 일어날까?" 의식하지 못하더라도 우리는 모두 음식과 관계를 맺고 있다. 하지만 많은 사람들이 이 사실을 외면하려 애쓴다. 앰버 후세인Amber Husain은 《고기 사랑Meat Love》이라는 책에서 이렇게 말한다. "스물여섯 살이 될 때까지 나는 단 한 번도 고기를 제대로 본 적이 없었다. 고기를 수도 없이 봤고 먹어왔지만, 내가 기억하는 건 그저 '고기'라는 육즙 가득한 추상적인 이미지뿐이었다." 이처럼 '고기'라는 단어는 불편한 진실을 감춘다. 우리가 생산 과정에 직접 관여하지 않는 한, 이 단어는 한때 살아 있던 동물을 먹는다는 사실을 쉬이 잊게 만든다.

그렇다면 미생물이 만든 단백질 가루를 보면서도 언젠가는 그것이 균에서 나왔다는 사실을 잊고 아무렇지 않게 먹게 될까? 우리가 먹는 동물성 식품은 어떤 식으로든 변형 과정을 거친다. 발효나 저온 살균, 또는 '살'을 '고기'로 바꾸는 개념적인 마술 같은 것들 말이다. 하지만 이런 과정을 거쳐도 자연에서 온 것이라는 사실은 바뀌지 않는다. 언젠가는 푸른 초원에서 풀을 뜯는 소 대신 '쿠프리아비두스 네카토르'의 귀여운 이미지가 마트 진열대를 장식하는 날이 올까? 그럴 가능성은 희박해 보인다. 하지만 우리는 머지않아 미생물이 만든 단백질을 먹는 일을 당연하게 받아들일지 모른다.

미생물 가축화 혁명의 산물을 그저 하나의 추상적 개념으로 여긴다면, 우리는 생명의 출처를 지우고 소비하는 산업화 시대의 방식을 그대로 답습하게 될 것이다. 우리가 무엇을 기르고 어떻게 먹을지를 새롭게 고민하는 것은 인간과 자연의 관계를 다시 설정하는 일이다. 인간은 1만 년이 넘는 시간 동안, 다른 생명체를 길들이며 지배해왔다. 그 과정에서 하나의 인식이 확고하게 자리 잡았다. 우리는 가축화를 '인간이 다른 생물을 길들이는 것'이라고 생각한다. 하지만 가축화에는 그보다 더 많은 의미가 담겨 있다.

— 인간도 끊임없이 적응한다

조지 몽비오를 만나고 몇 주 뒤, 나는 런던으로 향했다. 초여름의 런던은 여왕의 즉위 70주년을 축하하려는 인파로 붐볐다. 도시 전체는 축제 기운으로 가득했지만, 어쩐지 인위적이고 부자연스러운 분위기가 감돌았다. 상점 창가에는 플라스틱으로 만든 유니언잭 깃발 장식이 걸려 있었고, 킹스크로스 역의 역무

원들은 종이 왕관을 쓰고 있었다. 즉위 70년을 맞이한 엘리자베스 2세는 아흔여섯 살의 나이로, 세계 역사상 세 번째로 오래 재위한 군주가 되었다. 재위 기간이 유례없이 길었지만, 장수 자체는 그리 놀라운 일은 아니었다.

같은 세대 평균보다 오래 살긴 했지만, 지난 100여 년 동안 인간의 기대 수명이 급격히 늘어난 흐름을 고려하면 그리 특별한 일은 아니다. 1891년에서 2012년 사이, 영국 여성의 평균 기대 수명은 48세에서 82세로(남성은 44세에서 79세로) 증가했다. 의료와 주거 환경의 개선 등 이러한 변화를 불러온 요인은 다양하겠지만, 그 배경에는 인간 역시 다른 생명체처럼 환경 변화에 적응해온 존재라는 사실이 자리하고 있다.

내가 런던에 간 목적은 여왕의 즉위 기념행사에 참석하기 위해서가 아니었다. 나는 런던 자연사박물관에 가는 길이었고, 그곳에서 프레드모스티와 스파이를 만날 예정이었다. 나는 이들을 통해 우리가 '어디에서' '어떻게' 살아가느냐에 따라 인간이라는 존재가 어떻게 변화하는지를 이해하게 되길 바랐다. 또한, 인간이 여러 동물을 길들이며 변화시켜온 것처럼, 현재의 '호모 사피엔스'가 지금의 모습이 되는 데 가축화가 어떤 영향을 미쳤는지도 알고 싶었다. 박물관에 도착했을 때, 두 사람은 북적이는 전시실 한가운데서 서로를 마주 보고 있었다.

스파이는 키가 작고 다부진 체격이었고, 두 손을 느슨하게 뒤로 모은 채 서 있었다. 발을 땅에 단단히 붙이고 미동도 없었다.

그의 얼굴에는 희미한 미소가 번졌고, 덥수룩한 눈썹 아래 눈가에는 가벼운 주름이 잡혔다. 프레드모스티는 더 크고 날렵해 보였지만, 온몸이 경직되어 있었다. 스파이를 완전히 외면하지는 않았지만, 상체를 살짝 틀어 비켜선 듯한 자세였다. 그의 눈빛에는 경계와 불안이 어렸다. 마치 "설마 여기서 사촌을 마주칠 줄이야!" 하고 놀라는 듯했다. 둘은 아무 말도 없었지만, 말보다 깊은 감정이 그들 사이를 스쳤다. 몸을 덮은 문신과 보디페인팅, 그리고 스파이의 머리를 동여맨 머리띠를 제외하면, 두 사람은 아무것도 걸치지 않았다.

〈프레드모스티Predmosti〉와 〈스파이Spy〉는 네덜란드의 팔레오 아티스트* 아드리 케니스Adrie Kennis와 알폰스 케니스Alfons Kennis가 만든 조각상이다. 케니스 형제는 오래전부터 사라진 인간의 모습을 되살리는 일에 몰두해왔다. 아른헴에 있는 아드리의 작업실에서 2006년부터 초기 인류와 네안데르탈인, 신석기시대의 호모사피엔스를 조각해 유럽 전역의 박물관에 전시해왔다. 그들의 작품 앞에서는 수만 년의 거리가 순식간에 무너진다. 믿을 수 없을 만큼 생생하고 예상했던 것보다 더 친숙하다. 그들이 복원한 〈톨룬드 맨Tollund Man〉은 덴마크 윌란반도의 이탄 늪 속에 7세기 동안 잠들어 있던 남자다. 원래는 깊은 잠에 빠진 듯

* 고생물학 연구를 바탕으로 과거 생물을 재현하는 예술가. 고생물학을 뜻하는 'Paleontology'와 예술가를 뜻하는 'Artist'의 합성어로, 이들이 만든 작품을 '팔레오아트'라고 부른다.

평온한 얼굴이었지만, 케니스 형제의 손을 거쳐 한순간에 활짝 웃는 얼굴로 다시 태어났다.

네안데르탈인 할머니와 손주를 형상화한 〈나나와 플린트Nana and Flint〉는 생명력이 넘친다. 아이는 팔을 활짝 벌려 할머니의 허리를 끌어안고, 할머니는 어린 손주를 가만히 내려다본다. 아이의 머리칼은 마치 만화 속 아인슈타인처럼 삐죽 서 있고, 그 아래 반짝이는 검은 눈은 수줍음과 총기를 함께 품고 있다. 그들과 우리를 가르는 경계는 희미해지고, 사랑하는 손주를 바라보는 할머니의 애정만이 또렷하게 남는다. 그래서 우리는 한참이 지나서야 그들과 우리 사이에 놓인 물리적 차이를 깨닫는다.

자연사박물관에서 가장 인상적인 것은 루시를 복원한 조각상이다. 1974년, 탄자니아에서 오스트랄로피테쿠스 아파렌시스의 골격 일부가 발견됐다. '루시Lucy'라 이름 붙여진 이 화석은 우리 조상이 도구를 만들 정도로 지능이 발달하기 전에 이미 두 발로 걷고 있었다는 사실을 증명했다. 3백만 년의 시간을 넘어, 루시는 우리를 똑바로 바라본다. 짙고 거친 털이 온몸을 덮고 있고, 얼굴은 원숭이에 가깝다. 하지만 루시의 눈빛에, 우리와 닿아 있는 듯한 기묘한 낯익음이 스쳐 지나간다. 케니스 형제의 작품이 특별한 이유는 단순히 각각의 조각상에 개성을 부여했기 때문만은 아니다. 나나의 온화함, 플린트의 호기심 그리고 루시의 깊은 정적 속에는 환대가 깃들어 있다. 마치 우리를 알아보고 반기는 것만 같다. 스파이와 프레드모스티 역시 실존했던 개체를 기반으로 만들었으며, 발견된 장소의 이름을 따서 명명했다. 스파이는 벨기에 스파이에서 발견된 4만 년 전 네안데르탈인의 유해를 바탕으로 했고, 프레드모스티는 체코 프르제드모스티에서 출토된 3만 년 전 호모사피엔스의 두개골과 웨일스에서 발견된 머리 없는 골격을 합쳐 복원한 것이다. 두 작품 사이에 서자, 그것들이 서로 다른 인류의 모습을 재현한 조각상이라는 사실은 어느새 희미해졌다. 남은 것은, 마치 살아 있는 존재 앞에 선 듯한 감각뿐이었다.

1856년, 네안데르탈인 두개골이 처음 발견된 뒤 그들은 '거칠고 미개한 원시인'으로 인식되어왔다. 하지만 연구가 진행될수록 그런 이미지와는 전혀 다른 존재로 밝혀지고 있다. 최근 연구에 따르면, 네안데르탈인은 발성과 관련된 해부학적 구조를 갖추고 있었으며, 이를 통해 실제로 언어를 사용했을 가능성이 크다. 또 다른 연구에서는 그들이 숙련된 석기 제작 기술을 갖추었으며, 옷을 입고(심지어 신발까지 신었을 가능성이 있다), 식물로 침상을 만들고 동물 가죽 깔개를 깔고 집안에서 생활했다는 사실이 밝혀졌다. 이들은 조개껍데기로 만든 장신구와 거주지의 벽을 검정, 빨강, 암갈색, 회색 계열의 색소로 장식했다. 그들은 새 깃털로 몸을 치장했고, 아픈 이들이나 장애가 있는 동료를 돌보며 함께 살았다. 현재까지 알려진 가장 오래된 예술 작품은 네안데르탈인이 남긴 것이며, 인류가 만든 가장 오래된 구조물 또한 그들의 손에서 탄생했다. 17만 4천 년 전, 프랑스 남부 브뤼니켈 동굴 깊숙한 곳에서 그들은 부러진 종유석을 원형으로 배치해 신비로운 구조물을 만들었다.

나는 스파이의 온화한 눈빛에서 우리를 이어주는 인간성을 보았다. 하지만 그와 나를 진정으로 이어준 것은 변화할 수 있는 능력을 공유한다는 사실이었다. 초기 인류에서 지금까지, 인간이라는 존재의 의미는 끊임없이 변했지만, 새로운 환경과 기회를 받아들이고 적응하는 가소성이라는 본능은 유지되었다. 호모 속屬에서 살아남은 유일한 종種인 우리는 스스로를 완성된 인간이자 진화의 최종 단계로 여기곤 한다. 하지만 마치 모든 진화가 현생인류를 목표로 진행된 것처럼 인류의 역사를 해석하는 것은 곧 목적론적 함정에 빠지는 일이다. 이런 사고방식에 갇히면, 우리는 조지 몽비오가 말한 것처럼 자연과 관계를 다시 회복할 기회를 잃고, 하물며 우리가 앞으로 어떤 존재로 변화할 수 있는지조차 끝내 깨닫지 못하게 된다.

1990년대, 당뇨병 연구의 권위자 에드윈 게일Edwin Gale은 한 가지 의문을 품었다. 19세기에는 드물었던 당뇨병이 어째서 20세기에 들어 급격히 증가한 것일까? 그가 내린 결론은 단순했다. 달라진 것은 질병이 아니라 우리였다. 우리 유전자는 서로 다른 환경의 압력에 반응한다. 예컨대, 유목 생활에서 정착 생활로 바뀌고, 의약품이나 현대 도시 같은 새로운 요인이 등장하면, 유전자의 발현 방식(표현형)이 다양한 형태로 변할 수 있다.

에드윈 게일은 《창조적 유전자The Species That Changed Itself》에서 인류의 표현형이 크게 세 차례 변화했다고 설명한다. 이 변화들은 인류가 세 번에 걸쳐 삶의 방식을 바꿀 때마다 함께 일어났다. 농경이 등장하기 전까지, 수렵·채집 사회의 인간은 오늘날보다 지방은 적게, 단백질은 많이 섭취했으며, 소금은 거의 먹지 않았다. 구석기시대 인간은 저혈압이었고, 다리는 튼튼했으며, 뼈는 더 가벼웠다. 프레드모스티는 팔다리가 길고 날렵하다. 그 시대 사람들은 마라톤 선수 같은 지구력과 체력을 가지고 있어서 사냥감이 탈진해 쓰러질 때까지 몇 시간이고 쫓을 수 있었다. 다른 종과의 관계가 변하면서 우리의 몸도 변했다.

다음 표현형 변화는 농경이 처음 시작되면서 일어났다. 정착한 공동체는 더 이상 사냥감을 쫓지 않게 되었고, 그 결과 사냥으로 단련된 몸도 점차 변해갔다. 농경 사회의 인간은 다리보다 팔이 더 튼튼했다. 중노동을 통해 발달한 근육을 지탱하기 위해 골격도 더 밀도가 높아졌다. 얼굴도 변했다. 2017년 연구에 따르면, 산업화 이전 농경 사회의 인간 두개골은 구석기시대 조상들보다 턱이 약했다. 치즈처럼 부드러운 음식을 먹게 되면서 나타난 변화였다. 인간의 얼굴은 점점 폭이 좁아졌고, 형태도 더 타원형에 가까워졌다. 기원전 약 11000년경, 유럽에서 소를 기르던 공동체를 중심으로 유당분해효소를 보유한 유전자 변이가 점차 확산되었다. 이 변이는 단순히 식습관 변화에 적응하는 데 그치지 않고, 생존과 번식에도 유리하게 작용했다. 이 유전자를 가진 사람들은 그렇지 않은 사람들보다 번식력이 약 20퍼센트 더 높았다.

정착 생활로 인해 인간은 예전처럼 넓은 지역을 이동하지 않게 되었지만, 대신 정착지 사이를 오가는 왕래는 더 활발해졌다. 이에 따라 질병이 확산되고 변이할 가능성도 더 커졌다. 우리 몸에 나타난 가시적인 변화와 함께, 장내 미생물 군집과 면역 체계에도 보이지 않는 변화가 일어났다. 가축과 함께 지내면서, 인간은 가축을 통해 전파되는 기생충과 함께 새로운 형태의 질병에도 노출되었다.

가축화는 특정 식물과 동물의 신체에만 급격한 변화를 가져온 것이 아니었다. 인간이라는 존재 자체도 변화시켰다. 유랑 생활을 접고 정착 생활을 하면서, 인류가 공간과 맺는 관계도 달라졌다. 땅은 단순한 거주지가 아니라 소유하고 지켜야 할 영토가 되었고, 이를 반영하는 이야기와 노래, 신화가 생겨났다. 땅을 일구며 살아가자 몸을 쓰는 방식도 달라졌다. 사냥으로 인한 극도의 피로 대신, 허리를 굽히는 고된 노동이 일상이 되었다. 두려움의 대상도 바뀌었다. 예전에는 폭주하는 들소 떼나 날카로운 이빨과 발톱을 가진 맹수가 두려운 존재였지만, 이제는 가뭄과 홍수가 더 큰 공포가 되었다.

에드윈 게일에 따르면, 다음 단계인 '소비자 표현형'은 두 단계에 걸쳐 나타났다. 첫 번째 변화는 서구에서 1870년부터 1950년까지 사회적 불평등이 완화되면서 시작되었다. 사회 개혁가 에드윈 채드윅Edwin Chadwick은 열악한 생활환경과 콜레라 같은 질병 확산 사이의 연관성을 밝혀냈고, 그가 주도한 '공중위생 개혁'은 19세기 중반 런던 시민들의 삶을 획기적으로 변화시켰다. 이 단계의 표현형 변화는 인간의 체온 변화와도 관련이 있었다. 2020년 연구에 따르면, 19세기 중반 이후 미국인의 평균 구강 체온이 10년마다 0.03도씩 감소한 것으로 나타났으며, 이는 전반적인 염증 수준 감소와 관련이 있는 것으로 보인다.

그러나 소비자 표현형의 첫 번째 단계는 두 번째 단계를 위한 서막에 불과했다. 1950년 이후, 내가 프레드모스티와 스파이를 보기 위해 런던을 방문했을 당시 런던 전역에서 기념하고 있던 엘리자베스 2세 여왕의 재위 기간과 대체로 맞물리는 시기에, 인류의 자연 자원 소비는 급격히 증가했다. 전후 시대에 화석 연료 소비량은 여덟 배로 늘었고, 도시 거주 인구는 7억 5천만 명에서 42억 명으로 증가했다. 그리고 다시, 우리는 변화했다. 우리는 20세기 전반에 태어난 사람들보다 평균적으로 20센티미터 키가 커졌다. 얼굴 폭이 좁아지면서 비만, 근시, 사랑니 매복 같은 문제들도 훨씬 더 흔해졌다. 게일은 가축을 통해 인간의 진화 방향을 유추할 수 있다고 말한다. 일부 가축은 진화 과정에서 세 번째 어금니가 퇴화하여 나지 않게 되었고, 오늘날 인간 역시 이미 세 명 중 한 명은 사랑니 없이 태어난다.

항생제와 현대적 위생 환경은 면역계를 조절하는 미생물 군집을 없애버렸고, 그 여파로 당뇨병과 다발성경화증 같은 자가 면역질환이 늘어났다. 플라스틱 시대는 인간 사회를 근본적으로 변화시켰고, 이 변화에 맞춰 인간의 가소성이 극적으로 발휘된 시대이기도 했다. 게일은 "소비자 표현형은 무엇보다도 식량의 풍요를 기반으로 형성되었다"고 주장한다. 19세기 농부들은 토양이나 구아노*에서 얻을 수 있는 질소가 적어 수확량을 크게 늘릴 수 없었다. 하지만 1910년, 하버-보슈 공법이 개발되면서 대기의 질소를 암모니아로 변환하는 기술이 등장했고, 새로운 인공 비료 공급원이 생겨났다. 오늘날 합성 질소는 전 세계 인구의 절반 이상을 먹여 살린다. 그 소비량은 1965년 연간 4천 6백만 톤에서 2019년 1억 9천만 톤으로 폭증했다.

해마다 '암모니아 산'이 쌓여가며, 굶주린 세계를 떠받쳤다. 그 결과 농작물 수확량이 급격히 증가했고, 세대가 지날수록 인간의 평균 신장, 체중, 기대 수명도 꾸준히 상승했다. 이런 패턴은 인간만의 변화가 아니었다. 사육하는 동물들도 더 빨리 자라고, 더 이른 시기에 성적으로 성숙해졌다. 풍부한 영양 공급이 성장과 발달 속도를 앞당긴 것이다. 같은 원리는 인간에게도 적용된다. 오늘날 아이들은 100년 전보다 평균 4년 더 일찍 사춘기를 맞이한다. 풍요롭고 밀집된 생활환경은 우리 몸에도 흔적을 남겼다. 우리가 이 행성을 인간 중심의 세계로 바꾸어가는 동안, 세상 또한 우리를 변화시켰다.

모든 사람은 같은 방식으로 변화하지 않았다. 유전자 발현에는 사회적 환경이 중요한 변수로 작용하기 때문이다. 사하라 이남 아프리카 일부 지역에서는 사람들이 50년 전보다 키가 더 작아졌다. 게일은 38선이 남북을 가른 지 50년이 흐른 뒤, 남한 어

---

* 바닷새의 배설물이 바위 위에 쌓여 굳어진 덩어리로, 질소분이나 인산분이 많아 비료로 쓰인다.

린이들이 북한 어린이들보다 평균 13센티미터 더 크고, 7킬로 그램 더 무거워졌다는 점도 지적한다. 게일은 이렇게 말한다. "지도에 그은 선이 생물학적 차이를 불러왔다." 기후 변화가 불 평등을 더욱 깊게 파고드는 지금, 그 흔적은 결국 우리의 몸과 삶에도 드러날 것이다. 인류 역사에서 구석기시대의 표현형은 무려 95퍼센트의 기간 동안 이어졌다. 하지만 가축화가 시작되 면서 표현형의 변화 속도가 급격히 빨라졌다. 그보다 앞서, 가축 화는 인간의 본질을 형성하는 데에도 근본적인 역할을 했다.

1978년, 모스크바에서 열린 국제유전학대회ICG에서 벨랴예 프는 연설 도중 놀라운 발언을 했다. 야생 여우를 온순한 개처 럼 변화시키는 '불안정 선택'을 연구한 그는 이 과정이 인간에 게도 적용될 수 있다고 말했다. 우리는 동물과 식물을 길들이기 전에, 먼저 우리 스스로를 길들여야 했다. 현생인류는 35만~26만 년 전에 등장했지만 가축화 증후군의 초기 징후인 더 작은 얼굴 과 낮아진 눈썹 융기는 이미 31만 5천 년 전에 우리 조상에게서 나타났다. 지난 2백만 년 동안 우리의 뼈는 점점 가벼워졌으며, 골밀도도 점차 감소했다. 특히 호모사피엔스가 등장하면서 그 변화가 두드러졌다. 과거 10만 년 동안, 우리의 치아 크기는 2천 년마다 약 1퍼센트씩 줄어들었고, 1만 년 전부터는 그 속도가 두 배로 빨라졌다.

오늘날 남성의 얼굴은 지난 8만 년을 통틀어 그 어느 때보다 도 여성의 얼굴과 더 유사해졌다. 가축화된 동물들은 대체로 두

개골이 작아지는데, 우리도 예외가 아니었다. 2백만 년 동안 꾸준히 커진 뇌는 3만 년 전부터 크기가 줄어들기 시작했다. 영장류학자 리처드 랭엄Richard Wrangham은 이렇게 말한다. "현생인류와 초기 인류는 개와 늑대만큼이나 다르다."

벨랴예프의 여우 실험이 보여주듯, 모든 증거는 같은 결론을 가리킨다. 인간이 온순함을 선택하면서 신체도 달라졌다. 우리 조상들은 거친 환경 속에서 협력이 생존에 유리하다는 사실을 깨달았다. 아득한 어느 시점, 초기 인류는 낯선 존재를 보면 즉각 공격하는 본능을 억누르는 법을 배웠다. 이 본능은 오늘날 다른 영장류에게는 여전히 선명하게 남아 있다. 우리는 함께 살아가는 법을 익히고 협력하는 법을 터득했다. 그 과정에서 우리도 가축화된 동물들처럼 일련의 생리적 변화를 겪게 되었다. 현생인류는 성인이 되어서도 어린 시절의 호기심, 즉 새로운 것을 받아들이는 열린 마음을 간직하고 있다. 그리고 이제 우리는 수백만 명이 모인 거대한 공동체 속에서 살아간다. 동물과 인간이 함께 살아가는 길을 새롭게 모색하려면, 우리 역시 다른 존재들에 의해 변화할 수 있음을 먼저 깨달아야 한다.

나는 다시 스파이와 프레드모스티를 번갈아 바라보았다. 두 얼굴에 스치던 긴장감이 어느새 희미해졌다. 경계하던 눈빛은 점차 부드러워졌고, 마침내 서로를 이해하는 듯했다. 어쩌면 수십만 년 전, 최초의 인류가 협력하며 남긴 흔적이 그들에게 스며 있는지도 모른다. "세상은 '예'라는 응답에서 시작되었다." 브라질 작가 클라리스 리스펙토르Clarice Lispector는 이렇게 말했다. 우리는 협력함으로써 우리 자신을 변화시켰고, 지금도 우리가 만든 환경에 적응하기 위해 끊임없이 변화하고 있다. 우리가 가진 가소성을 되새기는 것이, 자연과 다시 이어지고 다가올 세상에서 더 나은 삶을 찾는 길이 된다.

자연사박물관을 나와, 햇살이 가득 내려앉은 런던 거리를 걸었다. 축제의 들뜬 기운이 공기 속에 일렁였다. 잔디밭에서는 부모와 아이들이 함께 뛰어놀았고, 한 여자아이는 연달아 공중제비를 돌았다. 담장을 돌아서자, 도시의 소음이 끊임없이 귓가를 맴돌았다. 런던은 사람들로 가득 차 있었다. 그들의 몸은 스파이와 프레드모스티와 다를 뿐만 아니라, 단 몇 세대 전 같은 거리를 걸었던 런던 사람들과도 달랐다. 그럼에도 우리 모두를 관통하며 하나로 잇는 한결같은 흐름이 있었다. 그 흐름은 인간이 타인과 공존하는 법을 익히며 스스로를 변화시키기 시작한 순간에 생겨났다. 협력은 변화를 이끈다. 적절한 환경이 갖춰지면, 변화는 단 몇 세대 안에 획기적으로 찾아올 수도 있다.

The

Living

City

2

진화 속에서도
사라지지 않는
리듬이 있다

살아 있는 도시

1883년 8월 27일, 인도네시아의 크라카타우 화산이 터지며 인류 역사상 가장 거대한 폭음이 울려 퍼졌다. 폭발 지점에서 4천 8백 킬로미터나 떨어진 인도양 로드리게스섬에서도 주민들은 "멀리서 대포가 울리는 듯한 낮고 깊은 굉음"을 들었다고 전했다. 화산 바로 아래에서는 소리가 310데시벨까지 치솟았다. 인간이 버틸 수 없는 치명적인 소리였다. 충격파는 지구를 서너 바퀴 돌고 나서야 잦아들었다. 그리고 찾아온 침묵.

크라카타우섬은 대부분 사라졌다. 남쪽 끝 일부만 초승달 모양으로 남았고, 그마저도 40미터 두께로 쌓인 부석에 뒤덮였다. 남은 땅, 라카타에는 생명의 흔적을 전혀 찾아볼 수 없었다. 이 지옥 같은 환경에서 살아남은 것은 아무것도 없었다. 열대우림을 한때 가득 채우던 생명의 소리는 사라지고, 바람과 파도 소리만이 그 자리를 대신했다. 치솟던 먼지기둥이 가라앉고 불덩이처럼 뜨거웠던 땅이 식어갈 즈음, 가장 먼저 모습을 드러낸 생명체는 작은 거미 한 마리였다. 화산 폭발이 일어난 지 아홉 달 뒤, 프랑스 탐험대는 이 작은 개척자가 황폐한 땅 위에 거미줄을 치고 있는 모습을 목격했다.

1889년이 되자, 곤충들이 섬으로 들어오기 시작했다. 어떤 종은 순다 해협을 건너 바람에 실려왔고, 어떤 종은 부러진 나뭇가지를 타고 파도를 따라 밀려왔다. 그로부터 10년 뒤, 인근 자바와 수마트라에서 왕도마뱀들이 헤엄쳐 이곳까지 건너왔다. 1919년이 되자, 곤충을 잡아먹는 딱새류와 부엉이도 섬에 자리를 잡았다. 새로운 종이 섬에 정착할 때마다 그들은 기생충을 데려오고 소화되지 않은 씨앗을 배설하며 또 다른 생명을 퍼뜨렸다. 화산 폭발로 새까맣게 타버린 라카타는 50년 만에 다시 울창한 숲으로 뒤덮였다. 섬은 다시 생명으로 가득 찼다.

섬이 새로 생겨나는 일은 생각보다 흔하다. 1930년, 크라카타우 화산이 폭발하며 붕괴된 분화구에서 '아낙 크라카타우'('크라카타우의 아이'라는 뜻)가 모습을 드러냈다. 20세기 이후에만 최소 서른 개 이상의 섬이 생겨났다. 1963년 아이슬란드 인근에서 솟아오른 수르트세이, 2014년 화산 분출로 인해 두 섬이 하나로 이어진 태평양의 홍가통가-홍가하파이도 그중 하나다. 많은 섬은 오래가지 못하고 사라지지만, 끝까지 남아 버티는 섬도 있다. 아낙 크라카타우가 바로 그런 섬 가운데 하나다. 그 뒤로도 계속된 화산 분출이 이 어린 섬을 키워왔다.

사실 새롭게 태어나는 섬들 대부분은 바다가 아니라 육지에서 생겨난다. 생명들이 모여들어 번성하는 피난처라는 점에서 도시 역시 섬이다. 게다가 어떤 도시는 정말 섬처럼 놀랍도록 갑작스럽게 나타나기도 한다. 한국의 송도처럼 2000년부터 2015년 사이 완전히 새로운 땅 위에 처음부터 설계된 도시도 있고, 말레이시아 조호르에 건설 중인 1천억 달러 규모의 포레스트시티처럼 아직 완공되지 않은 초대형 프로젝트도 있다. 전 세계 곳곳에서 신도시들이 우뚝 솟아난다. 콘크리트와 유리로 둘러싸인 인공 환초atoll처럼.

1949년 이후, 중국은 인구 수백만 명에 달하는 신도시를 최소 600개 이상 세웠다. 이 과정에서 환경을 대하는 태도는 대개 파괴적이다. 숲을 밀어버리고 바다를 메워 육지를 만든다. 그럼에도 도시는, 자신이 없앤 것들을 어떤 면에서는 다른 방식으로 되살리기도 한다. 도시는 전 세계 육지 면적의 0.5퍼센트만 차지하지만, 지구상의 거의 모든 환경을 모방한다. 마천루와 고층 건물은 언덕과 절벽을 대신하고, 지하철 노선은 땅속 동굴처럼 뻗어나가며, 저수지와 연못, 배수로는 자연의 물길을 흉내 낸다. 교역과 문화, 정보의 네트워크가 이런 도시들을 촘촘히 연결하며, 미니애폴리스부터 뭄바이까지 서로 멀리 떨어진 도시들조차 점점 더 비슷해지고 있다. 도시는 이제 '지구적 군도'를 이루고 있다.

섬은 생명을 품을 뿐만 아니라 생태를 변화시키기도 한다. 1964년, 북아메리카에서 기록된 가장 강력한 지진이 알래스카만 프린스윌리엄 해협을 뒤흔들었을 때, 단 몇 분 만에 여러 개의 섬이 솟아올랐다. 섬이 솟아오르는 과정에서 일련의 연못이 형성되었다. 바다에서 살던 큰가시고기들이 이곳에 갇혔고, 빗물이 점점 섞이면서 염분 농도는 낮아졌다. 불과 50년 만에, 큰 가시고기들은 담수 환경에 적응했다. 섬과 마찬가지로, 모든 도시는 신도시든 오래된 도시든 진화의 엔진이라 할 수 있다. 도시는 생물이 환경에 맞춰 적응하는 실험장이며, 도시 생활을 배우는 훈련장이다.

열섬 현상에 적응하기 위해 네덜란드 도시의 달팽이는 껍데기의 색이 더 밝아졌고, 로스앤젤레스의 도마뱀은 더 커다란 비늘을 가지게 되었다. 도시에는 일반적으로 곤충이 적기 때문에, 호주에서 벨기에에 이르는 지역에 서식하는 왕거미들은 거미줄을 더 촘촘하고 밀도 높게 짓는다. 미국 노스캐롤라이나주 롤리에 서식하는 미국납줄개creek chub는 도심 하천의 빨라진 물살에 적응하기 위해 체형을 변화시켰으며, 애리조나주 투손의 하우스핀치house finch는 도시의 새 모이통에 있는 해바라기씨를 쪼개 먹기 위해 부리가 더 크고 튼튼해졌다. 야생에서 먹던 먹이보다 훨씬 단단한 먹이에 맞춰 몸이 달라진 것이다. 한편, 어떤 종들은 같은 환경 속에서도 서로 반대되는 방향으로 진화하기도 한다. 같은 빛 아래에서도 어떤 종은 그 빛을 이용하여 살아남고, 어떤 종은 그 빛을 피해야 살아남는다.

도시 다리에 사는 거미들은 불빛에 모여든 야행성 곤충을 사냥하기 위해 인공 불빛을 좋아하도록 진화했다. 반대로, 배점무늬 불나방은 오히려 빛에 끌리는 습성을 완전히 잃어버렸다. 밤에도 불빛이 넘쳐나는 도시에서는 빛에 끌리는 습성이 오히려 치명적인 약점이 된다. 포식자에게 쉽게 들키고 유리창이나 도로 조명에 부딪혀 죽을 수도 있다. 전 세계 도시의 새들이 노래하는 방식 역시 바뀌고 있다. 멜버른과 시드니의 동박새silvereye는 메아리가 많이 생기는 도심에서 소리가 덜 흩어지도록 노랫소리를 더 짧게 끊어 부른다. 한편, 마드리드 공항을 따라 흐르는 하라마강 주변에서는 비행기 소음이 너무 커, 새들이 더 이른 새벽부터 운다.

N. K. 제미신N. K. Jemisin의 판타지 소설《우리는 도시가 된다 The City We Became》에서 뉴욕은 하나의 자아를 가진 존재로 그려진다. 그 도시에는 극히 일부만이 들을 수 있는 희미한 소리가 있다. "다른 모든 소리 아래에서, 그 모든 소리를 떠받치는 기둥, 리듬과 의미를 부여하는 메트로놈 ─ 숨결. 그르렁." 도심을 주의 깊게 바라보고 귀 기울이면, 우리의 도시 또한 섬처럼 살아 숨 쉰다. 시곗바늘처럼 낮과 밤이 규칙적으로 흐르고, 일과 쉼이 교차하는 리듬 속에서 도시의 숨소리가 느껴진다. 그리고 우리와 함께 도시 환경에 적응해 살아가는 수많은 작은 생명의 숨결 속에서도 도시의 생명력은 고스란히 드러난다.

── 도시가 설계하는 지속가능한 삶

여기저기 흩어진 동네와 구역 그리고 그 사이를 잇는 도로들 때문에 모든 도시는 자연스럽게 섬을 연상시킨다. 이런 특성이 가장 두드러진 곳이 네덜란드다. 특히 레이던에는 운하가 거미줄처럼 퍼져 있어, 다리 하나하나가 지협isthmus이 되고, 각각의 블록이 작은 섬처럼 보인다.

런던을 다녀온 지 여섯 달이 지난 12월 초 어느 이른 아침, 나는 북해의 차가운 공기를 맞으며 한겨울의 선착장에 서 있었다. 북해 페리의 갑판은 꽁꽁 얼어붙었고, 하늘은 차가운 분홍빛과 금빛으로 물들어가고 있었다. 배에서 내린 뒤, 버스를 타고 암스테르담으로 갔고, 다시 남쪽으로 향하는 기차를 갈아타고 레이던으로 향했다. 매서운 추위가 몰아쳤다. 일기예보에서는 기온은 영하 3도지만 체감온도는 영하 8도에 이를 것이라고 했다. 운하 가장자리는 서리로 뒤덮였고, 다리 난간에도 성에가 내려앉아 있었다. 운하의 수면에는 잘게 부서진 얼음 조각이 둥둥 떠다녔다. 좁은 자갈길에는 수많은 자전거가 줄지어 세워져 있었는데, 마치 추위를 피하려 서로 몸을 맞댄 듯했다. 핸들들이 한데 엉켜, 마치 앙상한 겨울 덤불처럼 보였다.

나는 두 손을 코트 주머니 깊숙이 찔러 넣었다. 하지만 하늘은 깊고도 맑은 12월의 푸른빛을 띠고 있었고, 도시의 벽에는 시가 가득했다. 1990년대 초부터 레이던에는 '뮈르헤딕턴Muurgedichten'이라 불리는 작품들이 하나둘 생겨나 지금은 100편이 넘는다. 이 벽시들은 여러 언어로 쓰여 있으며, 마리나 츠베타예바Marina Tsvetaeva부터 샤를 보들레르Charles Baudelaire에 이르기까지 다양한 시인의 작품이 적혀 있다. 길을 걷다 한 모퉁이에서 걸음을 멈췄다. 크림색 벽에는 셰익스피어의 〈소네트 30〉이 적혀 있었다. "한때 간절히 원했던 많은 것들을 얻지 못했음을 한탄하고, 사라진 기억과 그로 인한 상실을 슬퍼하노라." 시인은 쓸쓸히 읊조렸다. 오늘 하루가 그런 쓸쓸한 예감으로 시작되지는 않기를 바랐다.

네덜란드 레이던 전경

네덜란드로 가는 야간 페리를 탄 이유는 도시 진화 연구자 메노 스힐트하위전Menno Schilthuizen을 만나기 위해서였다. 그는 레이던 곳곳을 함께 다니며, 도시가 변화하는 과정을 직접 보여주겠다고 했다. 우리가 만나기로 한 곳은 그가 가장 좋아하는 카페였다. 고딕 양식의 거대한 교회 건물 뒤쪽, 한적한 안뜰에 자리한 곳이었다. 안으로 들어서는 순간, 마치 네덜란드 황금시대의 그림 속으로 들어온 듯한 기분이 들었다. 요하네스 페르메이르Johannes Vermeer나 피터르 더 호흐Pieter de Hooch의 작품 속 풍경처럼, 붉은 돌바닥과 어둡게 그을린 나무 들보가 눈에 띄었고, 벽돌로 둘러싸인 난로에서는 불꽃이 조용히 일렁이고 있었다.

카페에 들어서자 메노가 자리에서 일어났다. 키가 큰 그는 짧은 회색 머리칼과 서리가 내린 듯 희끗희끗한 수염을 기르고 있었다. 눈처럼 새하얀 터틀넥 스웨터를 입고 있었는데, 인사를 건네며 내민 손에서 따스함이 전해졌다. 메노는 나를 2층의 아늑한 좌석으로 안내했다. 바닥보다 한층 높게 놓인 자리라, 마치 카페 한가운데 떠 있는 작은 섬 같았다. 그는 크레타섬의 산악 지역에서 '눈으로 확인할 수 있는' 진화를 연구하기 시작했다고 했다. "한 걸음 내디딜 때마다 진화의 흔적을 발견할 수 있을 정도였어요." 달팽이는 워낙 이동 속도가 느려, 100미터를 이동할 때마다 껍데기 형태가 다른 개체군이 나타났다. 이 연구를 계기로 그는 도시 환경에서 달팽이가 어떻게 변화하는지 살펴보기 시작했고, 열섬 현상이 달팽이 껍데기의 색을 더 밝게 만든다는 사실을 연구팀과 함께 밝혀냈다. 그는 이 경험을 통해 도시는 진화가 가장 활발하게 이루어지는 무대임을 깨달았다고 했다. "우리는 자연을 개척하는 궁극의 생태계 엔지니어입니다." 메노 가 설명했다.

산업형 농업이 주변의 광활한 땅을 '단일 작물로 가득한 바 다'로 바꿔놓았다면, 도시는 '다양한 생물이 모여 사는 작은 섬' 에 가깝다. "게다가 도시 안에도 또 다른 섬이 존재합니다." 메노 가 말을 이었다. 도시의 다양한 환경은 그곳에 사는 생물들이 적응하는 방식을 좌우한다. 예컨대, 중금속에 오염된 토양에서 는 오염에 강한 식물들이 뿌리를 내리고, 도심 공원은 콘크리트 사막 한가운데서 녹색 오아시스 역할을 한다. 하지만 도시 환경 의 급격한 변화는 많은 동식물에게 넘기 힘든 장벽이 되어, 서 로 다른 지역의 개체군이 자유롭게 교배하며 유전자를 주고받 는 것을 막는다. 그 결과 '섬'처럼 고립된 개체군에서는 지역의 고유한 특징이 점점 더 뚜렷해진다. 이런 상황이 계속되면, 완전 히 새로운 종이 탄생할 가능성도 커진다. 실제로 런던과 시카고, 뉴욕의 지하철에서는 기존과는 다른 모기 종이 이미 출현했다.

도시가 개발되면서 원래 그 자리에 살고 있던 동물들이 고립되는 경우도 있다. 유럽인이 정착하기 훨씬 전부터 맨너해튼Mannahatta*섬 에서 평화롭게 살던 흰발쥐white-footed mouse는 뉴욕시가 점점 커 지면서 공원에 갇혀 서로 다른 개체군으로 분리되었다. 이 같은 현상은 뉴욕의 더스키도롱뇽dusky salamander, 몬트리올의 붉은등도

룡뇽red-backed salamander, 스페인 오비에도의 불도룡뇽fire salamander
에서도 나타난다. 새들은 상대적으로 자유롭게 이동할 수 있어
이런 제약을 덜 받는다. 실제로 바르셀로나 도심 공원에 사는 노
랑배박새great tit는 주변 숲에 사는 박새들보다 유전적 다양성이
더 높다는 연구 결과도 있다.

그러나 이동성이 떨어지는 동물들은 도심 속에서 완전히 고립
되기도 한다. 동시에 인간이 도시에 세운 건축물에 적응해 진화
한 생물들도 있다. 메노는 특정 아파트 건물, 심지어 특정 방에만
서식하는 고유한 도시 거미 개체군이 존재한다고 설명했다. 독
일에서 진행된 연구에서는 건물마다 고유한 바퀴벌레 개체군이
형성되는 현상이 관찰되기도 했다. 메노는 이런 적응 과정을 '연
성 선택'과 '경성 선택' 두 가지로 구분했다. "연성 선택에서는 이
미 개체군 내에 존재하는 돌연변이를 활용해 적응이 이루어집니
다." 메노가 설명했다. "개체군 내에는 항상 다양한 변이가 존재
하지만, 평소에는 아무런 영향을 미치지 않는 중립적인 상태일
수 있어요. 그런데 환경이 변하면, 그 변이들 중 일부가 특정 개
체에게 유리한 특성으로 바뀌면서 생존에 도움을 줄 수 있죠."

공원이나 지하실 같은 공간에서 살아남은 쥐, 새, 거미, 도룡
뇽, 바퀴벌레 들은 새로운 변이를 얻은 것이 아니라, 기존에 가
지고 있던 적응력을 활용해 도시 곳곳에서 살아남을 수 있었다.
반면, 경성 선택은 새로운 돌연변이가 나타나는 경우를 뜻한다.
예컨대, 일부 도시 백조는 DRD4 유전자에 변이가 생겨 인간을
덜 경계하고 주변 환경에 더 잘 적응하게 되었다. 일명 '대담한

유전자'로 불리는 이 유전자는 스키나 스노보드를 타는 사람들에게서도 발견되며, 위험을 감수하는 행동과 관련이 있다.

우리는 커피를 마저 마시고, 살을 에는 추위 속으로 다시 나갈 채비를 했다. 메노는 구불구불한 골목길을 따라 걸으며 가파른 박공지붕과 짙은 색 벽돌로 지어진, 키가 크고 폭이 좁은 네덜란드식 집들 사이를 지나갔다. 운하를 따라 늘어선 오래된 건물들 중 일부는 위태롭게 기울어져 창과 문이 마치 뒤틀린 마름모처럼 보였다. 우리는 목적지를 정하지 않은 채 천천히 걸었다. 메노는 가끔 발걸음을 멈추고, 보도 틈새에서 자라난 작은 풀잎을 들여다보거나, 비스듬한 지붕 위에서 도심을 누비는 새를 지켜보았다. 어디를 둘러보든, 도시는 인간이 만든 질서 속에서도 저마다의 방식으로 생명을 틔우고 있었다. 메노가 길 건너 지붕 위에 앉아 있는 검은지빠귀blackbird를 가리켰다. "저 새는 도시에서 번성하기 시작한 최초의 새 중 하나로 알려져 있습니다."

검은지빠귀는 열섬 현상 덕분에 따뜻한 도심에서 겨울을 보내다가, 결국 철새 생활을 하지 않게 되었다. 하지만 도시에 정착했다고 해서 종의 변화가 멈춘 것은 아니었다. 숲에 사는 개체들과 달리, 도시에서 살아가는 검은지빠귀는 부리가 짧고, 더 높은 음으로 노래하며, 번식 시기도 더 이르다. 사람을 대하는 태도도 훨씬 여유로워졌다. 이런 변화들은 모두 유전자에 새겨져 있다. 메노는 나를 레이던 성채로 안내했다. 11세기에 세워진 석조 요새가 있는 이곳은, 라인강의 두 지류인 아우더라인Oude Rijn

과 니우어라인Nieuwe Rijn이 만나는 지점에 자리하고 있다. 언덕 위에 우뚝 선 요새는 마치 인공 섬처럼 도시를 굽어보고 있었다.

우리는 요새 바깥을 둘러싼 오솔길을 걸었다. 길 위에는 서리에 젖은 낙엽들이 반짝이고 있었고, 진흙은 잔물결 모양으로 얼어붙어 있었다. 메노가 갑자기 걸음을 멈추고 쪼그려 앉더니, 낙엽 더미 속에서 작고 노란 달팽이 한 마리를 집어 들었다. "이렇게 추운데도 아직 살아 있네요." 그가 말했다. 나무뿌리 근처에서 겨울잠을 잘 참이었지만, 아직 땅속으로 완전히 들어가지 못한 듯했다. "안됐죠." 메노가 고개를 저었다. "이 녀석들은 보통 30~40센티미터까지 땅을 팔 수 있습니다. 이렇게 작은 몸으로 그렇게 깊이 팔 수 있을 거라는 상상은 잘 못 하죠." 달팽이의 껍데기 색은 사람의 머리카락 색이나 눈동자 색처럼 타고나는 것이라고 메노는 설명했다. 밝은색 껍데기를 지닌 개체들이 살아남는 데 유리한 환경 요인이 있었을 것이고, 그 핵심은 아마도 온도였을 것이다. 밝은 표면이 태양열을 더 많이 반사하는 알베도 효과 덕분에, 이 달팽이처럼 껍데기 색이 밝은 개체들은 짙은 분홍색이나 갈색 껍데기를 가진 동족들보다 여름철의 뜨거운 날씨를 더 잘 견딜 수 있었다. 검은 장갑을 낀 메노의 손바닥 위에서 그 노란 달팽이는 마치 작은 태양처럼 빛나고 있었다.

메노와 함께 거리를 걸으며, 나는 도시 속 생물들이 적응하고 변화하는 모습을 통해, 우리가 도시를 더 지속가능하고 모든 생명에게 더 친숙한 곳으로 바꾸는 데 필요한 통찰을 배웠다. 도시는 종종 인간이 초래한 환경 파괴의 극단적인 상징처럼 보인다. 막대한 자원을 집어삼키고, 온갖 오염을 내뿜으며, 자연을 밀어내며 확장해왔다. 하지만 도시를 삶의 터전으로 삼고 그 안에서 적응해온 다른 생명들에 주목한다면, 도시는 앞으로 나아갈 길을 밝히는 등대 같은 공간으로 바뀔 수도 있다.

메노가 집어 든 달팽이*Cepaea nemoralis*는 도시에서 살아남기 위한 첫 번째 교훈을 상징한다. "형태를 바꿔라." 도시에 사는 검은지빠귀는 부리의 형태를 바꾸고, 도시에 사는 거미는 거미줄 짜는 방식 자체를 바꾼다. 그렇다면 도시에 사는 인간은 어떨까? 우리가 바꿔야 하는 것은 건물의 형태와 건물을 구성하는 재료일지도 모른다. 현재의 건축 방식은 자원을 과도하게 소비한다. 매년 40억 톤의 시멘트가 생산되는데, 이는 콘크리트 제조에 필수적인 재료다. 그 과정에서 엄청난 양의 모래, 광물, 골재가 채굴되고, 수십억 톤의 담수가 사용된다. 또한, 시멘트 제조 과정에서 나오는 탄소 배출량은 전 세계 배출량의 8퍼센트에 달한다.

일부 사람들은 '도시 정글'이라는 진부한 비유에서 다른 가능성을 떠올린다. 콘크리트 대신 나무로 건물을 짓고, 심지어 마천루까지 목재로 세우는 것이다. 현재 세계에서 가장 높은 목조 건물은 노르웨이의 미외스타르네트 빌딩으로, 높이는 85미터다. 스위스 빈터투어에서는 100미터가 넘는 목조 마천루가 건설 중이다. 목재 건축은 단순히 친환경적인 재료를 사용하는 것이상의 의미가 있다. 기후 변화와 해수면 상승에 좀 더 유연하게 대응하는 도시를 만들 수도 있다. 한번 세워지면 옮길 수 없는 콘크리트 건물과 달리, 목조 건물은 해체해 다른 곳으로 옮길 수 있다. 미래 도시는 마치 미야자키 하야오Miyazaki Hayao의 애니메이션 속 한 장면이나, 조너선 스위프트Jonathan Swift의 《걸리버 여행기》에 등장하는 공중 도시 '라퓨타'를 떠올리게 한다. 달팽이가 집을 등에 이고 다니듯, 우리도 언젠가는 집을 등에 짊어지고 살아가게 될 수도 있다.

《인류세, 엑소더스Nomad Century》에서 가이아 빈스Gaia Vince는 기후 변화로 인해 지구 곳곳이 사람이 살 수 없는 환경이 된 미래를 상상한다. 그날이 오면, 이동식 목조 도시들은 마치 〈하울의 움직이는 성〉처럼 북극을 떠돌지 모른다. 앞으로 수십 년 동안 기후 변화로 인해 수백만 명이 삶의 터전을 떠나야 할 수도 있다. 이미 아시아 곳곳에서는 폭염으로 인해 세계에서 가장 인구가 많은 도시들마저 사람이 살 수 없는 환경으로 내몰릴 위기에 처해 있다. 그렇다면 변화하는 기후에 도시를 맞추려는 것만으로 충분할까? 아예 탄소를 흡수하는 구조로 다시 설계해야 한다.

자연이 만든 가장 위대한 도시, 산호초는 5억 년이 넘는 시간 동안 탄소를 흡수하며 해양 생태계를 유지해왔다. 산호초는 바다 바닥의 1퍼센트도 채 되지 않는 면적을 차지하지만, 전체 해양 생물의 4분의 1이 여기에 의존해 살아간다. 산호초는 바닷물에 녹아 있는 탄소를 흡수해 거대하고 정교한 구조물을 만들어낸다. 하지만 바닷물이 산성화되면서 산호초의 단단한 골격이 점점 부식되고, 해수 온도가 상승하면서 산호가 의존하는 공생

조류도 죽어가고 있다. 어쩌면 우리가 미래 도시의 모델로 삼아야 할 것은 육지에 세운 숲속의 섬이 아니라, 섬 아래 바닷속에서 펼쳐지는 세계일지도 모른다. 혹시 바닷속에서 미래의 도시들을 '키울' 수도 있을까?

자연은 대기 중의 탄소를 흡수하며 성장하고, 이를 통해 기후 변화에 대응해왔다. 건축에서도 같은 원리를 적용할 수 있지 않을까? 건축가 마이클 폴린Michael Pawlyn은 이런 생각에서 출발해 '바이오록 파빌리온Biorock Pavilion'을 구상했다. 조개껍데기에서 영감을 얻은 이 3D 프린팅 구조물은 '바이오록Biorock' 또는 '시크리트Seacrete'라고 불리는 친환경 소재를 활용한다. 이는 콘크리트와 시멘트를 대체할 수 있는 재료로, 바닷물 속에서 자라난다. 바닷속에 강철 골조를 설치한 뒤 약한 전류를 흘려보내면, 물속에 녹아 있던 탄산칼슘이 골조 표면에 서서히 쌓이며 단단한 구조물이 형성된다.

게다가 바닷물 속에 이미 녹아 있는 탄소와 광물을 이용해 스스로 단단한 구조를 형성할 수 있다. 이 재료는 해안 지역에서 생산할 수 있어, 전 세계 도시 인구의 절반이 거주하는 연안 지역에서 활용하기에 적합하다. 모든 건물이 바이오록으로 지어진 도시를 상상해보자. 이 도시는 단순히 탄소 배출을 줄이는 효과만 있는 것이 아니다. 바이오록은 스스로 균열을 복구하는 '자가 치유' 기능을 갖추고 있어, 대기 중의 탄소를 흡수해 금이 가거나 부서진 부분을 스스로 메울 수 있다. 산호초와 비슷한 다공성 구조 덕분에 다양한 식물이 뿌리를 내리기에도 좋다. 이를 통해 도심의 열섬 현상을 완화하고 녹지를 확장하는 데 기여할 수 있다.

메노를 만나고 몇 달 뒤, 나는 런던 북부 캠던의 그래너리 광장에 있는 한 카페에서 건축가 마이클 폴린을 만났다. 날씨는 맑고 상쾌했다. 약속 시간보다 일찍 도착한 나는 광장을 천천히 거닐며 시간을 보냈다. 맨발의 아이들이 바닥에서 뿜어져 나오는 분수 사이를 신나게 뛰어다녔다. 운하 위에는 물닭들이 한가로이 떠다녔고, 물가로 내려가는 넓은 계단 근처에는 작업자들이 인조 잔디를 깔고 있었다.

마이클은 눈부신 3월의 햇살을 가리려 모자를 눌러쓰고, 이른 봄의 쌀쌀한 공기를 막으려 헐렁한 스카프를 두른 채 나타났다. 우리는 광장 한편 조용한 자리에 앉았다. 그는 자연이 어떻게 자신의 건축 설계에 영감을 주었는지 이야기했다. "모든 걸 근본부터 다시 생각해야 합니다. 먼저, 지구 전체 시스템을 깊이 이해하는 데에서 출발해야 해요. 그리고 거기서 얻은 통찰을 바탕으로, 우리가 사용하는 재료 하나하나를 다시 검토하고, 그것을 어떻게 조합해 더 큰 구조물을 만들지, 나아가 도시를 설계하는 방식 자체를 어떻게 완전히 새롭게 바꿀지 생각해야 합니다." 그는 인간과 자연이 완벽하게 조화를 이루는 세계를 설계하고 싶어 했다. 마이클은 생물학자 재닌 베뉴스Janine Benyus가 고안한 '생체 모방' 설계 방식을 실천하는 건축가다. 생체 모방이란, 자연의 원리를 따라 설계하고 제작하는 방식을 말한다. 마이클을 만나기 전, 나는 재닌과 화상 통화를 했다. 그녀의 주방에는 따스한 햇살이 가득 들어오고 있었다.

재닌은 생체 모방이 세 단계로 이루어진다고 설명했다. 자연을 모델로 삼는 단계, 자연을 기준으로 삼는 단계 그리고 자연을 스승으로 삼는 단계다. 이는 자연을 단순히 따라 하는 수준을 넘어, 자연의 원리를 더 깊이 이해하고 우리의 삶과 기술에 적용하는 과정이다. 그녀는 혹등고래humpback whale의 지느러미를 본떠 설계한 풍력발전기 날개를 예로 들었다. 2008년, 뉴저지 해안으로 떠밀려온 혹등고래를 관찰한 생물학자 프랭크 피시Frank Fish는 새로운 형태의 풍력발전기 날개를 고안했다. 그는 혹등고래의 지느러미에 있는 작은 돌기와 홈, 즉 결절tubercle이 물살을 어떻게 조절하는지를 연구했다. 이 돌기들은 일정 속도에서 물살이 소용돌이를 만들 때 그 에너지를 분산하는 역할을 한다. 덕분에 혹등고래는 좁은 공간에서도 민첩하게 방향을 바꿀 수 있다.

재닌은 생체 모방의 핵심이 형태를 흉내 내는 데서 그치지 않고, 그것을 기준 삼아 우리의 방식을 다시 점검하는 데 있다고 설명했다. "단순한 생체 모방은 이렇게 접근합니다. '혹등고래의 지느러미 끝이 물결 모양이라서 저항이 줄어든다. 그렇다면 이 형태를 풍력발전기 날개에도 적용해보자.' 하지만 더 중요한 질문은 그다음입니다. '날개 모양을 어떤 재료로, 어떤 방식으로 만들 것인가? 이 기술이 단순히 효율을 높이는 것을 넘어, 자연의 더 큰 흐름 속에서 어떤 역할을 할 수 있을까? 이 발전기가 곤충의 꽃가루받이를 돕거나, 철새의 이동 경로를 방해하지 않도록 설계할 수 있을까? 또한, 발전기가 수명을 다한 뒤에 자연으로 돌아가거나, 새로운 자원으로 활용되게 하려면 어떻게 설계해야 할까?'"

정말 어려운 것은 자연을 연구 대상이 아니라, 우리의 스승으로 받아들이는 것이다. "서구 산업 문화는 자연을 연구하긴 했지만, 자연에서 배우려고 하지는 않았어요." 재닌이 말했다. "기술만 바꾼다고 되는 게 아닙니다. 우리의 태도가 바뀌어야 해요." 마이클 역시 단순한 기술 혁신이 아니라 사고방식의 전환을 강조했다. "생체 모방을 단순히 기존 기술을 조금 개선하는 수준에서만 활용한다면, 결국 소비 중심 사고에서 벗어나지 못할 겁니다. 그리고 그런 방식으로는 우리에게 정말 필요한 변화를 끌어낼 수 없어요." 마이클은 생물체가 무기물을 이용해 단단한 구조물을 형성하는 과정, 즉 생체광물화biomineralisation가 전체 과정의 일부일 뿐이라고 말을 이었다. 그리고 나를 똑바로 바라보며 이렇게 덧붙였다. "우리는 사용하는 재료부터 그것을 조합해 구조물을 만드는 방식까지, 모든 과정을 근본적으로 다시 고민해야 합니다. 자연의 순환 속에 우리의 모든 활동을 조화롭게 녹여낼 길이 분명 있습니다."

자연과 함께하는 건축 설계를 이야기하면서, 그는 단순히 효율성을 높이는 태도를 넘어서자고 했다. 자연 속 생명체들처럼 우리도 자연과 공존하며 생태계의 균형을 유지하는 방식으로 살아야 한다. 도시를 바이오록으로 짓는다면, 탄소 배출을 크게 줄이고 도심의 열섬 현상을 완화할 수 있다. 그러면 변화에 적응하지 못해 고통 받는 도시 거주자들에게도 숨 쉴 여유를 돌려줄 수 있다.

또한, 이런 방식은 채석장과 해변을 다시 자연에 돌려주는 일이기도 하다. 건축물이 수명을 다하면, 매립지로 보내는 대신 바닷속에 가라앉혀 해양 식물과 동물의 서식지로 활용할 수도 있다. 그는 한 주택 개발업체와 협력해 합판과 균사체mycelium로 저렴한 주택을 짓는 프로젝트를 진행 중이라고 말했다. "균사체는 나무를 파고들며 단단히 결합해, 놀라울 만큼 가볍고 튼튼한 건축 자재를 만들어냅니다. 이걸로 집 전체를 지을 수 있죠." 균사체는 플라스틱 단열재보다 보온성이 뛰어나며, 성장하면서 스스로 폐기물을 분해해 흡수한다. 또한, 주변에서 얻은 식물 섬유를 활용하면, 현장에서 직접 생산하는 것도 가능하다. "건물이 수명을 다하면, 그냥 자연스럽게 퇴비가 되도록 두면 된다"고 마이클은 설명했다.

나는 '시크리트로 지은 도시'나 '퇴비가 되는 집'에서 사는 경험이 그곳에 사는 사람들에게 어떤 변화를 가져올지 궁금해졌다. 윈스턴 처칠Winston Churchill은 "우리는 건물을 만든다. 하지만 그 후에는 건물이 우리를 만든다"라고 말했다. 건물은 우리가 인식하지 못하는 사이에 우리의 사고방식과 세계관을 형성한다. 리베카 솔닛Rebecca Solnit은 이렇게 썼다. "사고방식이나 이념은 마치 '보이지 않는 성당'과 같아서, 우리는 그 안에 갇혀 있다는 사실조차 인식하지 못한다."

그중에서도 우리를 가장 옭아매는 '성당'은 '인간이 자연과 동떨어진 존재'라는 생각이다. 도시는 인간 문명의 가장 위대한 성취이자, 우리가 다른 생명과 구별되는 존재라는 믿음을 가장 극명하게 드러내는 공간이다. 하지만 바이오록으로 만든 건물에서 일하거나 살아가면, 우리를 가두고 고립시키던 이 '정신적 성당'을 허물 수도 있다. 산호초처럼 자라난 도시와 균류를 이용해 만든 집들이 우리의 '정신적 성당'을 새롭게 구축하는 데 도움을 줄 수 있지 않을까? 우리는 도시를 하나의 섬처럼 여기는 사고방식을 버리고, 도시가 지구 생태계의 일부이며 그에 맞게 작동해야 한다는 사실을 인식해야 한다. 도시는 고립된 섬이 아니라 더 넓은 세계와 이어진 항구가 되어야 한다.

마이클은 내게 다음 약속 장소까지 함께 걷자고 했다. 햇살은 따듯했지만, 아직은 찬 기운이 감도는 봄날이었다. 가는 길에 우리는 유리 외벽이 물결 모양으로 일렁이는 한 업무용 빌딩을 지나갔다. 마치 '진보의 물결'이 건물 속을 흐르는 듯 보이면서도, 굳건히 버티고 선 요새처럼 묵직한 인상도 풍겼다. 마이클은 지금 우리가 짓는 현대적인 건축물을 '인간이 이룬 최고의 성취'라고 여길 사람도 분명 있을 것이라고 말했다. 그럼에도 새로 지은 건물에는 '생물 서식 제한 조항'이 적용된다. 쥐나 곤충 같은 해충을 막기 위한 규정이지만, 결국 인간 이외의 모든 생명체를 배제하는 방향으로 작동한다. 미래 세대가 이런 건물을 본다면, 자연과 구별되고자 했던 우리의 사고방식이 그대로 구현된 결과라고 생각할 것이다. "그렇다면 그 반대는 어떤 모습일까요?" 마이클이 물었다. "어떻게 해야 더 많은 생명이 공존하는 환경을 만들 수 있을까요?"

몇 달 전, 한겨울에 메노와 함께 걷던 날, 그도 비슷한 질문을 던졌다. 야생 생물들이 점점 도시로 터전을 옮기는 지금, "우리는 얼마나 많은 공간을 내어줄 준비가 되어 있는가?" 도시의 진화가 가르쳐주는 두 번째 교훈은, 공존이 새로운 가능성을 열어준다는 점이다. 함께 살아가면, 모든 존재가 변화하게 된다. 이는 인간뿐만 아니라 도시의 다른 생명체들에게도 똑같이 적용된다. 인도 원산인 목도리앵무새ring-necked parakeet는 1970년대 이국적인 반려조로 인기를 끌면서 런던에 유입되었다. 2000년대 초, 앵무새들이 런던에 자리 잡기 시작하자, 송골매가 도시에 둥지를 틀었고, 앵무새를 사냥하는 법을 익혔다. 심지어 수컷이 암컷에게 구애할 때 앵무새를 선물로 바치기도 한다. 스페인 세비야에서는 토종 새들이 앵무새 근처에 둥지를 틀기 시작했다. 앵무새들이 시끄럽게 떠드는 소리가 포식자들을 쫓아낸다는 사실을 학습했기 때문이다. 새로운 생명체가 유입되면, 새로운 관계가 생겨나고 때로는 전혀 다른 종이 탄생하기도 한다.

도시는 단순히 콘크리트와 철근으로만 이루어진 곳이 아니다. 그 안에서 살아가는 생명체들이 맺는 수많은 관계로 이루어져 있다. 땅속도 마찬가지다. 1968년, 파리 곳곳의 벽에 "보도블록 아래에는 해변이 있다"라는 문구가 쓰여 있었다. 단순한 구호가 아니라, 우리가 발 딛고 사는 도시 아래 또 다른 도시가 존재하며, 지금과는 전혀 다른 도시가 가능하다는 믿음이 담긴 문장이었다. 그리고 이 은유는 단순한 상징이 아니라 실제로도 들어맞는다. 도시는 저마다 고유한 미생물 생태계를 품고 있다. 도시의 토양과 하수구, 건물 외벽과 작은 틈들, 심지어 대기 중에도 그곳에서만 살아가는 미생물들이 존재하며, 다른 어디에서도 똑같은 조합을 찾을 수 없다. 우리가 발아래 숨겨진 이 도시를 어떻게 바라보느냐에 따라, 지상의 도시도 훨씬 더 생동감 넘치는 공간이 될 수 있다.

도시 미생물 생태계는 우리가 먹고 버리는 음식, 내보내는 폐기물 그리고 복용하는 항생제 등에 영향을 받는다. 많은 미생물은 서로 모여 '바이오필름Biofilm'이라는 점액질 공동체를 형성하는데, 이는 다양한 사람들이 모여 살아가는 현대 도시의 모습과 매우 닮아 있다. 새로운 도시에 정착할 때, 우리는 먼저 도시를 고르고, 그다음 살 동네를 정하고, 마지막으로 집을 선택한다. 미생물이 바이오필름을 형성하는 과정도 비슷하다. 처음에는 표면에 붙어 다른 미생물들과 느슨한 관계를 맺는다. 이런 관계 덕분에 더 적합한 정착지를 찾기 쉬워진다.

그러다 적당한 자리를 발견하면 본격적으로 정착해 바이오필름 구조를 더욱 확장해나간다. 하지만 어떤 미생물은 바이오필름에서의 삶을 점점 지겨워하기도 한다. 새로운 미생물이 들어와 공동체에 신선한 활력을 불어넣기도 하지만, 반대로 오래 머물던 미생물이 떠나기도 한다. 이는 도시에서 새 이주민이 활기를 더하는 한편, 기존 거주자 일부가 다른 가능성을 찾아 떠나는 모습과 닮았다. 바이오필름은 여러 면에서 분주하고 활기찬 도시와 같다.

수많은 미생물이 모여 저마다의 터전을 이루고, 그 안에서 작은 구역들이 형성된다. 마치 도시에서 이웃들이 모여 하나의 공동체를 이루는 것처럼 말이다. 이렇듯 바이오필름이 도시와 비슷하다면, 우리가 사는 집과 도시가 바이오필름에서 배울 수 있는 점은 무엇일까?

━ 살아 있는 집

마이클과 대화를 나누고 며칠 뒤, 나는 벨기에 루벤가톨릭대학교에서 재생 건축을 연구하는 레이철 암스트롱Rachel Armstrong 교수와 화상 통화를 했다. 자연과 조화를 이루는 건축에 대해 열정적으로 이야기하는 그녀를 보고 있자니, 그 열정이 금세 나에게도 스며드는 것 같았다. 레이철은 도시 미생물 생태계의 대사 작용을 활용하면 우리의 생활 공간이 더 역동적이고 생명력 넘치는 곳이 될 수 있다고 말했다. 도시는 정치적으로 중요한 공간이지만, 도시 한복판에 솟아오른 반짝이는 빌딩들—그것이 전통적인 유리로 지어진 것이든, 유리해면의 실리카 골격으로 만들어진 것이든—에서 근본적인 변화가 시작되는 것은 아니다. 진정한 변화는 사무실 건물이나 공공시설이 아니라 우리 집에서부터 시작된다.

레이철은 주거 공간을 새롭게 구상하는 과정에서 미생물에 주목하게 되었다. 미생물은 인간이 만든 규칙에 얽매이지 않는 존재이기 때문이다. "미생물은 정말 경이로워요!" 레이철이 감탄하듯 말했다. "우리는 미생물 앞에서 스스로를 너무 과대평가하고 있어요." 그러면서 그녀는 이렇게 제안했다. "미생물이 우리에게 던지는 메시지는 결국, 인간다움이란 무엇인가를 좀 더

반항적인 방식으로 다시 정의할 수 있지 않겠느냐는 거죠."

"우리 같은 덩치 큰 생물들은 형태를 중요하게 생각하죠. 하지만 미생물은 그렇지 않아요. 그들은 매우 조직적인 존재지만, 우리가 그러듯 형태에 집착하지 않아요. 단지 우리가 원하는 형태를 따라주지 않는다는 이유로, 우리는 미생물을 단순하고 하등한 존재로 여겨왔죠." 우리는 흐물흐물하고 형태 없는 미생물 세계에 본능적으로 거부감을 느낀다. 미끈거리는 미생물 공동체와 함께 집을 공유하고 싶은 사람이 과연 얼마나 될까. 그 정도까지 받아들일 수 있는 사람은 많지 않다. 불쾌감 때문에 본능적으로 거부한다. 하지만 레이철은 그런 거부감을 넘어서야 한다고 말한다. 형태를 중시하는 인간과 형태에는 관심 없지만 관계를 통해 살아가는 미생물의 유연한 생존 방식이 공존할 수 있는 공간을 상상해야 한다고 말한다. 레이철은 이 간극에 대응하기 위해 미생물이 서식할 형태를 직접 설계하는 방법을 선택했다.

그녀가 고른 것은 가장 익숙하면서도, 어쩌면 너무 흔해 평범하게 느껴질 수 있는 벽돌이었다. 그녀는 '리빙브릭Living brick'이라는 미생물 연료 전지와 생물반응기의 역할을 동시에 하는 구조물을 개발했다. 이는 미생물이 서식하며 자원을 순환시키는 '미생물 벽돌'로, 전기 생산과 물 정화 기능을 수행한다. 이 벽돌은 쌓아 올리기 쉽도록 직사각형 프레임 안에 배치되며, 겉보기에는 평범한 흰색 플라스틱 상자처럼 보인다. 하지만 안을 들여다보면 초록빛 액체가 담긴 유리관들이 꽂혀 있고, 맨 위에는 투명한 플라스틱 관 여러 개가 연결되어 있다. 벽돌 내부에는 산소 없이도 생존하는 혐기성 세균이 바이오필름을 형성하며, 가정에서 나온 유기 폐기물을 분해해 전기를 생산하고 동시에 물을 정화한다.

이 벽돌은 단순한 구조물이 아니라 미생물과 인간이 자원을 함께 쓰고 돌려 쓰는 작은 생태계다. 레이철은 이를 '종 간 교환 시스템'이라고 설명했다. 인간과 미생물이 서로에게 이익을 주고받는 공생 관계라는 뜻이다. 부엌이나 욕실 벽면에 미생물 벽돌을 타일처럼 배열하면, 음식물 쓰레기나 생활하수(세탁기 사용이나 샤워 중에 발생하는 오·폐수)를 재활용하는 동시에 가정에 전력을 공급할 수도 있다. 이렇게 되면 집 안에 하나의 유기적인 폐기물 순환 경제가 형성된다. 예컨대, 질소 함량이 높은 폐기물과 인 성분이 많은 폐기물을 교환하며 균형을 잡을 수 있다.

남는 물과 초과 생산된 에너지는 이웃과 나누어 사용할 수도 있다. 무엇보다 중요한 점은, 각 벽돌 안의 미생물 군집은 그 지역 환경에서 온 미생물로만 구성된다는 것이다. 즉, 그 도시만의 독특한 미생물들이 그 안에서 살아가며, 주민들이 배출하는 음식물 쓰레기와 화학물질에 적응하면서 함께 진화해간다. 그 결과, 이 집은 단순히 도시에 적응하는 수준을 넘어, 도시와 함께 진화하는 공간이 된다. 아주 실질적인 의미에서 '살아 있는 집'인 셈이다.

미생물 벽돌은 단순한 실험적 아이디어가 아니다. 우리가 다른 생명체와 집을 공유하는 방식을 근본적으로 바꿀 수 있는, 꽤 현실적인 해법이기도 하다. 이 작은 직사각형 구조물은 우리의 삶을 전혀 다른 방식으로 바꿀 가능성을 품고 있다. "직접 관리할 수 있어야 하고, 개념적으로 이해할 수 있어야 하며, 실제로 지을 수도 있어야 하죠." 레이철은 말했다. "그래서 벽돌을 선택한 거예요." 미생물 벽돌의 마지막 핵심 요소는 '데이터'다. 미생물과 함께 살아가기 위해서는 먼저 그들을 이해할 수 있어야 한다.

미생물 벽돌 내부의 바이오필름은 하나의 소통 매개체 역할을 한다. 미생물 군집의 건강 상태나 특정 화학 성분의 부족 여부를 실시간으로 감지해 전달하는 것이다. 레이철은 미생물 벽돌에서 끊임없이 흘러나오는 데이터를 시각적으로 표현하기 위해 제작한 애니메이션을 보여주었다. 그것은 마치 나비 떼가 춤을 추듯 공중을 맴도는 모습 같았다. "이렇게 하면 바이오필름이 어떤 상태인지 한눈에 파악할 수 있어요." 레이철이 말했다. "미생물들은 우리처럼 감정을 드러내는 얼굴이 없잖아요." 내가 물었다. "그럼, 마치 미생물을 위한 '무드 링mood ring'• 같은 건가요?" "맞아요!" 그녀가 반색하며 외쳤다. "미생물을 위한 무드 링이죠. 다만 디지털 형태일 뿐이에요."

잠시 뜸을 들이던 그녀가 다시 입을 열었다. "어쩌면 반려동물처럼 여길 수도 있겠네요. 그런데 집 안의 수도나 전기 시스템을 반려동물처럼 생각하는 사람은 없잖아요. 하지만 만약 우

• 착용자의 체온 변화에 반응해 색이 달라지는 반지로, 1970년대에 유행했다. 색의 변화로 감정 상태를 가늠할 수 있다는 상징적 의미가 있다.

리가 '집'이라는 공간 자체를 살아 있는 존재처럼, 생명과 개성을 가진 곳이라고 생각한다면 어떨까요?" 물론, 끈적한 미생물 덩어리를 네모반듯한 벽돌과 결합한다고 해서 도시가 단번에 탄소 중립이 되지는 않는다. 하지만 미생물 벽돌과 함께 살아간다면, 우리가 이 거대한 관계망의 일부라는 사실을 더욱 분명하게 깨닫게 될 것이다. 바이오필름은 본래 평등하고 협력적인 구조로 이루어져 있다. 모든 미생물이 함께 영양분을 모으고 나누며 생존해야 하고, 일부만 잘한다고 해서 살아남을 수 있는 시스템이 아니다.

반면, 우리의 도시는 불평등으로 가득하다. 한 연구는, 도시 내 인종적 불평등이 심한 지역일수록 생물다양성도 낮아진다는 상관관계를 보여준다. 미생물 벽돌은 우리가 이 거대한 관계망에서 어느 시점에 서 있는지를 더 분명히 보여준다. 레이철은 이것을 '미생물 활동의 공유지'라고 불렀다. 미생물 벽돌은 이러한 공생 원리를 도시로 확장하는 첫걸음이 될 것이다.

도시를 제대로 알기 위해서는 직접 걸어 다녀야 한다. 철학자 미셸 드 세르토Michel de Certeau는 세계무역센터 110층에서 내려다본 맨해튼을 '수직 구조물의 물결'에 비유했다. 인간적인 온기가 느껴지지 않는 추상적인 풍경이라는 뜻이다. 꼭대기에서는 도시의 개요가 한눈에 들어오지만, 그곳에서 펼쳐지는 이야기까지 보이지는 않는다. 도시의 이야기 속으로 들어가려면 거리로 내려와야 한다. 도시를 걷는다는 것은 그곳이 품고 있는 무한한 가능성과 마주하는 일이다. 걸으면서 우리는 도시가 정해 놓은 길을 따를 수도 있고, 그 경계를 벗어나 전혀 다른 길을 개척할 수도 있다.

도시 속 보행자는 끊임없이 질서 정연한 공간과 타협하며 길을 찾는다. 함께 잘 살아가기 위해서는 순간순간 즉흥적으로 대응할 줄 알아야 하기 때문이다. 때로는 지름길을 발견해 새로운 동선을 만들기도 하고, 예상치 못한 풍경과 마주치는 즐거움을 마음껏 받아들이기도 한다. 작가 리베카 솔닛은 이렇게 말했다. "볼일을 보러 나왔다가도 문득 깨달음을 얻는 것, 그것이 거리의 마법이다." 영감은 종종 걷는 도중에 찾아온다. 아무 의미 없어 보이는 산책도, 우리 자신과 세상을 바라보는 방식을 바꾸는 작은 깨달음을 안겨줄 수 있다. 세르토에게 걷는다는 것은 하나의 언어와 같다. 그는 '걷기의 수사학'이라는 개념을 통해, 도시는 여러 갈래의 가능성을 품고 있지만, 보행자가 길을 걸어야만 비로소 그 가능성이 현실이 된다고 말했다.

사람이 걸어간 길은 곧 '긴 시詩'가 되어 도시에 새겨진다. 이러한 개념이 가장 극적으로 드러나는 것이 바로 '욕망의 길desire paths'이다. 이는 사람들이 정해진 길로 가지 않고 스스로 가장 자연스럽다고 느끼는 동선을 따라 걸으며 만들어낸 비공식적인 길이다. 어떤 길은 수많은 발걸음이 쌓여 초록빛 잔디밭 위로 선명한 갈색 선을 남긴다. 또 어떤 길은 눈 덮인 풍경 위에 검은 실핏줄처럼 스치듯 새겨졌다가 사라진다. 세르토의 주장대로 도시가 그곳에 사는 사람들이 끊임없이 다시 만들어가는 공간이라면, 우리가 남기는 모든 발자국은 '욕망의 길'이 된다. 시인 폴 팔리Paul Farley와 마이클 시먼스 로버츠Michael Symmons Roberts는 《에지랜드Edgelands》에서 욕망의 길은 "인간이 예측 불가능한 존재임을 증명하는 흔적"이라고 표현했다.

욕망의 길은 '애드호키즘Adhocism'이라는 즉흥적인 건축양식과 맞닿아 있다. 1972년, 건축가 찰스 젱크스Charles Jencks와 네이선 실버Nathan Silver가 제안한 애드호키즘은 이미 손에 쥔 자원을 활용해 새로운 쓰임을 만들어내는 창작 방식이다. 젱크스와 실버는 이를 순간의 영감이 만든 '유레카 스타일'이라 불렀다. 인간이 설계한 도시에선 다소 낯선 개념이지만, 다른 생명체들은 오래전부터 이 방식을 삶의 일부로 삼아왔다. 그들은 같은 목적을 이루기 위해 매번 새로운 방식을 찾아낸다. 참새처럼 틈새에 둥지를 트는 새나, 매처럼 절벽에 사는 새들은 인간이 만든 건축물을 능숙하게 활용한다. 건물의 틈, 균열, 구석진 공간, 돌출된 난간은 모두 그들의 보금자리가 된다.

도시 환경을 활용하는 방식은 둥지를 짓는 것에만 국한되지 않는다. 1980년대 이후, 일본의 까마귀들은 도시의 교통 시스템을 이용해 단단한 견과류를 깨는 법을 터득했다. 데이비드 애튼버러David Attenborough가 내레이션을 맡은 BBC 다큐멘터리에 따르면, 그들은 견과류를 도로 위에 떨어뜨려, 지나가는 자동차 바퀴에 껍질이 으깨지면, 알맹이를 꺼내 먹는다. 더 영리한 까마귀들은 여기서 한 단계 더 나아갔다. 횡단보도 근처에 자리를 잡고, 보행자가 건널 때 함께 움직이며 부서진 견과류 조각을 안전하게 줍는 방법을 익힌 것이다. 도시의 생명체들은 주어진 환경 속에서 즉흥적으로 길을 찾아낸다. 그렇게, 저마다의 욕망의 길이 생겨난다.

레이던에서의 산책이 끝나갈 무렵, 메노 스힐트하위전은 나를 도시 중심에 있는 기차역으로 데려갔다. 그는 자신의 저서 《도시에 살기 위해 진화 중입니다Darwin Comes to Town》에서, 이 역 앞 2층짜리 야외 자전거 주차장에서 관찰한 이야기를 들려준다. 그는 참새들이 자전거 틈을 분주하게 드나드는 모습에 주목했다. 자전거가 빼곡히 주차된 그곳은 핸들과 페달이 얽혀 복잡한 구조를 이루고 있었다.

자전거 거치대는 그 자체로 커다란 금속 울타리와 같았다. 시골에서 참새들이 가시덤불 속에 깃드는 것과 다르지 않은 환경이었다. 자전거 바큇살과 안장 사이의 얽힌 틈 속에서, 참새들은 포식자의 위협 없이 안전하게 먹이를 찾을 수 있었다. 그들이 찾는 것은 씨앗이나 진딧물이 아니라 사람들이 흘린 빵 부스러기였다. 참새들은 단순히 도시의 방식에 적응하려고 스스로를 바꾼 것이 아니라 도시를 자신들에게 더 살기 좋은 공간으로 바꿔나갔다. 어떤 새들은 우리가 상상할 수 있는 가장 적대적인 구조물 속에서도 보금자리를 찾는다. 건물 외벽을 깨끗이 유지하기 위해 설치하는 조류 퇴치용 뾰족한 철심 장치는 도시가 야생동물을 밀어내기 위해 만든 참 씁쓸한 발명품이다.

그러나 절묘한 아이러니가 펼쳐졌다. 오히려 이 매정한 장치를 둥지 재료로 활용하는 법을 터득한 새들이 생겨난 것이다. 로테르담의 까마귀와 안트베르펜과 글래스고의 까치는 건물에 설치된 조류 퇴치용 철심 장치를 뜯어내 둥지를 지었다. 이들이 나뭇가지와 함께 철심을 엮어 만든 둥지는 뾰족하고 거칠어 보이지만 그 거친 재료 덕분에 침입자를 막을 수 있다. 이 철심 장치는 다른 의미로 여전히 본래의 기능을 하고 있는 것이다. 철조망처럼 날카롭고 거친 둥지에서 어떻게 편히 쉴 수 있을지 상상하기 어렵지만, 새들은 아랑곳하지 않고 그 안에 자리를 잡는다.

이 금속 장치는 또 다른 용도로도 쓰인다. 도시의 송골매들은 사냥해서 먹고 남은 먹이를 조류 퇴치용 철심 장치 위에 보관하는 습성이 있다. 결국, 새들을 내쫓기 위해 만든 장치가 새들에게는 거친 둥지가 되었고, 때로는 섬뜩한 저장고로 변모하기도 한다. 생물학은 계획대로 움직이지 않고 즉흥적으로 반응한다. 진화생물학에서는 이런 현상을 '외적응exaptation'*이라고 부른다. 생물학자 스티븐 제이 굴드Stephen Jay Gould와 엘리자베스 브르바Elizabeth Vrba가 깃털의 기원을 설명하기 위해 만든 개념이다. 시조새Archaeopteryx는 깃털을 가진 최초의 공룡 중 하나였지만, 날 수 있는 거리는 매우 짧았다. 즉, 깃털의 초기 기능은 비행이 아니었다는 뜻이다. 시조새의 비행 능력은 꿩 정도에 불과했다. 깃털은 처음부터 날기 위해 진화한 것이 아니었다. 깃털을 가진

---

* 원래 어떤 기능으로 진화한 형질이 시간이 지나 전혀 다른 기능으로 쓰이는 것을 말한다.

조류 퇴치용 철심 1천 5백 개로 만든 까치 둥지

개체들이 체온을 더 효과적으로 조절할 수 있었기 때문에 깃털이 생겨났고, 이는 따뜻함을 유지하려는 적응의 산물이었다. 하지만 시간이 지나면서, 이 깃털은 전혀 다른 용도로 쓰이게 되었다. 즉, 비행 기능에 '전용'된 것이다.

깃털의 진화 과정은 진화의 중심에 '즉흥성'이 자리한다는 사실을 보여준다. 도시 생물이 인간이 만든 환경 속에 자리를 잡는 방식에서도 이런 원리를 엿볼 수 있다. 이처럼 도시 생물이 즉흥적으로 적응해나가는 방식을 들여다보면, 어떻게 하면 우리도 다양한 생명이 공존하는 활기찬 도시를 설계할 수 있을지에 대한 통찰을 얻을 수 있다.

시모네 페라치나Simone Ferracina는 레이철 암스트롱과 함께 미생물 벽돌을 설계한 건축가다. 그는 지속가능한 미래 도시를 건설하기 위해서는 새로운 형태의 '외적응 건축'이 필요하다고 말한다. 이런 건축은 우리가 사물을 인식하고 해석하는 방식을 바꾸게 만든다. 즉, 사물을 '본래의 용도'로만 한정해 보지 않고, 그 안에 숨겨진 다른 가능성을 상상하게 한다. 영국 에든버러 예술대학에서 만난 시모네 페라치나는 이곳에서 학생들을 가르치고 있다. 카페 안은 웅성거리는 소리로 가득했고, 그는 큰 키를 굽혀 맞은편 자리에 앉았다. 부드럽고 낮은 목소리가 이따금 소음에 묻혀 희미해졌지만, 그는 진화의 과정을 통해 도시의 모습을 어떻게 다시 상상할 수 있을지 차분히 설명했다.

"너무 많은 것들이 단 하나의 목적만을 염두에 두고 설계돼요.

그리고 그다음에 어떤 일이 벌어질지는 고려하지 않죠." 그는 이렇게 말한 뒤, 결국 모든 것이 쓰레기 매립지로 향하게 된다는 점을 짚었다. "도시는 결국 거대한 쓰레기 더미 위에 지어진 셈이죠." 사뮈엘 베케트Samuel Beckett의 표현을 빌린 말이었다. 이어서 그는 사물이나 재료, 혹은 건축물의 형태와 용도에 대한 고정관념은 일종의 덫이 될 수 있다고 설명했다. 시조새나 조류 퇴치용 철심으로 둥지를 짓는 새들의 사례처럼, 어떤 사물의 원래 용도는 단지 시작에 불과하다고 했다. "우리는 도시 건축이 지닌 시간개념 자체를 다시 생각해야 해요. 처음에는 특정 목적을 염두에 두고 설계했더라도, 시간이 지나며 기능은 충분히 바뀔 수 있으니까요."

도시에 사는 많은 생물들에게 우리의 도시는 이미 '다른 용도로 쓰기 좋은 공간'처럼 보인다. 레이던에서 메노와 함께 걷던 어느 날, 길가에 줄지어 서 있는 이상한 나무들을 본 적이 있었다. 가까이 다가가 보니, 그것은 나무가 아니라 폐차된 녹슨 자동차로 만든 조형물이었다. 용접해 세워놓은 차체들이 멀리서 보면 진짜 나무처럼 보였다. 실제로 철제 사이사이에 검은 갈까마귀들이 둥지를 틀고 있었다. 마치 진짜 나무에 자리를 잡은 것처럼 자연스러웠다. 시모네에게 '폐기물'이란 곧 가능성의 다른 이름이다. 버려진 것이란 단순히 남겨진 찌꺼기가 아니라, 예상치 못한 무언가가 등장할 수 있는 공간이다. "이미 존재하는 것에서 시작하는 거예요." 그는 이렇게 설명했다. 진화가 '지금 있는 것'을 바탕으로 조금씩 개선해나가는 과정이듯이 말이다.

그가 가장 좋아하는 사례는 로테르담의 '위카도Wikado 어린이

공원'이었다. 이 공원에는 수명을 다한 풍력발전기 날개만을 활용해 만든 놀이터가 있다. "우리는 보통 더 이상 쓸모가 없어진 물건이 생기면, 그걸 잘게 부수거나, 그냥 버려버리죠. 그런데 이건 너무 크고, 옮기기도 힘들고, 잘게 부수는 건 더더욱 어려워요." 네덜란드 디자이너들은 그 거대한 날개들이 가진 고유의 형태 자체를 출발점으로 삼았다. 그리고 그 곡선과 구조를 따라 상상력을 자유롭게 펼쳤다. 그저 몇 군데 구멍을 내고 일부를 서로 이어 붙였을 뿐인데, 그 결과 환상적인 놀이터가 탄생했다. 꼬불꼬불한 미끄럼틀과 탑으로 구성된 상상의 세계가 실제 공간으로 만들어진 것이다. 북해의 날카로운 바람을 가르던 날개의 끝부분은 아이들이 오를 수 있는 언덕이 되었고, 속이 드러난 날개의 입구는 아이들을 끌어들이는 작은 동굴이 되었다.

기능만을 위해 설계되었던 구조물은 어느새 아이들이 소풍을 즐기거나 혼자만의 시간을 보낼 수 있는 쉼터로, 혹은 기어오르고 미끄러지며 놀 수 있는 즉흥적인 놀이 공간으로 변신했다. 마침, 카페에서는 U2의 〈이븐 베러 댄 더 리얼 띵Even Better Than the Real Thing〉이 흘러나오고 있었다.

위카도 어린이공원은 한때 북해의 바람을 가르던 거대한 날개였다는 사실을 감추지 않는다. 진화 과정에서 외적응된 특징들은 새로운 기능을 하게 되더라도, 원래의 역할을 함께 유지하는 경우가 많다. 예컨대, 깃털은 새의 체온을 유지하면서도 비행을 가능케 한다. 척추동물의 뼈는 처음에는 인을 저장하기 위해

수명을 다한 풍력발전기 날개로 조성한 위카도 어린이공원

진화했지만, 이후 몸을 지탱하고 움직이는 구조로 전용되었다. 그럼에도 인의 대부분은 여전히 뼈에 저장되어 있다. 위카도 어린이공원의 경우에는 기능은 바뀌었으나 본래의 형태는 그대로 남아 있다. 아이들의 상상력을 자극하는 놀이 공간으로 다시 태어난 이곳 구조물의 유려한 곡선은, 여전히 겨울 바다의 거센 폭풍과 깊이 잠수하는 고래의 몸짓을 떠올리게 한다. "진화적 관점에서 보면, 이 놀이터는 외적응 디자인의 가장 멋진 사례예요." 시모네는 의자 등받이에 몸을 기대며 말했다.

바로 이런 유쾌한 상상력이 도시에 활기를 불어넣는다. 내가 도시 진화의 사례들을 조사하며 만난 프로젝트들은 마치 아이의 상상 속에서 튀어나온 듯했다. "도시를 바닷속에 키운다면?" "미생물을 반려동물처럼 키우면서, 동시에 전기를 만들어 쓸 수 있다면?" 도시의 생명체들에게 '산다는 것'은 지극히 현실적인 과제지만, 그 안에는 어딘가 상상을 즐기는 어린아이 같은 태도도 스며 있다. "이 고층 건물이 둥지라면 어떨까?" "이 어두운 지하실이 따뜻한 동굴이라면?" 그렇게 상상하는 순간, 도시는 정말 그렇게 변한다.

시모네와 대화를 나누고 몇 주 뒤, 나는 또 다른 프로젝트를 찾아갔다. 마치 아이들의 놀이에서 바로 꺼내온 듯한 곳이었다. '웨이스트 하우스'는 영국 브라이턴에 있는 2층짜리 주택으로, 건물의 90퍼센트를 사람들이 버린 물건들로 지었다. 영국에서는 매년 8백만 톤이 넘는 쓰레기가 매립된다. 미국은 그 양이 무려 1억 4천만 톤에 이른다. 전 세계적으로는 하루에 5백만 톤이 넘는 쓰레기가 쏟아진다. 이 엄청난 쓰레기를 우리는 마주하려 하지 않는다. 돈 드릴로Don DeLillo의 소설《언더월드Underworld》에서, '쓰레기 고고학자'이자 고철 속에서 가능성을 보는 몽상가 제시 디트와일러는 쓰레기 속에 우리가 미처 보지 못한 가치가 숨어 있다고 열변을 토한다. 그는 곧 쓰레기 매립지로 변할 거대한 인공 웅덩이 가장자리에서 외친다. "쓰레기를 세상에 드러내야 합니다. 사람들이 쓰레기를 외면하지 않고, 그 안에 숨겨진 의미를 다시 생각하게 만들어야 합니다. 쓰레기로 건물을 지어야 합니다." 웨이스트 하우스는 그 선언을 현실로 구현한 공간이다.

얼핏 보면 웨이스트 하우스는 과자 대신 쓰레기로 지은 헨젤과 그레텔의 오두막처럼 보였다. 나는 그 집을 건축한 덩컨 베이커-브라운Duncan Baker-Brown을 만났다. 잿빛 먹구름이 하늘을 덮고, 싸늘한 기운이 감도는 날이었다. 웨이스트 하우스의 어두운 외벽과 대비되어 그의 목에 두른 샛노란 스카프가 유난히 빛났다. "외벽을 한번 만져보세요." 그가 내게 권했다. 멀리서 볼 때는 흡사 나무 패널 같았는데, 막상 손을 대보니 의외로 말랑말랑한 느낌이었다. 자세히 보니, 건물의 외장 전체가 재활용 플라스틱 카펫타일로 마감되어 있었다. 슬레이트처럼 겹겹이 덧댄 카펫타일의 고무로된 면이 바깥으로 향하도록 붙어 있었고, 일부 타일에는 인쇄된 제품 번호가 그대로 남아 있었다.

나는 타일 틈 사이로 손을 넣어 보풀이 인 윗면의 부드러운 감촉을 느껴보았다. 덩컨은 이 타일이 옆 건물을 개조할 때 얻은 것이며, 원래는 실내용으로 제작되었지만, 방수 성능이 99퍼센트에 달한다고 설명했다. "처음에는 건설 폐기물도 쓸모가 있다는 걸 증명하려고 이 프로젝트를 시작했어요." 그가 말했다.
영국에서 발생하는 전체 쓰레기의 20퍼센트는 건설 산업에서
나온다. 그는 곧 일상에서 나오는 폐기물까지 활용할 방법을 고
민하게 되었다. 건물 지붕은 재활용 타이어로 덮여 있었다. 덩컨
은 발끝으로 콘크리트 포장석을 툭툭 두드리며 말했다. "이 포
장재도 여기 오기 전에 두세 번은 더 쓰였던 거예요." 그의 말에
는 은근한 자부심이 묻어났다.

이슬비가 내리기 시작하자, 우리는 안으로 들어가 비를 피했
다. 문을 열고 들어서자 따뜻한 나무 향이 코끝을 스쳤다. 쓰레
기로 지은 집이 이렇게 아늑하게 느껴질 수 있다는 사실에 놀랐
다. 1층에 하나뿐인 방에는 우체통만 한 작은 창들이 있었고, 그
창을 통해 내벽과 외벽 사이에 어떤 폐기물이 채워졌는지 들여
다볼 수 있었다. 어떤 곳에는 칫솔들이 마구 뒤섞여 있었고, 또
어떤 곳에는 마치 도서관처럼 DVD들이 가지런히 꽂혀 있었다.
디즈니의 모글리, 1980년대 전성기의 몰리 링월드Molly Ringwald,
마이클 콜레오네를 연기한 알 파치노Al Pacino 그리고 익살스럽
게 웃는 마지 심슨의 얼굴이 차례로 보였다.

덩컨은 웨이스트 하우스를 두고 "무엇을 어떻게 해야 하고,
또 어떻게 하면 안 되는지를 보여주는 하나의 수업"이라고 말했
다. 이 집의 단열재로 쓰인 생활용품들, 즉 칫솔과 DVD뿐 아니
라 이불, 플로피디스크, 벽지 두루마리, 자전거 튜브 등은 양털
처럼 자연에서 얻은 단열재에 비하면 단열 효과가 크게 떨어진
다. 그는 이 집의 벽 안에만 여행용 칫솔이 2만 5천 개가 들어

있다고 했다. 그중 대부분은 한 번도 사용하지 않은 새 칫솔이었고, 모두 버진항공에서 단 나흘 만에 수거한 물량이었다. 굳이 칫솔을 벽에 넣은 이유는 '쓰레기'라는 개념 자체를 다시 정의할 필요가 있다는 걸 보여주기 위해서였다. 웨이스트 하우스가 이렇게 예상치 못한 재료들로 만들어졌다는 사실 자체는 유쾌하고 기발했다.

우리는 종이로 만든 계단을 올라 북유럽풍의 아늑한 다락방에 이르렀다. 거의 다 폐자재로 지은 집이지만, 웨이스트 하우스는 실제로 사람이 살아도 될 만큼 안전하게 설계되었다. 이 건물은 현재 대학에서 워크숍 장소로 사용하고 있으며, 지역 학생들을 위한 견학 프로그램도 운영 중이다. 창문에 맺힌 빗방울이 방 안에 포근하고 따뜻한 분위기를 더했다. 하지만 덩컨이 이 안락한 공간에 있는 모든 물건을 다 좋아하는 것은 아닌 듯했다. 그는 비대칭 지붕 아래에 매달린 조명을 가리켰다. 무거운 강철 재질로 만든 제품이었다. 공장이나 조선소에서 쓸 법한, 묵직하고 거친 느낌의 산업용 조명 같아 보였다. 한국의 한 컨테이너 선박에서 떼어낸, 80년 된 방폭 조명 기구라고 덩컨은 설명했다. 수명을 다한 그 선박은 방글라데시 치타공이라는 항구 도시로 보내졌고, 노후 선박의 마지막 종착지인 그곳에서 부품으로 해체되었다.

"이 조명을 처음 떼어낸 건 아마도 어린아이였을 거예요. 유해 환경에서 일하던 어린 노동자요. 하지만 제가 이걸 산 건 이탈리아의 중고 부품 상점이었습니다." 그는 잠시 말을 멈춘 뒤,

조용히 물었다. "이 조명이 여기에 있어도 될까요?" 시모네 페라치나는 내게 이렇게 말했다. "건축물이란 결국 노동과 에너지, 탄소, 환경 파괴가 켜켜이 쌓여 만들어진 덩어리예요." 쇠사슬에 매달려 묵직하게 흔들리는 그 조명 기구는 이탈리아 중고 상인을 거쳐 이곳에 오기까지 오랜 착취의 역사를 품고 있었다. 그 역사는 단순히 거래가 끝났다고 해서 그냥 사라지지 않는다.

지금 우리가 건축에 사용하는 거의 모든 재료들 역시 마찬가지다. 그 재료들 하나하나에는 수많은 이들을 착취한 흔적, 자연 자원을 소모한 흔적 그리고 종종 식민지 시대의 유산이 함께 깃들어 있다. 광물이나 화석연료를 얻기 위해 토착 공동체를 강제로 이주시키거나, 지구 남반구를 부유한 세계가 버린 폐기물의 '희생 지역'으로 삼아 기후 위기의 가장 큰 피해를 떠넘기는 방식이 대표적인 예다.

시모네가 말했듯, 폐기물이 새로운 가능성을 보여줄 수 있다면, 그 이전의 과거 역시 외면해서는 안 된다. 폐기물을 재활용하는 건축 프로젝트가 지닌 또 하나의 의미는, 이 공모의 고리에 우리 스스로가 얼마나 깊이 연루되어 있는지를 보여준다는 데 있다. 폐기물을 모아 만든 동화 속 오두막 같은 웨이스트 하우스의 외양은, 풍력발전기의 날개를 놀이터로, 컨테이너 선박의 부품을 멋진 조명으로 재탄생시키는 이 유쾌한 '놀이'의 이면에 자리한 무거운 진실을 보여준다. 이런 즉흥적인 재활용은 재료들이 땅속에 매립되는 것을 막을 수는 있지만, 우리가 어떤 새로운 용도를 발견하든 그 안에 담긴 파괴와 착취의 흔적까지 지워주지는 않는다. 게다가 우리가 버리는 많은 것들은 형태가 지나치게 정형화되어 있어서 그 잠재력을 풀어내 다른 무언가로 탈바꿈시키기까지 손이 많이 가고 비용도 많이 든다.

덩컨은 알루미늄처럼 우리가 이미 버린 물건 속에서 추출할 수 있는 자원에 대해 이야기했고, 재닌 베뉴스 역시 비슷한 생각을 제시했다. "맞아요, 이제 우리는 쓰레기 매립지를 파내기 시작해야 할 거예요." 그녀는 이렇게 말하면서도, 궁극적으로는 애초에 재료를 설계할 때 '다시 쓸 수 있도록' 설계해야 한다고 강조했다. 콘크리트, 플라스틱, 섬유 등 우리가 제조하는 거의 모든 것들은 에너지가 응축된 물질이다. 그럼에도 처음부터 그 활용 가능성을 제한하는 것은 너무 몰지각하지 않은가. 자연에서는 절대 일어나지 않는 낭비다. 덩컨과 시모네가 상상하는 미래의 도시는 일종의 '난파선'이자 부서진 요소와 조각 들이 다시 조합되어 이루어진 '브리콜라주' 같다.

반면 재닌 베뉴스는 다음 시대의 도시는 '자연으로의 회귀'가 중심이 될 것이라고 보았다. "건강한 숲을 보세요. 거기서 흘러나오는 개울물을 보면, 새어 나가는 영양분이 거의 없어요." 그녀가 말했다. "그러니까, 숲은 우리 도시처럼 줄줄 새지 않아요. 재사용과 변환, 분해 시스템이 숲 안에 촘촘하게 갖춰져 있기 때문이에요. 무언가 수명이 다해서 숲 바닥에 이르면, 그것은 다른 생명체의 일부가 되죠. 일부는 배설물로 나가지만, 대부분은 그 생명체의 몸속에서 대사되고, 그 생명체는 다시 다른 생명체에게 먹히죠. 그 조각들은 이 생명체에게로, 또 저 생명체에게로 옮겨가요." 그녀는 자신이 운영하는 웹사이트 'Biomimicry 3.8'에서 미래 '숲의 도시'가 어떤 모습일지 상상한다.

배경은 2050년. 당신은 투명한 제트기를 타고 거대한 숲으로 뒤덮인 풍경 위를 조용히 활공하며 도시로 향한다. 그런데 도시는 쉬이 눈에 띄지 않는다. 도시와 주변 숲이 너무 자연스럽게 이어져 있어, 어디까지가 도시이고 어디부터가 야생인지 분간하기 어렵다. 재닌은 이렇게 썼다. "숲이 생명을 창조하고 그것을 기꺼이 나누듯, 이 도시는 곁에 있는 자연만큼이나 너그럽다." 이 도시의 구조와 기반 시설에는 지역 생태계를 본떠 설계된 이타적인 시스템이 녹아 있다. 예컨대, 이 도시 전체는 하나의 거대한 물 순환 시스템으로 작동한다. 흡수성 바닥재를 통해 빗물을 모으고, 지하수층으로 다시 돌려보낸다. 지붕은 마치 물결치는 듯한 모양으로 설계되어 증발을 극대화하고, 그 수증기는 다시 구름이 되어 하늘로 올라간다. 도시의 거리 곳곳에는 농경지와 동물들을 위한 생태 통로가 자연스럽게 섞여 있다. 그야말로 '숲속의 도시'이자, '도시 속의 숲'이다.

그녀가 상상한 초현대적 숲의 도시는 이미 현실에서도 그 모습을 드러내고 있다. 인도 서부 푸네 지역에 있는 '라바사'는 뭄바이에서 남쪽으로 약 160킬로미터 떨어진 곳에 자리한 계획 생태 도시로, 면적은 거대도시 뭄바이의 5분의 1 정도다. 라바사는 원형 그대로 보존된 활엽수림이었던 지역을 민간 기업이 처음부터 새로 건설한 도시다. 재닌이 구상한 '너그러운 도시'의 실현 가능성과 그 대가를 모두 보여주는 사례다.

Biomimicry 3.8이 제안한 생물 모방 원리를 기반으로, 라바사의 도로는 개미집에서 영감을 받아 설계되었다. 폭우가 쏟아져도 빗물을 곡선형 통로로 흘려보내 유속을 줄여주기 때문에 도로가 쉽게 무너지지 않는다. 건물의 기초 구조는 나무뿌리를 모방했고, 인도는 빗물을 땅속으로 스며들게 하며, 지붕은 수분을 증발시켜 다시 대기로 올려보내는 구조로 이루어져 있다. 하지만 이 도시를 세우기 위해 이제껏 사람 손이 닿은 적 없던 신성한 숲들을 밀어냈고, 주민들의 이동 편의를 위해 푸네와 뭄바이를 오가는 6차선 고속도로까지 건설했다. 이 도로 공사로 인해 66개 마을이 이주당했고, 약 30만 평의 숲이 사라졌다. 게다가 이 고속도로는 라바사로 드나드는 유일한 통로다.

재닌이 상상한 숲의 도시는 듣기만 해도 매혹적이다. 하지만 라바사의 예를 톺아보면, 지속가능한 미래가 단지 '건설'만으로 이루어지지 않는다는 사실을 깨닫게 된다. 새로운 도시를 세울 수 있는 '백지상태'가 존재한다는 생각은 착각에 불과하다. 지금 우리에게는 우리가 살고 있는 도시를 새롭게 상상하고, 그 안에서 즉흥적으로 다른 가능성을 찾아내는 과정이 필요하다.

시모네는 우리가 지금 쓰고 있는 재료들에 대해, 아직 우리가 알지 못하는 가능성을 후대가 발견할 수 있도록 '상상할 여지'를 남겨두어야 한다고 강조했다. 그러기 위해서는 무엇을 만들든 처음부터 '유연성' '재사용 가능성' 그리고 언젠가는 '분해되어 다시 자연으로 돌아갈 수 있는 구조'를 미리 설계해야 한다. 어쩌면 미래의 도시는 숲을 닮는 동시에 난파선을 닮아야 할지도 모른다. 숲에서 너그러움을 배우고, 난파선에서 즉흥성을 배워야 한다. 무언가를 새로 지어야 한다면 숲처럼 자연과 어우러져야 하고, 무언가를 재사용할 수 있다면 난파선의 생존자처럼 손에 쥔 자원으로 삶을 다시 일궈야 한다. 결국, 너그러움과 즉흥성 모두 다른 가능성을 상상할 줄 아는 마음에서 싹이 튼다.

웨이스트 하우스를 나서는 길에, 조류 퇴치용 철심 장치로 둥지를 짓는 새들의 이야기가 문득 떠올랐다. 새들이 앉지 못하게 건물에 뾰족한 철심을 두르는 행위는 공유해야 할 공간을 혼자 독차지하려는 인간의 옹졸한 욕망을 드러낸다. 누군가를 쫓아내려고 세운 장벽이 누군가에게는 안식처가 될 수도 있다는 상상을 하려면, 세상을 다른 시각으로 바라보는 넉넉하고 너그러운 상상력이 필요하다. 어둠이 스며드는 도시 어딘가에서 검은지빠귀 한 마리가 노래를 부르고 있었다. 저문 거리에 홀로 떠 있는 작고 선명한 생명의 빛처럼 반짝였다.

― 우리가 가야 할 길을 찾다

2017년, 두 음악가 팀 빈센트-스미스Tim Vincent-Smith와 레온 라이트Leon Wright는 버려진 피아노를 재활용해 공연 공간을 만들기로 결심했다. 그렇게 탄생한 '피아노드롬Pianodrome'은 주철 하프, 다리, 측면 패널, 심지어 못까지 폐피아노의 부품들을 활용해 조성한 원형 공연장이다. 세 갈래로 나뉜 부채꼴 배열의 객석이 원을 그리듯 서로 마주 보고 있고, 객석 단차는 피아노 뚜껑과 옆 판, 내부 울림판 등을 재조합해 만들었다. 낡은 건반으로 만든 좌석 등받이에 등을 기대면, 연주자의 숨결이 느껴질 것만 같다. 각 구역에는 실제로 연주가 가능한 업라이트피아노도 놓여 있다. 내가 그날 찾아간 피아노드롬은, 에든버러 북쪽의 한 오래된 백화점 안에 자리하고 있었다.

내가 도착했을 때, 마른 체격에 갈색 머리를 느슨하게 뒤로 묶은 팀이 백화점 입구에서 그랜드피아노를 연주하고 있었다. 한때 옷걸이와 진열대가 가득했을 실내는 이제 길게 늘어선 낡은 피아노들과 폐악기로 만든 설치 작품들로 가득했다. 팀과 레온은 악기를 살 여유가 없는 사람들을 위해 '피아노 입양' 프로그램을 운영하고 있었다. "세상에 쓸모없는 피아노는 없고, 음악을 모르는 사람도 없어요." 팀이 내게 말했다. "모든 사람에게는 음악을 느끼고 표현할 창의적인 감각이 있어요. 그 사실이 받아들여지고 이해되는 공간을 만드는 게 중요해요."

백화점 안은 사람들이 피아노를 연주하는 소리로 가득했다. 어떤 이들은 조심스럽게, 어떤 이들은 자신감 있게 멜로디를 연주하며, 서로 다른 선율들이 부딪히며 어우러졌다. 우리는 따뜻한 차를 들고 피아노드롬 안쪽에 자리를 잡았다. 우리 옆 좌석에는 오래된 피아노 의자 쿠션이 놓여 있었고, 그 위에는 "세상은 당신의 것"이라는 문구가 수놓아져 있었다. 팀은 팔꿈치 안쪽에 찻잔을 끼운 채 이야기했다. "연주용으로는 쓸 수 없게 된 피아노라도, 그 안에는 여전히 아름다움과 유용한 재료가 가득해요. 사람도 마찬가지라고 말하고 싶어요. 음악 선생님이 '너는 음악성이 없다'고 해도, 정부가 음악 교육 예산을 삭감해도, 음악은 인간 본연의 활동이에요."

연주의 생을 다한 피아노들이 그곳에서 다시 음악을 만들어 낸다. 버려졌던 것들 속에서 잊고 있던 가능성이 열리고, 망가져 외면받던 것들이 새로운 삶을 부여받는다. 변화는 피아노드롬 안에서만 일어난 것이 아니었다. 오래된 백화점 공간 자체도 달라졌다. 피아노 조형물 사이로 아이들의 그림이 벽을 가득 메우고 있었고, 피아노 위에 붙어 있던 "연주하지 마시오"라는 경고문은 "여기에서 연주하세요"라는 초대문으로 바뀌어 있었다.

한때 소비를 위한 장소였던 이 공간은 상상과 놀이의 무대로 탈바꿈해 있었다. 마치 더 나은 도시의 단면을 슬쩍 엿본 듯한 순간이었다. 만약 피아노드롬을 도시 전체로 확장한다면, 도시의 모든 것은 지금과는 완전히 달라질 수도 있다. 진화가 멈추지 않듯, 도시도 결코 완성된 적이 없다. 늘 변화하고, 다시 쓰이고, 새롭게 태어난다. 우리가 도심 속에서 만드는 길이 다른 누군가에게 삶의 자양분이 될 수도 있다. 이 도시에서는 어떤 것도, 누구도 쓰레기로 버려지지 않는다. 도시의 모든 구조물과 공간은 자신만의 이야기를 간직한다. 과거에 무엇이었고, 지금은 어떤 모습이고, 앞으로 무엇이 될 수 있는지를 품고 있다.

가게 안은 잠시 고요했다. 하지만 아직 숨이 남아 있는 피아노의 건반 하나를 누르자, 소리가 공간을 울리며 퍼져나갔다. 목수들은 피아노를 해체할 때, 금속 프레임에서 줄을 떼지 않고 그대로 두었다. 그리고 그 구조물을 부채꼴 객석 사이사이에 숨겨 넣었다. 무대 안에서 발생하는 소리에 공명하며 이 줄들은 소리를 증폭시킨다. 공연장 전체 구조가 하나의 거대한 공명판이라는 걸 그제야 깨달았다. 새로운 음이 하나씩 연주될 때마다, 버려진 악기들이 과거의 기억을 떠올리는 동시에 새로운 삶의 찬가를 부르는 듯했다. 나는 팀에게 이곳에서 연주하는 기분이 어떤지 물었다.

"음향이 정말 놀라워요." 그가 감탄을 담아 힘주어 말했다. "작게 연주할수록 오히려 더 강하게 와닿는 게 있어요. 소리가 너무 잔잔해서 귀로 듣는 건지 마음으로 떠올리는 건지 모를 순간이 있는데, 그때가 음악가로서 가장 감동적인 순간이에요."

"가끔은 그 소리가 들리기도 해요." N. K. 제미신은 그렇게 썼다. 소란스러운 도시 소음 아래, 희미하지만 분명히 존재하는, 살아 숨 쉬는 도시. 하지만 당시 피아노드롬의 미래는 불투명했다. 피아노드롬이 자리 잡고 있는 그 오래된 백화점 건물은 곧 철거될 예정이었고, 앞으로 어디에서 다시 자리를 잡을 수 있을지는 누구도 알 수 없었다. 그렇지만 팀은 전혀 주눅 들지 않았고, 미소를 지으며 말했다. "우리는 주어진 기회를 붙잡을 뿐이에요. 벽 틈 사이에 떨어진 씨앗처럼요."

One Touch

Makes

the Whole World Kin

알기 시작하는 순간,
또 다른 길이 열린다

하나의 손길, 하나의 세계

올가 토카르추크Olga Tokarczuk의 소설 《방랑자들Bieguni》에서, 화자는 기이하고 새로운 존재들이 등장하는 장면을 묘사한다. 동물 같기도 하고 식물 같기도 한 이 존재들은 철새 떼나 바람에 실려 날아다니는 꽃씨처럼 거대한 무리를 지어 이동한다. 버스 창밖으로 스쳐가는 그 모습을 바라보며, 화자는 하늘을 떠도는 바람꽃 같은 존재들이 무리를 지어 사막을 가로지른다고 말한다. 이윽고 그들은 마치 이미 약속이라도 한 듯, 순식간에 사방으로 흩어진다.

화자에 따르면, 이 존재들은 이미 모든 대륙에 퍼졌고, 고속도로부터 히말라야 산기슭까지 다양한 생태계 속에 스며들었다. 바람을 타고 이동하는 그들에게 거리는 아무 문제가 되지 않는다. 어디에 내려앉든, 그들은 큰 귀처럼 생긴 유연한 기관으로 주변에 있는 바위나 나무, 울타리나 전신주, 심지어 다른 생명체에 몸을 단단히 붙인다. 얼핏 보면 연약해 보인다. 나비 날개처럼 쉽게 찢어질 것만 같다. 하지만 뜻밖에도 끈질기게 살아남는다.

그 기이한 존재들의 정체는 다름 아닌 비닐봉지plastic bags였다. 'plastic'의 어원은 그리스어 'plastikos'다. '형태를 만들 수 있다'는 뜻이다. 그 이름 그대로, 비닐봉지는 형태 그 자체로 진화한 존재다. 이 놀라운 진화는 생존에 엄청난 이점을 안겨준다. 속은 비어 있고 얇디얇은 껍질로만 이루어진 이들은 자신 안의 공허를 채우고자 안에 담을 '내용물'을 끊임없이 찾아다닌다. 하지만 무엇을 담든, 그들은 결코 자신을 바꾸지 않는다. 형태는 쉽게 바뀌어도 플라스틱의 본질은 그대로다. 어떤 형태로든 바뀔 수 있지만, 길게 이어진 분자구조는 변하지 않는다. 압력을 받아도 변형되지 않는다. 그저 더 잘게, 더 작게 부서질 뿐이다.

플라스틱이 그토록 오래 살아남을 수 있는 건 바로 이 치밀한 고분자 결합 구조 덕분이다. 플라스틱을 원하는 형태로 쉽게 가공할 수 있는 건 여러 화학 첨가제가 작용하기 때문이다. 이 첨가제들은 제품 무게의 절반 가까이를 차지하기도 하며, 고분자 구조에 결합되어 있지 않은 탓에 바다나 토양에 쉽게 스며든다. 전세계 바다를 떠도는 15조에서 51조 개의 미세플라스틱 입자* 하나하나가 난연제, 계면활성제, 가소제, 염료 따위의 독성 물질을 조금씩 바다에 흘려보내고 있다.

토카르추크가 그린 우화처럼, 플라스틱은 이제 세상 어디에나 퍼져 있다. 흙과 바닷물, 해저 퇴적층은 물론, 북극의 얼음 속에

---

* 현재는 훨씬 더 많은 미세플라스틱 입자가 바다에 존재한다. 2023년 3월에 발표된 연구에 따르면, 전 세계 바다에 떠다니는 미세플라스틱 입자는 약 171조 개에 달하며, 무게는 약 230만 톤으로 추정된다.

서도 모습을 드러낸다. 심지어 비가 되어 떨어지기도 하고, 살아 있는 식물의 체관*으로 타고 흘러들고, 태반을 뚫고 태아의 혈액 속까지 스며든다. 이제 그들은 먹이사슬의 가장 아래 단계에까지 스며들었다. 하지만 플라스틱은 이른바 '화학의 시대'를 구성하는 수많은 얼굴 중 하나에 불과하다.

2017년에 발표된 한 보고서에 따르면, 매년 약 1천만 종의 새로운 화학물질이 합성되고 있으며, 이는 시간당 1천 종 이상이 만들어지고 있다는 뜻이다. 그중 많은 물질은 우리가 그 영향을 미처 파악하기도 전에 세상으로 퍼져나간다. 미국 농장에서 쏟아져 나온 막대한 양의 질소와 인은 미시시피강 유역을 따라 흘러 들어가, 멕시코만에 1만 5천 제곱킬로미터가 넘는 저산소 수역을 만들어냈다. 그곳은 산소가 사라진 죽은 바다, 해파리와 미생물만이 살아남을 수 있는 세계다. 한편 살충제는 생태계에 필수적인 수분 매개 곤충들을 빠르게 몰아내고 있으며, 이는 수많은 조류 종에 심각한 위협이 되고 있다. 광산과 공장에서 흘러나온 중금속은 땅을 오염시키고 공기마저 더럽힌다. 아마존 금광에서 배출되는 독성 부산물인 메틸수은은 북극 생물들의 몸속에 축적돼 그들을 서서히 파괴하고, 납과 카드뮴, 니켈과 베릴륨, 아연 같은 중금속은 전자폐기물로 바뀐 채, 개발도상국의 해변으로 밀려든다. 버려진 노트북과 휴대전화 속에서 흘러나와,

---

* 식물의 관다발 안에 있는 관상 조직. 가늘고 긴 세포가 세로로 늘어져 있으며, 세포막의 군데군데에 있는 가는 구멍은 잎에서 만들어진 양분의 통로가 된다.

땅과 물을 오염시킨다.

그러나 모든 생명이 이 독성의 짐을 짊어진 것은 아니다. 철학자 멜 첸Mel Chen의 말대로 "독성 물질은 위협인 동시에, 유혹"이기도 하다. 그리고 이 유혹에 응답한 생물들이 있다. 그들은 원래라면 어떤 생명도 살아남을 수 없는 오염된 환경 속에서 오히려 번성할 수 있는 특별한 능력을 키워왔다.

1704년, 대니얼 디포Daniel Defoe의《로빈슨 크루소Robinson Crusoe》에 영감을 준, 알렉산더 셀커크Alexander Selkirk가 좌초되었던 후안 페르난데스제도는 한때 8만 마리가량의 모피물범이 서식하던 곳이었다. 모피 사냥꾼들 탓에 멸종했다고 여겨졌던 이 종은 1960년대에 소수의 개체군이 다시 발견되었다. 이 살아남은 개체군은 상상할 수 없을 만큼 높은 농도의 중금속을 견뎌낸다. 이 물범들은 먹이를 찾아 태평양 거대 환류의 혼탁하고 소용돌이치는 심해까지 헤엄쳐 들어간다. 그곳에서 물고기와 오징어를 사냥하면서 카드뮴 같은 독성 물질이 스며든 고분자 플라스틱까지 함께 섭취하게 된다. 과학자들은 이들이 인간에게는 암이나 폐 질환을 일으키는 물질에 아무 영향을 받지 않고 살아남는 이유를 아직 밝혀내지 못했다.

어떤 생물은 독성 환경에 놀라울 만큼 빠르게 적응한다. 독일의 한 호수에 서식하는 물벼룩은 불과 10년 만에 남조류**에 대

** 독소를 만들어내는 유해 조류인 시아노박테리아.

한 내성을 갖게 되었다. 남조류 증식은 산소 부족으로 인해 생태계가 '죽음의 지대'로 변하는 부영양화의 결과였다. 1960년대에 죽어 퇴적층에서 발견된 곤충의 유전자를 분석한 결과, 그 시기의 개체들은 이 독성 조류에 노출되면 살아남지 못했을 것으로 보였다. 하지만 1970년대에 태어난 곤충들은 이미 그 독성을 견딜 수 있는 능력을 지니고 있었다. 그리고 2000년대가 시작될 무렵, 해당 곤충 집단 전체가 남조류에 적응해 살아갈 수 있게 되었다. 어떤 생물에게는 오염이 도리어 기회가 되기도 한다. 한 개구리 종은 화학물질에 몸을 담그는 것이 만성 감염을 치료하는 방법이 될 수 있다는 사실을 스스로 알아냈다. 1970년대 이후, 전 세계적으로 빠르게 퍼진 치명적인 '항아리곰팡이' 탓에 90여 종의 개구리가 멸종했다. 이 외에도 500여 종에 달하는 양서류의 개체 수가 급격히 감소했고, 그중 4분의 1은 개체 수가 90퍼센트 넘게 줄어들었다. 이 곰팡이는 양서류의 피부를 딱딱하게 굳어 벗겨지게 만들고, 그 결과 개구리는 수분을 흡수하지 못하게 되었다.

그러나 2013년, 녹색황금방울개구리 수천 마리가 호주 시드니 외곽 홈부시에 있는 한 하수처리 시설에서 모습을 드러냈다. 생활 폐수가 가득한 물속에서 항아리곰팡이를 씻어내고 튀어나온 참이었다. 홈부시는 한때 영연방 최대 규모의 도축장이 있던 곳이다. 20세기 초, 이 지역에는 거대한 노천 벽돌 공장이 세워졌고, 이후에는 깊이가 약 14미터에 이르는 쓰레기 매립장이 되었다. 호주 정부는 2000년 시드니 올림픽을 앞두고 이 부지를 복원했고, 오래된 벽돌 공장은 하수처리 시설로 탈바꿈했다. 몇

몇 연구에 따르면, 생활하수에 포함된 비누나 세제 같은 화학 성분과 항생제 등이 개구리 몸에 붙은 항아리곰팡이를 씻어냈을 것이라 한다. 화학물질이 섞인 그 물속에서 개구리들은 편안해 보였다.

오염된 환경에 적응하기 위해 겉모습을 바꾸는 종들도 있다. 특히 몸의 색을 바꾸는 사례가 눈에 띈다. 예컨대 도시에 사는 비둘기 중 깃털이 더 짙은 개체가 도시 생활에서 흔히 접하는 유해 물질을 더 잘 견디는 것으로 나타났다. 아연 같은 독성 물질이 몸에 축적되는 대신, 깃털 속 멜라닌과 결합하기 때문이다. 이런 비법을 익힌 건 비단 비둘기만이 아니다. 뉴칼레도니아의 바다뱀들도 비슷한 방식으로 새로운 환경에 적응했다. 이 바다뱀들은 보통 밝은색과 어두운색이 번갈아 나타나는 줄무늬를 가지고 있지만, 금속 공장의 폐수가 바다로 쏟아지는 누메아 근처에 서식하는 개체들은 밝은 부분까지 어둡게 변하면서 전체적으로 훨씬 더 짙은 색을 띠게 되었다.

이처럼 오염 환경에 적응하기 위해 멜라닌이 증가해서 몸 색깔이 더 어두워지는 현상을 가리켜 '산업 멜라니즘'이라 부르기도 한다. 산업 멜라니즘은 인간 활동이 불러온 진화적 반응 가운데 가장 초기 사례로 꼽힌다. 이 현상은 19세기 중반, 새도 파충류도 아닌 나방에게서 처음 관찰되었다.

1840년대, 산업도시 맨체스터 인근의 숲에서는 한때 밝은 회색이던 나방들이 어느 순간부터 석탄처럼 검은 날개를 달고 나타나기 시작했다. 1848년, 검게 변한 개체가 처음으로 관찰되어 표본으로 박제되었다. 이후 1860년대에는 이 검은 변종이 기존의 밝은색 개체보다 더 흔하게 나타났고, 19세기 말에는 밝은색 회색가지나방(후추나방)이 거의 자취를 감췄다.

2016년 국제학술지 《네이처Nature》에 실린 한 논문에 따르면, 이 변화는 1819년 애벌레 한 마리에게서 일어난 단 하나의 돌연변이에서 비롯되었다. '도약 유전자jumping gene'로 불리는 전이 인자가 한 크로모솜chromosome•에서 다른 크로모솜으로 이동했고, 이 과정에서 날개 색소를 조절하는 유전자의 기능에 변화가 생기며 검은색 변이가 나타난 것이다. 검게 변한 날개 덕분에 나방은 오염된 환경에 녹아들 수 있었다. 산업화로 인해 산성비에 민감한 밝은색의 지의식물은 말라 죽고, 나무는 검댕으로 뒤덮였다. 검게 그을린 나무껍질 위에서 밝은색 날개는 너무 눈에 띄었고, 새들은 그런 개체들을 먼저 노렸다.

토카르추크의 《방랑자들》 속 화자는 진화는 나는 듯 지나가는 형태를 선호한다고 말한다. 회색가지나방의 이야기는 검은 날개가 검게 그을린 나무에 몸을 숨긴 장면에서 끝나지 않았다. 1965년부터 2005년 사이, 과거 검은 변종이 늘어났던 속도와 거의 같은 속도로 밝은색 날개를 가진 개체들이 다시 그 자리를 되찾기 시작했다. 1956년에 제정된 청정대기법은 영국 산업화의 잔재를 서서히 지워가고 있었고, 세기가 바뀔 무렵에는 상황

<hr>

• 세포 안에 있는 유전 정보의 묶음으로, 생물의 형질을 결정하는 DNA를 담고 있다.

이 완전히 뒤집혔다. 날개가 검은 나방은 대부분 자취를 감췄고, 밝은색의 나방이 다시 주를 이루게 되었다.

1965년은 또 다른 존재가 세상에 등장한 해이기도 했다. 훗날 회색가지나방보다도 훨씬 더 넓고 깊게 우리 일상을 뒤덮게 될 존재였다. 그해, 스웨덴 디자이너 스텐 구스타브 툴린Sten Gustaf Thulin은 가정에서 사용할 새로운 종류의 자루sack에 대한 특허를 출원했다. 그가 눈여겨본 것은 가볍고 유연하며 어떤 형태로든 바꿀 수 있는 새로운 재료였다. 그해, 비닐봉지는 그렇게 세상으로 날아올랐다.

우리의 흔적은 이제 생명체의 세포 깊숙한 곳까지 닿아 그들의 몸을 바꾸고 있다. 이런 세상에 산다는 건 무슨 뜻일까? 우리가 만든 화학 세계는 여전히 곳곳에 보이지 않는 해악을 남긴다. 공기와 흙, 물속에도 보이지 않는 위협이 도사리고 있다. 하지만 독성 물질은 우리를 위협하는 동시에 우리에게 조용히 질문을 던진다. 개인과 산업, 공동체와 화학물질이 시공간을 가로질러 어떻게 얽혀 있는지, 우리에게 성찰을 요구한다. 그리고 모든 생명체의 장기와 세포 안에 감춰진 '다르게 변화할 가능성'을 마주하게 한다. 이상하게 들릴지도 모르지만, 오염은 우리에게 변화의 가능성을 엿볼 수 있는 창이 된다.

― 화학물질에서 읽을 수 있는 것

우리가 태어나기 전, 가장 먼저 발달하는 감각은 촉각이다. 임신 8주, 아직 몸이 정자처럼 길쭉한 형체에 불과하고, 검은 씨앗 같은 눈만 달린 작은 존재일 때 태아는 세상에 반응하기 시작한다. 입술과 코 주변부터 촉각 수용체가 모여들기 시작하고, 12주가 되면 성기와 손바닥, 발바닥에도 촉각 세포가 형성된다. 자궁 속에서 함께 자라는 쌍둥이는 자신보다 서로를 먼저 찾아내 만진다. 자궁 속 형제를 쓰다듬는 일을, 자기 몸을 만지는 것보다 더 좋아한다. 임신 32주가 되면, 태아의 온몸은 너무도 예민해져서 머리카락 한 올이 스치는 정도의 가벼운 눌림도 감지할 수 있게 된다.

2021년, 코로나19로 전 세계 사람들 사이의 접촉이 금지되었던 그해, 생리의학 부문 노벨상은 온도와 촉각을 감지하는 수용체를 발견한 연구에 돌아갔다. 우리가 감촉을 느낄 수 있는 건 피에조1 단백질에 반응하는 압력 민감 수용체를 지닌 세포들 덕분이다. 'Piezo'는 '압력'을 뜻하는 그리스어 'piezein'에서 유래했다. 또 다른 피에조2 단백질은 몸이 어디에 있고 어떻게 움직이고 있는지를 느낄 수 있게 해주는 핵심 감각을 담당한다. 이러한 수용체들이 없다면, 우리는 내 손이 얼굴 앞을 지나가는 것도, 발이 땅에 닿는 것도 제대로 알 수 없을 것이다. 방광이 얼마나 찼는지, 폐 안에 공기가 얼마나 있는지를 우리에게 알려주는 것 역시 이 압력 민감 수용체들이다.

촉각이 우리의 존재를 형성하는 데 얼마나 중요한지, 과학자들도 이제야 조금씩 깨닫고 있다. 촉각이 없으면 영아의 인지 및 정서 발달은 치명적인 손상을 입는다.

예일대와 하버드대 심리학자들이 진행한 여러 연구에 따르면, 무게감이나 촉감처럼 손으로 직접 사물을 만진 경험은 추상적인 사고에도 영향을 미친다고 한다. 페르난두 페소아Fernando Pessoa 는《불안의 서Livro do Desassossego》에 이렇게 썼다. "우리가 사랑하거나 잃어버린 모든 것은 우리의 피부를 스쳐, 결국 영혼에 닿는다." 촉각은 우리를 빚는다. 우리는 그 감각을 받아들이고, 천천히 우리 안에 스며들게 한다. 우리는 일생의 수많은 '터치'로 이루어진 존재다.

그러나 우리가 눈치채지 못한 사이 우리를 바꾸고 있는 것들도 있다. 우리는 피에조1 단백질 덕분에 폐에 얼마나 많은 공기가 들어와 있는지는 알 수 있지만, 그 공기 속에 섞여 있는 오염물질이나 미세플라스틱은 감지하지 못한다. 이 화학의 세계에서 독성 물질은 아무런 흔적 없이 변연계를 가로지르고, 오염물질은 우리도 모르게, 아무런 허락 없이 세포 깊숙이 침투한다. 캐나다 시인 애덤 디킨슨Adam Dickinson은 7년에 걸쳐 혈액과 대변, 소변을 채취해 독성 물질 검사를 받았다. 자신이 환경을 통해 어떤 산업 화학물질을 섭취하고 흡수하였는지를 알아내고자 했다. 그가 검사 받은 물질에는 일상적인 플라스틱에서 흡수되는 프탈레이트와 비스페놀A BPA, 폴리염화바이페닐PCB, 과불화화합물PFC, 살충제와 농약, 파라벤, 난연제 그리고 31종의 중금속이 포함되어 있었다. 그가 뽑은 피만 총 78병에 달했다. 처음에는 주삿바늘을 무서워했지만, 끝날 무렵에는 이렇게 썼다. "팔에 감은 고무끈을 입으로 당겨 조이며, 양팔에서 동시에 피를 뽑았다." 이 탐구 끝에 나온 시집 《해부Anatomic》에는 그가 마주한 불편한 진실이 고스란히 기록되어 있다.

폴리염화바이페닐은 그의 지방조직 속에 마블링처럼 퍼져 있었고, 프탈레이트는 내분비계를 점령하고 있었다. 지하수와 핵실험에서 흡수된 우라늄은 그의 뼈와 치아 속에 자리 잡고 있었다. 애덤은 이렇게 고백한다. "나는 놀랍고도 소름 끼치는 군중이다. 나는 나를 어떻게 읽어야 할까? 나는 나를 어떻게 써야 할까?"

지직거리는 화상 통화 너머에서 애덤은 이 작업이 어떻게 시작되었는지 들려주었다. 원래는 플라스틱 오염에 대한 시를 쓰고 있었는데, 어느 순간 그 오염이 자기 삶에 어떤 식으로 닿아 있는지 궁금해졌다고 했다. "우리는 화학물질에 의해 다시 쓰이는 존재예요. 그 변화들이 몸 어딘가에 하나씩 새겨진다고 생각하니, 제 몸이 마치 글을 쓰는 공간처럼 느껴지더라고요." 그의 몸 구석구석에는 군사, 산업, 농업의 역사가 켜켜이 쌓여 있었다. 몬산토 사가 만든 폴리염화바이페닐과 그가 태어나기 전부터 금지된 살충제 디디티의 흔적도 그 몸에 남아 있었다.

애덤의 몸에서 발견된 화학물질은 모두 내분비계를 교란해 호르몬 체계를 흐트러뜨릴 수 있는 성분이었다. 이런 '내분비교란물질EDCs'은 유전자 자체를 변형시키지 않으면서도, 그 기능과 작동 방식을 바꿔놓는다. 예컨대, 유전자 안에 잠재돼 있던 특성들이 갑작스레 발현되는 식이다. 그 세포가 어떤 역할을 하게 될지는 어떤 유전자가 켜지고 꺼지느냐에 달려 있기 때문이다. 뇌세포가 될지 심장 근육세포가 될지는 그에 따라 결정된다. 호르몬은 내분비계에서 자신의 모양에 꼭 맞는 수용체를 찾을 때 활성화된다. 손이 장갑에 쏙 들어가듯, 수용체와 정확히 맞물리는 순간, 그 세포는 단백질을 만들거나 유전자를 발현시켜 몸의 대사와 성장 방식에까지 영향을 미치는 반응을 일으킨다.

2013년 기준, 세계보건기구WHO는 내분비계를 혼란에 빠뜨리는 화학물질이 1천 종이 넘는다고 발표했다. 일부는 살충제, 제초제, 살균제 등에 포함되어 있지만, 대다수가 플라스틱 용기, 화장품, 위생용품처럼 생활용품을 만드는 데 사용되고 있다. 이런 내분비교란물질은 에스트로겐과 같은 호르몬의 구조를 흉내 내 자연 호르몬처럼 수용체에 꼭 맞게 결합한다. 그 과정에서 세포의 기능을 바꾸고, 세포가 하는 이야기를 왜곡시킨다. 어떤 건 자연 호르몬보다도 강한 반응을 끌어내기도 한다. 르네상스 시대의 의사 파라셀수스Paracelsus가 말한 뒤로, 독성학의 기본 원칙은 "용량이 독성을 결정한다"였다.

그러나 내분비교란물질은 이 원칙을 거스른다. 이들의 영향력은 용량에 비례하지 않으며, 극히 적은 양으로도 치명적인 결과를 불러올 수 있다. 특히 아직 몸이 발달 중인 영아나 태아처럼 여린 몸을 가진 존재들은 그 영향을 고스란히 받아낸다. 사실상, '안전 기준치'란 존재하지 않는다. 어떤 물질은 눈에 띄지 않을 정도의 미량으로도 몸속 균형을 뒤흔든다. 합성 에스트로겐 분자 하나만 DNA의 특정 가닥에 붙어도, 표현형이 다시 짜이고, 세포는 다른 유전자를 발현하거나 새로운 단백질을 만들어내기 시작한다. 그러면 암, 불임, 발달장애 등으로 이어질 수 있다. 이런 내분비교란물질들은 꼭 맞는 수용체 안으로 슬그머니 들어가 몸의 신뢰를 얻고는, 결국 내부에서 혼란을 일으키는 파괴자가 된다.

애덤의 시는 마치 화학물질이 그의 육체에 새기는 시의 메아리처럼 들린다. 그의 세포 깊은 곳에서 조용히 쓰이고 있는 이야기다. 몸 어딘가에 스며들어 유령처럼 흔적을 남기고, 때때로 그 감각은 섬뜩한 여운으로 되돌아온다. 그는 〈모노-이소노닐 프탈레이트Mono-isononyl phthalate〉라는 제목의 산문시에서 이렇게 읊조린다. "화학적으로 제조된 과일과 꽃의 향기를 떠올려보라. 당신은 어느새 '불쾌한 골짜기'에 다다른다……. 펌킨 스파이스 향은 할머니를 꼭 껴안고 목덜미에 코를 묻고 숨을 깊이 들이마시다가, 그 순간 목주름 사이로 삐져나오는 충전재를 느끼는 기분과 같다." 향초의 인공 향을 만드는 데 쓰이는 이 화학물질은 그의 소변에서도 검출되었다.

내분비교란물질이 야생동물에게 미치는 영향에 주목하기 시작한 건 1980년대에 들어서다. 당시 한 실험은 쥐의 자궁 안에서 새끼들이 호르몬 변화에 얼마나 민감하게 반응하는지를 보여주었다. 쥐의 자궁 안에는 여러 마리의 새끼가 일렬로 자리하는데, 암컷 자매들 사이에 자리한 암컷 쥐가 수컷 형제들 사이에 긴 암컷 쥐보다 에스트로겐에 더 많이 노출되었고, 그 결과 성장한 뒤 전자가 후자보다 공격성이 더 낮았다.

이 실험에서 영감을 받은 환경보건 분석가 테오 콜번Theo Colborn 은 오대호 지역의 화학 오염이 야생동물에 어떤 영향을 미치는 지 확인하고 싶었다. 오대호 일대에는 미국 산업의 5분의 1, 캐 나다 산업의 절반가량이 모여 있으며, 수십 년 동안 수많은 공 장이 강과 하천에 오염물질을 마구잡이로 방류해왔다. 콜번은 오염된 물속을 헤엄치는 물고기들의 성적sexual 특성이 달라진 사실을 알게 되었다. 하수처리장 방류구 근처에 살던 수컷 잉어 와 수컷 월아이walleye는 정자 대신 암컷이 생성하는 난황 단백질 을 만들어내고 있었다. 수컷 화이트퍼치white perch 일부는 간성* 특성을 보이기 시작했으며, 라운드고비round goby는 이런 변화의 종합판이었다. 늘 입이 벌어져 있어 항상 놀란 표정을 짓는 듯 보이는 라운드고비 어종은 상업 선박의 평형수를 통해 오대호 에 유입되었다. 그 뒤로 이 어종은 성비 불균형, 수컷 생식기 위 축, 수컷의 난황 단백질 생성까지 온갖 교란 증상을 고스란히 드러냈다.

미국의 다른 지역은 물론, 전 세계 곳곳에서도 비슷한 현상이 관찰되었다. 플로리다주에서는 남성 호르몬처럼 작용하는 물질 이 섞인 제지 공장 폐수에 노출된 암컷 송사리에게서 수컷이 짝 짓기에 사용하는 생식기 모양의 지느러미가 발달하는 현상이

---

* 암컷과 수컷의 성적 특징이 한 개체 안에 동시에 나타나는 생물학적 상태.

나타났다. 반면에 수컷 악어는 음경 크기가 원래보다 절반 가까이 줄어들기도 했다. 미국 서부 해안에서는 수컷 왕연어에게서 암컷의 생물학적 특성이 나타났고, 스발바르제도에서는 간성 북극곰이 태어나기 시작했다.

내분비교란물질이 환경 전체에 널리 퍼졌고, 그것이 생물의 성까지 바꿔놓을 수 있다는 사실은 언론의 과잉 반응을 불러일으켰다. 특히 남성성에 대한 불안을 자극하는 기사가 쏟아졌다. "농약 탓에 거세당한 수컷 개구리" "수달의 성기가 작아지고 있고, 당신도 결코 안전하지 않다" 같은 자극적인 제목들이 지면을 뒤덮었다. 합성 에스트로겐이 피임약이나 치료제 등의 성분으로 대량 생산되기 시작한 건 1940년대였고, 그때부터 이 호르몬은 본격적으로 환경에 영향을 미치기 시작했다. 이후 미국 남성의 평균 정자 수가 절반 가까이 감소했다.

수컷 악어의 생식기 위축 현상을 처음 과학적으로 밝혀낸 생물학자 루이스 길레트Louis Guillette는 1995년 미국 하원의 보건·환경 소위원회에 출석해 미국 남성이라면 누구든 등골이 서늘해질 만한 경고를 남겼다. "오늘 이 방에 앉아 있는 남성들은 호르몬 변화와 남성 생식건강 면에서, 자기 할아버지 세대에 비해 그 수준이 절반 정도에 불과합니다." 그는 낮고 침착한 목소리로 말했다. "그렇다면 우리 아이들은 우리의 절반만큼밖에 되지 않을까요?" 환경오염과 남성성 약화를 연결 짓는 이런 주장은 편견을 강화할 뿐 아니라, 성별이 몸 안에서 어떻게 형성되는지에 대한 무지에서 비롯된 것이었다.

자연계에는 생물학적 성이 단단히 고정된 성질이 아니라, 조건에 따라 바뀔 수 있는 유동적인 특성임을 보여주는 사례가 무수히 많다. 온도, 수질의 pH 농도, 심지어 사회적 요인까지도 한 집단의 성비를 변화시킬 수 있다. 어떤 생물은 생애 동안 자연스럽게 성을 여러 번 바꾸기도 한다. 바다달팽이marine snail는 어릴 때는 수컷이지만, 나이가 들면 암컷으로 바뀐다. 유리망둑은 주변 환경이나 짝의 유무에 따라 수컷이 되기도 하고, 암컷이 되기도 한다. 검은바다농어는 대부분 암컷으로 태어나 자라면서 일부가 수컷으로 바뀐다. 또 어떤 생물은 아예 다른 성을 흉내 내기도 한다. 암컷 포르카스제비나비는 수컷 날개의 선명한 청록 무늬를 모방해 포식자의 눈을 피한다. 침이 없는 수컷 석벌은 암컷 벌의 침을 흉내 낸 생식기 돌기를 흔들며 적을 위협한다. 자연계의 많은 생물에게 암수 구분은 불필요한 틀에 불과하다. 대다수 식물은 간성이고, 심지어 치마버섯 같은 균류는 번식 집단 안에서 유전적 다양성을 최대한 확보하기 위해 무려 2만 8천 가지가 넘는 성을 지니고 있다.

이 다채로운 변화는 미세한 세계로 들어갈수록 더욱 활기를 띤다. 애덤 디킨슨은 독성 물질뿐 아니라, 자신의 마이크로바이옴도 분석했다. 마이크로바이옴은 면역 체계를 뒷받침하고, 소화를 도우며, 기분을 조절하는 몸속 미생물 생태계다.《해부》에서 그는 이렇게 썼다. "내 몸은 우주선과 같다. 그 안의 미생물 우주비행사들이 안정적으로 증식하고 번성할 수 있도록 설계되었다.” 이 미생물 우주비행사들은 기존의 생명 개념을 근본부터 다시 생각하게 만든다. 종의 구분은 말할 것도 없고, 성별 차이라는 개념조차 무색해진다. 박테리아는 다른 생명체와 유전자를 자유롭게 주고받으며, 종의 경계를 넘나드는 공생 관계를 유지한다.

접촉은 곧 변형으로 이어진다. 사회학자 마이라 허드_{Myra Hird}는 말한다. “우리 몸속 박테리아는 성적으로 무한히 다양하다.” 남성과 여성이라는 이분법적 성은 사실 진화의 역사에서 비교적 최근에 등장한 개념이다. 지구에 생명이 존재한 대부분의 시간 동안, 성의 차이는 무한한 변주와 가능성의 장이었다. 내 몸속 마이크로바이옴은 인간 세포보다 1~10퍼센트가량 더 많다. 성별이라는 기준에 갇히지 않은 나의 일부가, 오히려 그 기준으로 정의되는 부분보다 많다는 뜻이다. 게다가 내 몸을 이루는 모든 세포는 좋은 쪽으로든 나쁜 쪽으로든 언제든 제 기능을 바꿀 가능성을 지니고 있다. 그 가능성은 암세포로 번져 괴이한 종양이 되기도 하고, 때로는 내 유전체 안에 숨겨진 새로운 가능성을 깨우기도 한다.

내분비교란물질은 분명 심각한 해를 끼칠 수 있다. 동시에, 이 물질들은 생명체가 지닌 ‘가소성’, 즉 변화 가능성을 다시 바라보게 한다. 그렇기에, 이 화학물질 자체를 무조건 해로운 존재로만 단정해선 안 된다. 호르몬은 설령 합성된 것이라 해도, 그 자체로는 선도 아니고 악도 아니다. 어떤 영향을 끼치게 될지는 그것이 작용하는 환경에 달려 있는 셈이다. 트랜스젠더 철학자

폴 프레시아도Paul Preciado*는 테스토스테론을 "나의 삶에서 또 하나의 진화를 이끌어준 동료"라고 표현한다. 그 물질 덕분에 자신 안에 잠들어 있던 표현형을 자유롭게 드러낼 수 있게 되었다고 말이다.

결국, 내분비교란물질이 하는 일은 단 하나, 유전체 속에 있는 스위치를 '딸깍' 켜는 일이다. 이 강렬한 화학물질이 우리 몸에 닿는 순간, 깊은 곳에 숨어 있던 또 하나의 나, 우리가 미처 알지 못했던 존재가 깨어날 수도 있다.

자기 몸을 가득 채운 화학물질들을 추적해나간 애덤의 여정을 통해 우리 모두의 몸 안에서 역시 시가 쓰이고 있음을 인지할 수 있다. 그 시는 하나의 손이 아닌, 수많은 손길이 함께 엮어낸 것이다. 우리가 우리 자신을 완성한 최종 저자가 아니라는 사실이 충격적으로 느껴질 수도 있다. 언제 어디서든 해악이 도사리고 있는 이 화학의 세계에서는 특히 더 그럴지도 모른다. 하지만 이 깨달음은 묘하게도 매혹적이다. 독성 물질은 때로 우리가 스스로 생각했던 것보다 훨씬 더 다채로운 존재일 수 있다고 우리에게 속삭인다. 대화를 마무리할 무렵, 애덤은 이렇게 말했다. "촉각에서 시작과 끝은 어디일까요? 우리가 무언가를 만질 때, 그 대상도 우리를 만집니다." 그렇다면, 우리를 스쳐간 것들 중 끝내 남는 건 무엇일까? 무엇이 우리 안에 들러붙어 오래 머무는 걸까?

— 폐기물 문제에 대하여

미국 허드슨강 동쪽 강변에서 바라보면, 맨해튼 남쪽 끝의 반짝이는 마천루들이 강 건너편 저지시티의 빌딩들과 서로 마주 보고 있다. 날이 흐린 날에도 웅장한 건물들은 물비늘처럼 은은한 빛을 머금고, 수천 개의 유리창 속에 도시를 끝없이 되비춘다.

차량이 즐비한 9A 고속도로와 허드슨강 사이, 맨해튼 서쪽 강변을 따라 공원이 길게 이어져 있다. 지도를 보면, 바위 위에 붙은 이끼 띠처럼 보인다. 도심의 협곡을 따라 이어지는 소음과 분주함에서 벗어나 산책이나 조깅을 하는 사람들이 잠시 숨을 고르는 공간이다. 또한 이 공원은 나비들의 피난처이기도 하다. 약 5천 킬로미터에 달하는 긴 여정을 떠나는 제왕나비들이 멕시코로 남하하는 길목에서 머무는 쉼터가 바로 이곳 허드슨강 공원이다. 내가 그곳을 찾아간 9월 말은 나비들이 날기에 추운 날씨였다. 하지만 불과 몇 주 전만 해도, 수없이 많은 제왕나비가 맨해튼에 내려앉아, 주황빛 날개로 덮인 공원은 살랑이는 호박색 외투를 걸친 듯한 풍경이 되었다.

그날, 내 시선을 더 끌어당긴 건 공원보다는 강이었다. 허드슨강은 애디론댁산맥에서 발원해 뉴욕주를 따라 507킬로미터를 흐르며 마침내 대서양으로 흘러든다. 지금은 영국 탐험가의 이름을 따서 '허드슨강'으로 불리지만, 원래 이 땅에 살았던 레나페족은 '무히커누크Muhheakunnuk'라 불렀다. "끊임없이 움직이는 거대한 물줄기"라는 뜻이다. 이 강은 절반 가까이가 바다와 맞닿아 있어, 밀물과 썰물의 영향을 받기 때문이다. 19세기, 운하가 개통되자 허드슨강은 대서양과 이리호를 연결하게 되었고, 강을 따라 어마어마한 부wealth가 도시로 흘러들었다. 하지만 한 세기가 지나자, 그 흐름은 점점 탁해졌다. 민물과 바닷물이 섞이듯, 부와 함께 산업폐기물이 흘러들었다.

1970년대에는 허드슨강 하류의 물 색만 봐도 그해 제너럴모터스GM에서 자동차를 무슨 색으로 칠했는지 알 수 있다는 말까지 돌았다. 수십 년 동안 중금속과 석유화학물질이 아무런 통제 없이 강으로 쏟아져 들어왔다. 그중에서도 가장 악명 높은 오염원은 단연 폴리염화바이페닐이었다. 분해 속도가 극히 느린 탓에 '잔류성 유기 오염물질'로 분류되는 이것은, '영원히 사라지지 않는 화학물질'로 불리기도 한다. 1947년부터 1976년까지 거의 30년 동안, 제너럴일렉트릭GE은 포트에드워드와 허드슨폴스에 있는 공장에서 무려 59만 킬로그램에 달하는 폴리염화바이페닐을 허드슨강에 방류했다. 오염은 상상을 초월할 정도로 심각했다.

2002년, 미국 환경보호청EPA은 허드슨강 중 약 320킬로미터 구간을 '슈퍼펀드' 지역으로 지정했다. 슈퍼펀드란 미국에서 가장 심각하게 오염된 지역에 부여되는 지위로, 국가 차원의 우선 정화 대상임을 뜻한다. 허드슨강은 미국 내에서 가장 넓은 슈퍼 펀드 지역이기도 하다. 지금까지 정화 작업에 들어간 비용만 70억 달러에 달하지만, 강에는 여전히 이 화학물질이 남아 있다. 이 물질은 전 세계적인 생산량이 약 130만 톤에 이르며, 페인트, 실링제, 플라스틱, 가정용 세제 등 우리 일상 속 제품에도 널리 사용된다. 그중 3분의 1 이상이 해안 퇴적층과 바다로 흘러든다. 물에는 잘 녹지 않고 지방에는 쉽게 흡수되는 탓에, 살아 있는 생물의 지방조직 속에도 깊숙이 쌓인다.

오늘날 이 지구에 살아 있는 모든 사람의 몸속에도 이 물질이 존재할 가능성이 매우 높다. 폴리염화바이페닐은 강한 독성을 지닌 물질이지만, 허드슨강에는 이 독성마저도 마치 안 좋은 기분을 훌훌 털어내듯 가볍게 흘려보내는 물고기가 있다.

나는 당시 미국 러트거스대학교에서 강의하기 위해 뉴저지에 와 있었고, 강의 일정 사이 잠시 짬을 내어 뉴욕에 들를 기회가 있었다. 그날 나는 미드타운에서 지하철을 타고 허드슨야드까지 이동한 뒤, 공원을 따라 남쪽으로 천천히 걸었다. 목적지는 허드슨강 공원 피어 40에 있는 웨트랩Wetlab이라는 연구소였고, 그곳을 찾은 이유는 놀라운 생존력을 가진 물고기 '애틀랜틱톰코드Atlantic tomcod'에 관해 알아보기 위해서였다. 내가 도착했을 때 부두의 남쪽은 거의 텅 비어 있었다. 낚시하는 몇몇 사람들만 방파제 끝에 조용히 자리하고 있었다. 거대한 부두 창고 그늘 아래 놓인 벤치에 앉은 젊은 남자가 친구의 드레드락스* 머리를 짧게 밀고 있었다. 창고 한쪽 외벽에는 붉은 글씨로 "당신에게 감사를 전하고 싶어요"라고 쓰여 있었다. 에이즈 대유행 시기에 위기를 함께 견디고 싸웠던 사람들을 기리는 벽화였다.

웨트랩 입구에 다다르자, 안쪽에서 왁자지껄한 소리가 한꺼번에 쏟아져 나왔다. 강에 서식하는 다양한 물고기와 갑각류에 관해 배우러 온 학생들이었다. 한껏 들뜬 아이들 사이를 조심조심 헤치며 안으로 들어가 연구실 직원에게 내가 온 목적을 알렸다. 잠시 후, 부두 끝에서 키 큰 남자가 다가왔다. 회색 수염을 기르고, 카키색 재킷을 입은 사람이었다. 50대 후반이나 예순을 갓 넘긴 듯 보였다. 두꺼운 안경 너머로 부드러운 갈색 눈동자가 또렷하게 보였다.

그의 이름은 아이크 위르긴Ike Wirgin. 1980년 이후로, 허드슨강에 사는 톰코드가 오염에 어떤 영향을 받는지 연구해온 인물이다. 그에게 물고기는 늘 특별한 존재였다. 뉴욕 마운트버넌에서 자란 그는 동네 관상어 전문점 창가에 진열된 어항을 넋을 잃고 바라보던 아이였다. 조금 더 자라서는 낚시를 시작했는데, 먹기 위해서라기보다는 잡은 물고기를 가까이서 관찰하기 위해서였다. "1980년대 초반에는 미국 곳곳의 물고기들에게 종양이 생겼다는 보고가 많아서, 그걸 두고 사람들이 굉장히 우려했어요." 그가 내게 말했다. "보스턴 항구의 겨울가자미winter flounder, 오대호의 브라운송어, 퓻젓사운드의 잉글리시솔English sole 그리

<hr>

● 자메이카 레게 문화와 연관된 머리 모양으로, 머리카락을 빗질하지 않아 자연스럽게 엉켜 늘어진 형태를 말한다.

고 버지니아 엘리자베스강의 킬리피시killifish까지. 그런데 그중에서도 가장 눈에 띈 건……" 그가 강 쪽을 가리키며 말을 이었다. "여기 허드슨강의 톰코드였죠."

당시만 해도, 한 살짜리 톰코드의 거의 절반은 간에 종양이 있었고, 두 살이 되면 그 비율은 90퍼센트를 훌쩍 넘었다. 아이크는 그 무렵 뉴욕대에서 박사후 과정을 밟으며 설치류의 암 발생 원인을 연구하고 있었는데, 바로 그 물고기가 그의 눈길을 사로잡았다. "원하면 물고기 연구를 곁다리로 해봐도 된다고 하더라고요. 그게 계기가 되어서 톰코드를 비롯해 허드슨강에 사는 여러 어종을 연구하는 일이 제 커리어가 됐죠." 잠시 뒤, 허드슨강 공원 관리 기구 부대표를 맡고 있는 생태학자 캐리 로블Carrie Roble과 웨트랩 보조 연구원 싯다르타 헤이스Siddhartha Hayes가 대화에 합류했다.

캐리는 아이크와 톰코드 연구를 함께해온 인물이다. 그들은 지난 30년 동안 허드슨강의 어류 개체 수를 꾸준히 조사하는 프로젝트를 진행했다. 이 물고기들을 위협하는 요인은 오염만이 아니었다. 톰코드는 차가운 물에서 살아가는 데 특화된 물고기다. 혈액 속에 일종의 '부동단백질antifreeze protein'을 생성할 수 있을 정도로 차가운 환경에서 잘 견딘다. 하지만 수온이 계속 오르면서 개체 수가 급격히 줄고 있었다.

싯다르타가 환하게 웃으며 말했다. "그래도 가끔은 모습을 보여요. 올해도 한 마리를 잡았거든요. 수조 안에 넣어뒀는데, 개가 좀 수줍어서 아마 홍합들 사이에 숨어 있을 거예요." 톰코드는 몸집이 작고 길쭉하며, 옆구리를 따라 갈색 반점이 흩어져 있다. 강바닥 가까이 머무는 습성이 있는데, 바닥 쪽은 화학물질 농도가 가장 짙은 구역이기도 하다. 이 물고기를 처음 연구하기 시작했을 때, 아이크는 간에 종양이 유독 많은 이유가 폴리염화바이페닐 때문은 아닐지 의심했다. 조사해보니, 실제로 이들의 간에서 검출된 그 물질의 수치는 자연계에서 보고된 수치 중 가장 높은 수준이었다.

오염이 그렇게 심한데도 이 물고기들은 끈질기게 살아남아 헤엄치고 있었다. 오염에 계속 노출된 끝에, 어느새 스스로 내성을 갖게 된 것이다. "폴리염화바이페닐을 한 트럭 쏟아부어도, 영향이 거의 없어요!" 아이크가 어깨를 으쓱하며 말했다. 허드슨강에 사는 톰코드가 이토록 강한 내성을 갖게 된 이유는 딱 한 개의 유전자 염기서열에 변화가 생겼기 때문이다. 바로 아릴 하이드로카본 수용체2AHR2다. 이 수용체는 제노바이오틱스, 즉 체내에 원래 존재하지 않는 화학물질의 대사에 핵심적인 역할을 한다. 그런데 허드슨강에 사는 톰코드의 아릴 하이드로카본 수용체2에는 대서양 연안에 사는 다른 톰코드 개체군에게서 발견되는 DNA 염기쌍 6개가 빠져 있다. 폴리염화바이페닐은 지질lipid을 좋아한다. 그래서 일단 톰코드의 지방조직에 들어가면 수용체에 달라붙으려 하지만, 꼭 들어맞는 지점을 찾지 못한 채 맴돈다. 마치 풀이 말라서 책등에 붙지 못하는 낱장처럼, 염기쌍과 그 염기쌍이 만들어내야 할 아미노산이 없으면, 이 화학물질은 이 수용체에 제대로 들러붙지 못한다. 다른 물고기와 달리, 허드슨강에 사는 톰코드의 몸속에서는 독성 물질들이 부질없이 겉돌 뿐이다.

어쩌면 허드슨강이 이 화학물질로 뒤덮이기 전부터, 변이 수용체를 지닌 톰코드가 일부 존재했을 가능성이 있다. 화학물질의 공격이 시작되었을 때, 이 변이를 가진 개체들은 이미 생존에 유리한 조건을 갖추고 있었다. 변이는 빠르게 퍼졌을 것이다. "적응에 관여하는 유전자가 많을수록 그 변이가 개체군 전체에 퍼지기까지 시간이 훨씬 더 오래 걸려요. 하지만 관여하는 유전자가 딱 하나뿐이면, 진화는 훨씬 빠르게 일어날 수 있죠." 아이크가 설명했다. 변이를 가진 물고기들은 살아남았고, 그렇게 바뀐 수용체는 불과 50년 만에 개체군 전체로 퍼져나갔다.

아이크는 인근 뉴어크만에 사는 또 다른 톰코드 개체군도 같은 방식으로 내성을 갖게 되었다고 말했다. 이번에는 산업 독성 물질인 테트라클로로디벤조-P-다이옥신TCDD에 대한 내성이었다. 뉴어크만 톰코드 역시 변이된 아릴 하이드로카본 수용체2를 통해 테트라클로로디벤조-P-다이옥신에 내성을 갖게 되었다. 하지만 인간의 몸은 다르다. 한번 들어온 것들은 쉽게 사라지지 않는다. 우리 몸속에 남는 건 화학물질뿐 아니라, 그것이 만들어진 시대의 기억과 흔적이기 때문이다. "우리 몸은 접촉의 흔적이 켜켜이 쌓인 아카이브예요." 애덤 디킨슨이 내게 한 말이다.

테트라클로로디벤조-P-다이옥신은 뉴저지에서 제조한 '에이전트 오렌지'라는 고엽제 생산 과정에서 생긴 부산물이다. 하늘에서 뿌려대는 군용 제초제가 베트남의 숲을 구름처럼 뒤덮던 그 시절, 뉴어크 공장에서 나온 다이옥신은 퍼세이익강으로 흘러들었고, 이어 뉴어크만까지 퍼졌다. 이런 폭력의 역사가 나와 당신, 그리고 우리가 사랑하는 거의 모든 사람의 몸에 새겨져 있다. 지금껏 봤던 모든 나무의 잎, 모든 새의 깃털 속에도 그 흔적이 남아 있을지 모른다. 지워지지 않는 이 슬픈 흔적이 우리 모두를 연결하고 있다.

캐나다 메티스 출신 학자 미셸 머피Michelle Murphy는 이를 '화학적 관계'라 불렀다. 화학적 관계는 서로 다른 세계관이 맞부딪치는 갈등의 현장까지도 아우르는 개념이다. 캐나다 온타리오의 세인트클레어강 유역에서는 아암지우낭이라는 원주민 공동체가 수천 년 동안 삶을 일구어왔다. 이들에게 삶의 '터전'은 단순히 딛고 사는 물리적 땅이 아니라, 세대와 세대를 잇는 기억의 공간이자 조상과 후손의 시간이 포개져 흐르는 삶의 자리다. "터전은 과거와 미래의 시간이 함께 살아 숨 쉬는 공간이에요." 머피는 이렇게 말했다. "공동체와 인간은 터전에서 태어나고 자라며, 그 터전의 일부로 살아가죠." 아쉽게도 석유화학 산업이 등장하자, 터전이라는 개념은 자원을 캐내고 폐기물을 버리는 장소라는 기능적 의미로 축소되었다.

1858년, 지금의 온타리오주 페트롤리아 지역에서 투기꾼들이 '검은 황금'이라 일컫던 석유를 발견했다. 유출된 원유는 인근 개울과 하천을 뒤덮었고, 결국 세인트클레어강까지 도달했다. 현재 이 지역은 캐나다의 '화학 계곡'이라 불리며, 캐나다 석유화학 공장의 약 40퍼센트가 이곳에 몰려 있다. 세인트클레어강은 오대호 물길을 이어주는 중요한 통로다. 이 자연 통로는 거대한 휴런호와 세인트클레어호를 잇고, 남쪽으로는 디트로이트강을 거쳐 이리호로 흘러든다. 1825년, 이리 운하가 완공되면서 이리호는 허드슨강과 대서양까지 연결되었고, 한때는 가장 분주한 항로로서 세계무역의 중심지로 활약했다.

그로부터 몇십 년 뒤, 폴리염화바이페닐과 수은이 이 운하에 무분별하게 방류되기 시작했다. 그의 말에 따르면, 이런 독성 물질들은 식민주의와 자본주의가 행사한 구조적 폭력이 물질의 형태로 드러난 것이었다. 내분비교란물질의 경우, 그 폭력의 흔적은 쉽게 사라지지 않고 오래도록 남아 마치 메아리처럼 세대를 거슬러 되돌아온다.

1999년부터 2003년 사이, 아암지우낭 공동체에서 태어난 신생아의 성비가 급격히 변했다. 출생아 중 남자아이는 3분의 1에 불과했다. 독성 물질의 영향이 왜 이렇게 세대를 넘어 뒤늦게 나타난 걸까? 이는 비스페놀A 실험에서 그 실마리를 찾을 수 있다. 비스페놀A는 통조림부터 플라스틱 물병까지 다양한 제품에 들어 있는 화학물질이다. 임신한 생쥐를 대상으로 한 연구에 따르면, 이 물질은 태아 자체가 아니라 태아의 몸속에서 형성되는 난자에 영향을 미친다. 즉, 20세기 중반에 조부모 세대가 섭취한 화학물질이 21세기 초에 태어나는 아이들의 성비에 영향을 미친다는 뜻이다.

몸속에 조용히 축적되고 다음 세대의 몸에서야 모습을 드러내는 현상을 '화학적 피해'라고 한다. 머피는 지금처럼 화학물질로 뒤덮인 세상에서 우리 모두 '변형된 삶'을 살아가고 있다고 말한다. 그 삶 속에서 생태의 역사, 산업의 역사, 식민주의의 역사가 뒤얽혀 세대를 넘어 우리를 하나로 엮는다. 누군가는 이거미줄에 더 단단히 걸려 있다. 어쩌면 산업 화학물질에 얼마나 덜 노출되었느냐가 눈에 띄지 않는 특권의 경계선이 될 수도 있다. 예컨대 북아메리카에서는 토착 원주민 공동체들이 환경 독소가 흘러 내려가는 강 하류에 사는 경우가 많았다. 하지만 특권의 경계 안에 있는지 밖에 있는지와 상관없이 이 독성 물질은 모두의 몸에 닿는다. 그리고 단순히 스며드는 데서 끝나지 않는다. 해악과 방조의 역사가 우리 몸에 함께 각인된다.

우리가 이야기하는 동안, 싯다르타는 부두에 매어둔 보트에서 허드슨강 생물 표본을 채집하고 있었다. 아쉽게도 톰코드는 없었지만, 그는 마치 마술사처럼 싱긋 웃으며 신기한 생물들을 하나둘 꺼내 보였다. 어릴 때는 암컷이었다가 자라면서 수컷으로 바뀌는 검은바다농어 한 마리가 미끈한 진흙과 점액이 뒤엉킨 통발 속에서 입을 벌린 채 노려보고 있었다. 안개빛 해파리는 조개껍데기 위에 모자처럼 얹혀 있었다. 점액처럼 흐물흐물한 우초* 무더기는 게통발 철망에 달라붙어 있었는데, 그 모양이 흡사

---

   *   멍게와 비슷한 여과 섭식 동물.

인체의 완벽한 비율을 상징하는, 레오나르도 다빈치Leonardo da Vinci의 '비트루비우스적 인간'을 연상시켰다.

톰코드는 폴리염화바이페닐이 세포 깊숙이 달라붙지 못하게 해 살아남는다. 오염이 심한 물에서도, 독성의 손길을 요리조리 피하며 버틴다. 우리는 우리도 그럴 수 있다고 믿는다. 톰코드와 같은 세상을 살아가면서도 그 모든 오염과 독성의 흔적이 우리에게는 닿지 않으리라 생각한다. 문화와 기술, 혹은 인간이라는 특권에 기대어, 이 세계의 오염과 고통에서 비켜설 수 있다고 믿어왔다. 하지만 그것은 결국 우리가 만들어 낸 환상에 불과하다. 토양과 수로에 흘려보낸 독성 물질이 드러내는 접촉의 욕망, 살아 있는 생물의 조직 깊숙이 스며들려는 그 집요한 본성을 인식하고 나면, 우리가 자연과 동떨어진 특별한 존재라는 환상은 산산이 무너진다. 우리는 우리 몸에 들어온 것들로부터 절대로 도망칠 수 없다. 그렇다면 이제 우리는 좋든 나쁘든 우리 안으로 이토록 깊이 파고드는 세상의 손길을 받아들여야 한다. 새로운 관점에서 다시 생각해보아야 한다.

— 화학 세계를 견뎌낼 이유는 없다

역사학자 제프리 미클Jeffrey Meikle에 따르면, "플라스틱 이야기는 종종 자신이 아닌 다른 무언가인 척하는 재료에서 시작된다." 1869년에 특허를 받은 초기 플라스틱 셀룰로이드는 익숙한 재료의 외양을 재현할 수 있다는 점 덕분에 큰 인기를 끌었다.

셀룰로이드 칼 손잡이는 나뭇결을 흉내 냈고, 셀룰로이드 와이셔츠 깃은 리넨의 질감을 흉내 냈다. 점점 더 다양한 재료의 모습을 본떠 사람들의 일상 구석구석에 스며들었다. 가죽처럼 보이는 비닐, 도자기 질감을 흉내 낸 플라스틱, 레이온 커튼, 아크릴 스웨터…….

그러나 보기만 할 때는 그럴듯해 보였지만, 손으로 만져보면 차이를 쉽게 알 수 있었다. 셀룰로이드 당구공은 얼핏 상아로 만든 공처럼 보여도 손으로 들어보면 무게에서 차이가 드러났고, 멜라민수지로 마감한 식탁에 찍힌 가짜 나뭇결도 진짜 나무의 질감을 따라잡을 수는 없었다. 그래서 결국 촉감을 속이기 위해 플라스틱은 새로운 전략을 찾아야 했다. 아예 촉감을 지워버리는 방식으로.

나무나 돌처럼 세월의 흔적이 겉면에 새겨지는 재료들과 달리, 플라스틱은 이상할 만큼 자기 과거에 대해 입을 다문다. 형형색색으로 번쩍거리는 플라스틱조차 그 안에는 묘한 침묵이 깃들어 있다. 어떠한 플라스틱도 자신이 어디서 왔는지 말하지 않는다. 시간을 초월해 존재하는 것처럼 느껴질 때도 있고, 언제나 지금 이 순간에만 존재하는 듯 느껴지기도 한다. 바로 이 느낌이 플라스틱을 그토록 쉽게 버릴 수 있게 하는 힘이다. 플라스틱의 반들반들한 표면에는 시간조차 스며들지 않는 듯 보였다. 하지만 1950년대에 값싼 합성수지 제품들이 미국 사회에 쏟아져 들어오면서 그 환상은 금세 깨졌다.

플라스틱 물건들은 금방 색이 바랬고, 매끈하던 표면은 녹진하게 변해 끈적거렸으며, 기름기 어린 얼룩이 자국처럼 남았다. 그 뒤에 나온 플라스틱은 더 단단해졌고, 화학 첨가물 덕분에 아무 감촉도, 흔적도 남지 않는 재질이 되었다. 입을 다물고, 자신이 어디서 왔는지도 말하지 않은 채, 그저 조용히 쓰이고 버려졌다. 플라스틱은 우리의 감각을 둔하게 만들고, 몸으로 느끼던 세상과의 연결감마저 지워버린다. 우리는 이 세계와 다시 교감할 수 있을까?

미국에 머무는 동안, 나는 매사추세츠주 케임브리지도 방문했다. 플라스틱을 대신할 수 있는 자연 유래 재료가 우리의 감각을 어떻게 다시 일깨우고, 세상과의 연결을 회복시킬 수 있을지 연구자들을 직접 만나 이야기를 듣고 싶었다. 첫 번째로 만난 인물은 새넌 냉글Shannon Nangle이었다. 그녀는 하버드 동기 마리카 치작Marika Ziesack과 함께 서시 바이오사이언스Circe Bioscience를 공동 설립해, 현재 CEO로 일하고 있다. 탄소 중립 식품과 바이오 기반 소재를 개발하는 이 회사는 조지 몽비오가 내게 설명했던 방식과 비슷하게, 미생물 발효를 통해 식량을 생산하는 기술을 개발했다. 식물성 혹은 동물성 지방 대신, 이산화탄소를 먹이 삼아 지방을 만들어내도록 설계된 미생물을 활용해 온실가스를 지방으로 바꾸고, 그 지방을 식품 자원으로 전환하는 방식이다. 새넌은 식품을 개발하기에 앞서, 탄소 중립 바이오플라스틱 개발에 나섰다는 이야기를 들려주었다.

최근 몇 년 사이, 일회용 플라스틱이 환경에 남기는 대가가 얼마나 막대한지, 이제는 누가 봐도 분명해지고 있다. 현재 우리가 뽑아 쓰는 석유의 4~8퍼센트가 가열되고, 분해되고, 변환되어 결국 플라스틱이 된다. 이번 세기 중반이 되면, 그 비율은 지금의 두 배에서 다섯 배까지 늘어날 수 있다. 이미 플라스틱 생산으로 매년 약 2억 메가톤Mt의 이산화탄소가 배출되고 있다. 게다가 어떤 플라스틱은 생산된 뒤에도 오랜 시간에 걸쳐 온실가스를 내뿜는다. 비닐봉지나 캔 음료 고리를 만드는 데 사용되는 저밀도 폴리에틸렌LDPE은 주변에서 가장 흔하게 버려지는 플라스틱 중 하나다.

이 플라스틱은 햇빛에 노출되면 에틸렌과 메탄을 배출한다. 메탄은 대기 중의 열을 이산화탄소보다 28배나 더 강하게 붙잡아놓는 온실가스다. 해양에 떠다니는 미세플라스틱은 바다의 탄소 흡수 능력마저 떨어뜨리고 있다. 지금까지 우리가 배출한 이산화탄소의 3분의 1에서 절반 정도는 바다가 흡수해왔다. 하지만 지금은 이 흡수 능력이 점점 약해지고 있다. 미세플라스틱 입자를 삼킨 미세조류는 대기 중 탄소를 제거하는 역할을 제대로 하지 못하기 때문이다. 특히 이 미세플라스틱에는 종종 생물 독소가 스며들어 있어, 독이 든 알약과 같은 기능을 한다.

그럼에도 이 물질이 우리의 삶을 어떻게 지탱해왔는지도 함께 바라보아야 한다. 플라스틱은 의료 및 공학 분야에서 필수적인 역할을 해왔고, 자원을 효율적으로 사용하기 위해 세운 목표에도 일정 부분 기여해왔다. 예컨대 플라스틱은 금속보다 가볍고 연료 효율이 높아 자동차나 비행기에 대체재로 사용되며, 건물의 단열 성능을 높이거나 식품 폐기량을 줄이는 데도 활용된다. 문제는 바로, 지금 우리가 만드는 플라스틱의 절반가량이 한 번 쓰고 버리도록 설계된 일회용 제품이라는 점이다. 그래서 기존 플라스틱과 성능은 유사하면서도 탄소 배출을 줄이고 생분해가 가능한 바이오플라스틱이 대안으로 주목받고 있다.

바이오플라스틱은 독성 첨가제를 사용하지 않고 재생 가능한 자원으로 제조되는 특성 덕분에 탄소 배출을 줄일 수 있고, 쌓여가는 플라스틱 쓰레기를 줄이는 데에도 기여할 것이다. 젖산을 원료로 만든 폴리젖산PLA은 투명하고 단단한 성질 덕분에 페트PET를 대체할 수 있다. 목질섬유를 주원료로 쓰는 폴리부틸렌석시네이트PBS는 유연성이 뛰어나 폴리에틸렌이나 폴리프로필렌의 대안이 된다. 박테리아와 조류를 통해 생산되는 폴리히드록시알카노에이트PHA는 딱딱하고 쉽게 부서지는 형태부터 말랑하고 유연한 형태까지 다양하게 구현할 수 있어 가장 주목받는 차세대 바이오플라스틱 가운데 하나다.

서시 본사에서 만난 섀넌은 머리부터 발끝까지 검은 옷차림에 묵직한 부츠를 신었고, 머리는 옆과 뒤를 짧게 민 언더컷 스타일이었다. 우리는 근처 카페까지 천천히 걸어가 커피를 샀고, 사무실로 돌아와 본격적으로 대화를 나눴다. 섀넌에게서는 기업가 특유의 에너지와 과학자의 열정이 동시에 느껴졌다. 그런데 뜻밖에도 그녀의 화두는 플라스틱의 미래가 아니라, 고대 그리스신화였다. 서시Circe라는 회사 이름은 '탄소 효율을 높여 산업을 순환시키다Circularizing Industries by Raising Carbon Efficiency'의 줄임말이다. 그런데 섀넌은 이 이름에 또 하나의 의미가 담겨 있다고 말했다. 그 이름은 그리스 태양신 헬리오스의 딸이자, 로마 시인 오비디우스의 《변신 이야기Metamorphoses》에 나오는 마녀 키르케Circe에게서 따온 것이기도 했다. 오비디우스는 키르케를 '쓴 독약을 만드는 자'로 묘사한다. "오비디우스가 그린 키르케는 조금 억울한 측면이 있어요." 섀넌이 웃으며 말했다. "저는 호메로스 쪽 키르케가 더 마음에 들어요."

오비디우스가 그린 키르케는 질투심 많고 교활한 존재다. 글라우코스에게 사랑받는 스킬라를 질투한 키르케는 스킬라가 몸을 씻는 연못에 '기이한 힘을 지닌 독'을 타 넣는다. 그 결과 스킬라의 하반신은 '짖어대는 괴물'과 '벌어진 입'이 엉켜 꿈틀거리는 괴이한 형상으로 변하고 만다. 반면 호메로스의 《오디세이아》 속 키르케는 전혀 다른 얼굴을 보여준다. 오디세우스 일행이 처음 키르케의 섬에 도착했을 때, 키르케는 정찰병들에게 마법을 걸어 그들을 돼지로 바꿔버린다. 하지만 신들의 전령 헤르메스의 도움을 받은 오디세우스가 마법에 넘어가지 않자, 키르케는 무척 놀란다. "내 약을 마시고도 마법에 걸리지 않다니 놀랍군요." 그녀는 오디세우스를 잠자리로 초대하며 속삭인다. "우리가 사랑을 나누면, 서로를 조금씩 믿게 될 거예요."

"그러니까 키르케는 시의 한가운데, 오디세우스 인생의 전환점에 등장하죠." 섀넌은 설명했다. "그때 오디세우스는 완전히 막다른 길에 몰려 있어요. 말 그대로 인생 최악의 순간이죠. 그런데 키르케는 신들 가운데서도 가장 공감 능력이 뛰어난 인물 중 하나예요. 뭔가 낯선 상황과 마주했을 때, 그녀의 첫 반응은 이거예요. '서로 믿을 수 있는 기반을 만들어보자. 이제 어떻게 해야 할까?' 그리고 그녀는 모두를 다시 인간으로 돌려놓죠. 전보다 훨씬 멋진 모습으로요! 그 뒤 1년 동안 키르케는 그들을 쉬게 하고, 치유하고, 먹여 살립니다. 그녀의 집은 온통 회복의 기운으로 가득해요. 그리고 마지막에는 집으로 돌아가는 길도 알려주죠." 섀넌은 쓴웃음을 지으며 말을 이었다.

"키르케는 자연의 질서를 바꿔놓을 수 있는 마법사인 겁니다. 그런데 우리가 이 이야기에서 기억하는 건 뭐냐면, 결국 '남자를 돼지로 만든 유혹자'라는 이미지예요." 상대를 신뢰하려는 키르케의 태도는 이 회사가 일하는 방식 곳곳에 스며 있다. 이는 미생물과 협업하는 방식에서도 마찬가지다. "우리가 미생물을 하나의 도구처럼 활용하긴 하지만, 미생물이 잘 자랄 수 있도록 대사 흐름을 조절해줘야 해요. 그러려면 결국 미생물과도 관계를 잘 맺어야 하죠." 섀넌은 웃으며 말했다.

바이오플라스틱을 만들던 당시, 이들은 이산화탄소와 수소를 대사할 수 있도록 미생물을 유전적으로 개량해 폴리히드록시알카노에이트라는 생분해성 지방산 고분자를 만들어냈다. 이 고분자는 폴리프로필렌과 비슷한 성질을 가진 친환경 소재다. 폴리히드록시알카노에이트가 수명을 다하면, 다른 미생물들이 그 안에 있는 지방을 분해해 먹을 수 있다. 이렇게 해서 미생물에서 미생물로 이어지는 순환 경제가 가능해진다. 하지만 서시는 결국 바이오플라스틱 제조에서 손을 뗐다. 기술적인 한계 때문이 아니라, 감각적인 장벽 때문이었다. 바이오플라스틱은 석유로 만든 플라스틱과 완전히 똑같이 작동하지 않는다. 무언가를 얻으면, 그만큼 잃는 것도 있다. 우리는 동물성 식품과 거의 구별되지 않을 만큼 모양과 맛, 냄새, 식감까지 구현해내는 발효 기술을 갖추고 있다. 그에 비하면 바이오플라스틱은 훨씬 조악한 모방품일 뿐이라고 섀넌은 설명한다.

우리가 평소에 의식하진 않지만, 플라스틱 역시 음식처럼 우리의 감각에 깊이 스며든 물질이다. 사람들이 바이오플라스틱 재질에서 이질감을 느낀 건, 꽤나 당연한 일일지 모른다. 결국 바이오플라스틱은 많은 이들에게 쉽게 믿고 받아들이기 어려운 존재처럼 여겨졌다. "처음엔 별로 티가 안 나지만, 모양이나 질감이 조금만 달라도 우리는 금세 알아차리게 되죠."

우리가 바이오플라스틱을 삶에 들이려면, 그 이후 펼쳐질 감각의 세계까지 함께 고민해야 한다. 그 세계는 우리가 익숙했던 환경보다 훨씬 거친 방식으로 우리의 감각을 자극할지도 모른다. 바이오플라스틱은 형태를 쉽게 바꾸며 우리의 욕망을 채워주지 않는다. 겉모습부터 다르고, 손에 닿는 감촉도 다르다. 기존 플라스틱에서는 폴리브롬화디페닐에테르 같은 난연제가 표면에서 증발하면서 특유의 '새 차 냄새'를 만들어낸다. 하지만 바이오플라스틱에는 그런 성분이 없어서 그 익숙한 냄새를 맡을 수 없다. 게다가 생분해되도록 설계된 바이오플라스틱은 기존 플라스틱처럼 시간의 흐름을 거스르지 않고 시간 속에서 자연스럽게 소멸해간다. 처음에는 이 새로운 바이오플라스틱의 세계가 너무 낯설어 이 세상 것이 아닌 듯 느껴질 수도 있다. 아니, 어쩌면 반대로 기존 플라스틱이 자연과 단절된 듯 보였던 것과 달리, 바이오플라스틱은 오히려 너무나 이 세상에 속한 것이라 불편하게 느껴지는 걸지도 모른다.

새넌과 인사를 나눈 뒤, 나는 케임브리지 메인 스트리트를 따라 다음 미팅 장소로 향했다. 가로수가 줄지어 선 조용한 거리의 모퉁이, 디자이너와 연구자들이 드나드는 공유 작업 공간 한쪽에 미디에이티드 매터Mediated Matter 연구소가 자리하고 있었다. 2014년, 미래를 설계하는 디자이너 네리 옥스만Neri Oxman의 지휘 아래 이 연구소는 '아구아호하Aguahoja'라는 생분해성 고분자 소재를 개발하기 시작했다. 스페인어로 '물'을 뜻하는 'agua'와 '잎'을 뜻하는 'hoja'를 결합한 이름이다. 아구아호하는 자연계에서 가장 풍부한 세 가지 천연 다당류인 셀룰로스, 키틴, 펙틴으로 이루어져 있다.

연구소 홈페이지에는 이런 글귀가 쓰여 있다. "바다에서 나와, 땅으로 돌아간다. 우리는 '부패'를 디자인에 활용한다." 이를 구현하기 위해 미디에이티드 매터 연구소는 거대한 고치 형태의 아구아호하 조형물을 시리즈로 제작했다. 이 조형물은 실로 기묘하다. 아주 먼 옛날, 괴수들이 살던 시대에서 온 유물 같다. 그런데도 놀랄 만큼 아름답다. 유기물로 만든 호박색 패널 속에는 짙은 선들이 잎맥처럼 퍼져 있고, 그 사이를 가로지르는 크림색 탄산칼슘 선들이 팽팽한 긴장을 이루며 구조 전체를 지탱하고 있다. 씨앗을 내보낸 뒤 조용히 벌어진 콩깍지처럼, 부드러운 곡선을 따라 살짝 열려 있는 형상이다. 지금까지 아구아호하 조형물은 세 번 제작되었고, 가장 최신작인 〈아구아호하 III〉는 높이가 5미터에 달한다. 땅에 떨어진 나뭇잎 5,740장, 사과 껍질 6,500개, 새우 껍질 3,135개로 만들었다. 사진으로만 보아도 이 작품은 기묘할 만큼 생명력 있는 빛을 뿜어낸다.

언젠가 아구아호하 조형물을 실제로 보고 싶은 열망이 꿈틀댔다. 자연에서 온 재료로 만든 것인데도, 실제로 그 앞에 서면 외계 생명체와 마주하는 기분이 들 것만 같았다. 하지만 작품들은 모두 미국 서부, 약 5천 킬로미터 떨어진 샌프란시스코 현대미술관SFMOMA에 전시돼 있었고, 이번 일정상 서부를 방문할 여유가 없었다. 그 대신, 아구아호하 디자이너 중 한 명인 닉 리Nic Lee가 자신이 만든 실험용 샘플 몇 점을 보여주겠다고 했다.

확 트인 실험실 안을 함께 걸으며 닉은 이렇게 말했다. "우리가 추구하는 철학은 전부 자연을 관찰하는 데서 출발해요. 일반적으로는 특정 용도에 전혀 어울리지 않을 것 같은 재료들이 자연에서는 아주 놀랍고 효과적인 방식으로 쓰이거든요. 좋은 예가 바로 키틴이에요. 키틴은 아주 잘 부서지는 재료지만, 자연은 그걸 가지고 잠자리의 날개, 버섯의 푹신한 조직, 갑각류의 단단한 껍질을 만들어내죠. 우리가 사용하는 플라스틱 제품 중 어떤 걸 골라도, 세상 어딘가에는 그와 비슷한 물질을 만들어내는 생물체가 있을 거예요."

닉의 책상은 실험실 한쪽 구석에 있었다. 주변 선반에는 마치 아이들이 어릴 적 숲속을 산책하며 주워 오던 것들을 커다랗게 확대한 듯한 물건들이 전시돼 있었다. 닉은 그중 골판지처럼 주름이 잡힌 종이 반죽 컵 두 개를 가리켰다. 키틴과 셀룰로스, 커피 찌꺼기를 섞어 만든 복합 재료라고 설명했다. 나중에는 여기에 버섯에서 추출한 방수 코팅을 입힐 예정이라고 덧붙였다. 그 컵들은 종이처럼 가볍게 느껴졌고, 나는 예전에 우리 집 지붕 틈에서 발견했던, 종이처럼 얇고 손만 대도 부서졌던 육각 구조의 벌집이 떠올랐다. 그 말벌집은 손끝에 닿기만 해도 바스러졌던 반면, 닉이 만든 복합 재료는 무게감이 거의 없으면서도 예상 밖으로 단단했다. 닉은 이 소재가 아직은 다소 부서지기 쉽지만, 리그닌lignin이라는 바이오폴리머(자연 유래 고분자 물질)를 더하면 강도가 높아지고, 플라스틱처럼 다양한 형태로 주조할 수 있다고 설명했다.

선반 아래쪽에는 성인 팔 길이만 한 날개 모양의 패널 몇 개가 놓여 있었다. 닉은 이것들이 아구아호하의 초기 시제품이며, 형태는 나비의 날개를 본떠 디자인한 것이라고 말했다. 어떤 날개는 벌꿀색 바탕에 크림색 잎맥이 얽혀 있었고, 또 다른 하나는 암갈색으로 색이 바래 있었다. 나는 그 암갈색 패널을 두 손으로 들어 올렸다. 패널이 빛을 받아들이고 머금는 방식이 어딘가 낯설고 기이했다. 한순간 불타듯 환히 반짝이다가, 이내 그림자 속으로 사라졌다. "이건 시간이 조금 더 지난 거예요." 이어진

닉의 이야기는 흥미로웠다.

이 조형물들은 시간이 지나면서 서서히 수분을 흡수한다. 표면 일부에 생긴 불투명한 흰 막은 키토산(키틴에서 유래한 성분)에서 소금이 스며 나와 침전된 것이라고 한다. 이 작품들은 애초에 시간을 품은 구조물이다. 숲 바닥이나 바다 바닥에 있는 유기물처럼, 이 구조물도 환경에 반응하며 변화하도록 설계되어 있다. 내가 선반에서 하나 집어 든 패널의 재질은 고무처럼 말랑하고 유연했지만, 동시에 단단한 느낌이 들었다. 그 물질이 명백히 유기물이라는 점이 묘한 이질감을 불러일으켰다. 살짝 몸서리쳐질 만큼 혐오감이 들었지만, 이상하게도 그 가죽 같은 질감을 손끝으로 더 오래 느껴보고 싶었다. 감각이 뒤섞이는 낯선 경험이었다. 손으로 만지고 있으니, 마치 진하게 농축된 감귤 향이 손끝에서 피어오르는 것 같았다. 그걸 입에 넣고 꼭꼭 씹어보고 싶은 충동마저 들었다.

바이오폴리머가 모든 플라스틱을 대체할 수 있는 것은 아니지만, 충분히, 혹은 더 뛰어나게 대체할 수 있는 영역이 많다. 창틀이나 자동차 대시보드, 요트, 선글라스처럼 분해되면 오히려 문제가 되는 물건에는 기존의 합성 폴리머가 계속 사용될 가능성이 크다. 반면 식품 포장재로 사용하면 비스페놀A에 노출되는 일은 줄어든다. 농업에서는 바이오폴리머를 밭을 덮는 멀칭 비닐이나 종자 코팅에 활용할 수 있고, 항균 성질이 있는 키토산은 생분해성 의료용 드레싱 재료로도 쓰일 수 있다.

아구아호하 Ⅲ

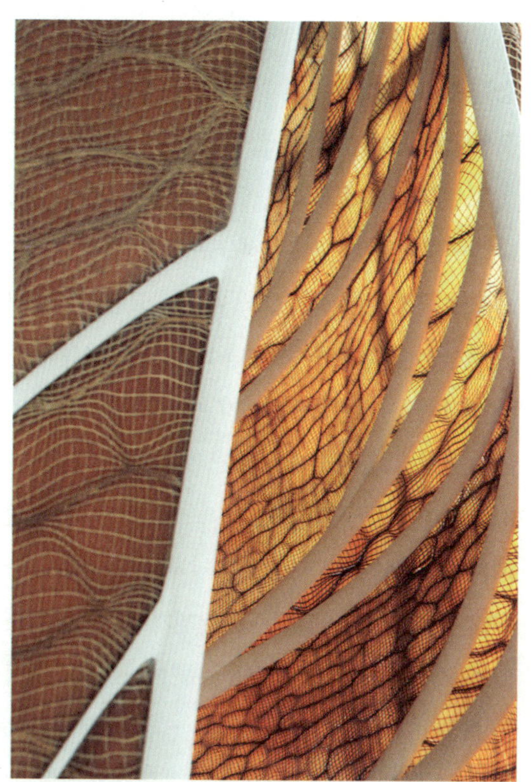

천연 다당류로 이루어진 생분해성 고분자 소재다.

또한, 키토산은 중금속과 미세 부유물을 끌어당겨 포획하는 응집제로서 기능이 탁월해 수질 정화에도 활용된다. 미세결정 셀룰로스는 화장품에 쓰이는 미세플라스틱 구슬을 대신할 수 있고, 헤미셀룰로오스는 액체 포장용 필름 소재로 활용할 수 있다. 게 껍데기(키토산)나 해조류로 만든 충전식 배터리와 균사체 재질로 만든 반도체 칩도 개발되고 있다. 균사체로 만든 칩은 100년을 버티는 동시에, 단 2주 만에 분해되는 성질을 지녀 전자 폐기물을 줄이는 데 기여할 수 있다.

여기에서 간과할 수 없는 것은 규모의 문제다. 우리가 연간 0.03기가톤, 즉 약 3천만 톤의 플라스틱을 생산하는 동안, 지구 생태계는 무려 80기가톤에 달하는 셀룰로스를 만들어낸다. 하지만 한 연구에 따르면, 전 세계가 매년 소비하는 1억 7천만 톤의 플라스틱 포장재를 모두 유기물로 대체하려면, 프랑스와 맞먹는 면적의 토지와 약 4천억 세제곱미터의 물이 필요하다. 이는 유럽 전체가 연간 사용하는 물의 60퍼센트에 해당한다.

미디에이티드 매터 연구소는 이러한 문제를 고려해 일부러 재배한 작물 대신 폐기물을 활용하는 방식을 선택했다. 바이오 플라스틱 산업 전반이 이 방향을 따른다면, 낙엽을 얻기 위해 숲을 조성하고 새우 껍질을 얻기 위해 바다 생태계를 복원하는 일이 가능해질 수도 있다. 《네이처》에 발표된 한 연구는 바이오 순환 경제가 실현된다면 이 산업이 탄소 흡수원으로 작용할 수 있다고 주장한다. 생분해되는 재료는 순환시키고, 생분해되지 않는 재료에는 최대 75기가톤의 생물 유래 탄소를 장기 저장해

대기 중 탄소 배출을 억제할 수 있다는 것이다.

다만, 이러한 순환 경제가 실제로 작동하려면 무엇보다도 먼저 플라스틱 소비 자체를 획기적으로 줄이는 일이 선행되어야 한다. 어쩌면 아구아호하의 묘한 매력은 바로 이 지점에서 비롯되는 것인지도 모른다. "지금 우리가 셀룰로스로 할 수 있는 일에는 분명 한계가 있어요." 닉은 담담하게 말했다. "떨어진 낙엽을 그대로 주워다가 곧바로 플라스틱 봉투를 만들 수는 없잖아요." 진짜 장벽은 기술이 아니라 상상력이라고 닉은 강조했다.

제품의 모습에 대해 우리가 지녀온 관념을
바꿀 준비가 되어 있느냐, 그게 더 중요할 겁니다.

철학자 발터 벤야민Walter Benjamin에 따르면, 모든 혐오는 본래 접촉에 대한 혐오에서 출발한다. 그는 특히 우리가 다른 생명체와 연결되어 있다는 사실을 마주할 때 혐오가 생긴다고 보았다. "인간의 깊은 내면에서 일어나는 공포는, 짐승 같은 본성이 아직 살아 있음을 느끼고 그것이 드러날지도 모른다는 어렴풋한 자각에서 비롯된다." 우리가 다른 동물과의 접촉을 본능적으로 피하는 이유는 우리 역시 동물이자, 언젠가는 썩어 없어질 존재라는 사실과 마주하게 되기 때문이다.

닦아내기 쉬운 매끈한 표면을 지닌 플라스틱은 이런 공포를 누그러뜨리고자 고안된 것이다. 그래서 우리는 플라스틱을 신뢰한다. 플라스틱은 우리가 불완전한 동물이라는 사실을 정면으로 마주하게 만들지 않는다. 플라스틱은 어떤 이력도, 흔적도 없이 우리 손에 쥐어진다. 석유에서 비롯되었는데도 불구하고 그 기원을 전혀 드러내지 않고, 심지어 버려져 사라질 때조차도 어디서 왔는지, 어떤 용도였는지 기억되지 않는다.

섀넌이 말했듯, 우리가 사용하는 재료 중 무엇을 신뢰하느냐가 중요하다. 아구아호하처럼 자연에서 비롯된 재료는 플라스틱이 주는 익숙한 안도감을 제공하지 않을지 모른다. 하지만 그런 재료를 손으로 직접 느끼는 순간, 그 안에 담긴 생명력과 자연의 리듬을 신뢰하게 된다. 벤야민이 간파했듯, 촉각은 인식으로 이어진다. 그 인식은 혐오가 아니라 희망의 원천이 될 수 있다.

아구아호하는 플라스틱처럼 자신의 정체성을 감추거나 속이지 않는다. 플라스틱은 세계와 단절된 것처럼 우리에게 다가오지만, 바이오폴리머는 우리에게 세계를 되돌려준다. 생성과 소멸이 이어지는 생명의 순환 속에서 우리의 자리를 다시 확인시켜준다. 아구아호하 같은 물질이 포장재나 식기, 칫솔 손잡이처럼 매일 손에 닿는 형태로 우리 일상에 스며든다면, 우리는 전혀 새로운 감각의 질서 속에 살게 될지도 모른다. 우리가 자연과 동떨어져 살아간다는 근거 없는 믿음은 사라지고, 살아 있는 세계의 기묘함과 아름다움을 손끝으로 매일 새롭게 느끼게 될 것이다. 그렇게 자연과 섞여 살아가다 보면, 어디까지가 나이고 어디서부터가 세계인지, 그 경계를 잊게 되지 않을까.

아이크, 캐리, 싯다르타와 함께 피어 40에서 헤어진 뒤, 나는 강가를 벗어나 바워리 거리를 향해 동쪽으로 걸었다. 사람 하나

없는 도심 거리에서, 첼시에서 열리는 전시회 포스터 하나가 눈에 들어왔다. 이런 질문이 쓰여 있었다. "우리는 무엇이 되어가는가? 세계 사이의 존재가 되어간다."

우리를 에워싼 이 화학 세계에는 외부에서 우리 안에 침투해 세포의 진행을 가로막거나, 그 형태를 일그러뜨려 암세포로 변질시키는 물질이 가득하다. 식물이든 동물이든, 우리 몸에는 몸속을 변화시키고 방향을 바꾸는 수많은 합성 화학물질이 얽혀 있다. 그 조합은 때때로 놀랍고, 때로는 두려울 만큼 낯설다.

그러나 미셸 머피가 말한 이런 '변형된 삶' 속에는 또 다른 삶, 또 다른 세계를 향한 가능성 또한 담겨 있다. "이미 변화된 삶이란, 변화에 열려 있는 삶이기도 하다"라고 그녀는 말한다. 라운드고비나 애틀랜틱톰코드 같은 종들은 화학 세계 속에서도 적응하고 살아남을 방법을 터득했다. 때로는 그 세계가 회복될 수도 있다는 희미한 가능성까지 내비친다. 만약 우리가 처음에는 어색하고 이질적이더라도 그 낯선 감각을 기꺼이 받아들인다면, 바이오폴리머는 오염된 세계를 변화시킬 수 있을지도 모른다. 그러면 그 순간, "자연의 손길 하나가 세상 모든 존재를 친족으로 만든다"는 셰익스피어의 문장이 우리의 감각 속에서 다시 살아날 수도 있다.

The Kinship
of
Languages

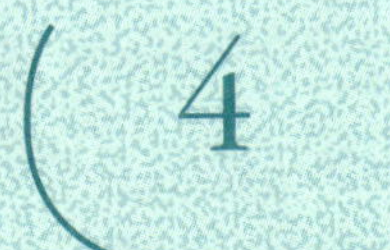

4

자연의 노래

1990년 11월, 스웨덴 시인 토마스 트란스트뢰메르Tomas Tranströmer
는 뇌출혈로 말을 잃고 오른팔을 쓰지 못하게 되었다. 진단명은
심각한 비유창성 실어증과 실서증. 그럼에도 시를 놓지는 않았
지만, 그 후로 그의 말은 음악이 되었다. 왼손으로 연주하는 피
아노가 그의 새로운 언어였다. 2011년 노벨문학상을 수상했을
때도 그는 연설 대신, 이 특별한 순간을 위해 준비한 곡을 왼손
으로 연주했다. 그렇게 생의 마지막 25년 동안, 스웨덴이 낳은
가장 위대한 생존 시인은 뇌출혈로 쓰러지기 10년 전 자신이 직
접 쓴 시구처럼, "언어는 있으나 말은 없는" 상태로 존재했다.

일본 작가 다와다 요코Tawada Yoko는 시가 '소리와 언어의 틈새'
에 놓여 있다고 말했다. 시는 그 틈새이자, 틈새를 잇는 다리다.
시는 음악, 즉 창唱과 노래에서 유래했다. 오랫동안 유럽 시의 전
통을 이끌어온 서정시는 리라 반주에 맞춰 불리던 고대 그리스
의 '멜로스melos'에서 그 기원을 찾을 수 있다. 하지만 시간이 흐
르며 음악은 뒤로 물러나고, 말소리(낭송)가 시의 중심이 되었다.

뇌출혈은 트란스트뢰메르의 목소리와 음악을 갈라놓았다. 목

소리는 앗아가고, 음악은 남겨두었다. 그가 쓰러진 뒤, 그의 시에는 소리를 잃은 악기들이 하나둘 등장하기 시작했다. 검은 케이스에 갇혀 소리를 잃은 바이올린, 침묵에 잠긴 오르간 그리고 부엌 식탁 위에 피아노 건반을 그려놓고 고요를 연주하는 꿈까지. 인간의 음악이 사라진 자리를 메운 건 동물의 소리였다. 산비둘기의 울음, 개구리의 노래, 갈매기의 날카로운 비명. 실어증은 그에게서 많은 것을 앗아갔지만, 말 없는 소리를 내는 존재들과 그를 더욱 가깝게 이어주기도 했다.

생물학자들은 어떤 생물의 행동이 다음 세 가지 기준을 충족할 때, 그것을 '문화'로 인정한다. 첫째, 그 행동이 학습을 통해 습득되는 것일 것. 둘째, 서로 구별되는 특징을 지닐 것. 셋째, 시간이 지나도 어느 정도의 안정성을 유지할 것. 동물의 노래는 이 세 가지 조건을 모두 충족한다. 많은 동물이 소리를 내지만, 대부분은 유전적으로 각인된 방식으로만 소리를 낸다. 미리 입력된 음향 파일을 재생하는 것처럼 말이다.

하지만 일부 종에게 노래는 반드시 계승하고 배워야 하는 전통이다. 혹등고래와 명금류songbirds는 '음성 학습자'로서 부모 또는 또래에게 노래를 배운다. 이 학습은 대부분 어린 시절의 짧은 민감기에만 이루어진다. 그 시기 동안 새끼 고래와 어린 새들은 마치 인간 아이들의 '옹알이'와 비슷한 '서브송subsong'이라는 발성 단계를 거친다. 이는 성숙한 의사소통으로 나아가기 전 단계로, 새끼들은 경험 많은 개체의 소리를 들으며 이를 모방하는 가운데 점차 자신의 노래를 완성한다. 어린 새는 먼저 나이 많은 개체의 노래를 들은 다음, 어설프게 따라 한다. 그리고 끊임없이 듣는다. 자신의 몸이 노래로 가득 찰 때까지, 온몸이 그 리듬과 울림에 공명할 때까지 듣고 또 듣는다. 그러고 나서야 비로소 소리의 세계로 나아가 수많은 목소리가 오가는 공동체에 들어설 준비를 마친다.

그런데 우리는 지금, 그들의 노래를 억누르고 왜곡시키고 있다. 미국의 사바나참새Savannah sparrow는 인간 활동이 밀집한 환경에서 살아가며 기존과 확연히 다른 노래를 진화시켰다. 개체 수가 급감한 호주의 멸종 위기종 리젠트꿀먹이새regent honeyeater는 또래에게서 구애의 노래를 배울 기회를 잃고 있다. 이는 식민지 시대 이후 인간 언어의 다양성이 붕괴된 현상에 비견되곤 한다. 동물들의 문화는 사회적 접착제 역할을 한다. 공유된 전통이 풍부하고 단단한 종은 사회적 학습 능력이 뛰어난 짝을 찾을 수 있고, 집단 전체의 생존 적합도를 높일 수 있다. 문화는 진화의 동력이자, 세대를 거쳐 축적된 이점을 후대에 전하는 제2의 유전 체계다. 우리 때문에 그 노래가 흐려질 때, 생명 사이를 잇던 흐름은 끊기고 만다. 마치 말을 잃어가는 사람처럼, 지금 생명의 노래는 점점 희미해지며 침묵에 잠식되고 있다.

실어증은 여러 형태로 나타난다. 표현성 실어증은 말하기 능력을, 수용성 실어증은 이해력을 손상시킨다. 트란스트뢰메르의 경우처럼 말을 잃게 되는 비유창성 실어증(브로카 실어증)도 있지만, 이와 반대로 언어가 논리도 맥락도 없이 쏟아져 나오는 유창성 실어증(베르니케 실어증)도 있다. 브로카 실어증과 마찬가지로, 특정 뇌 부위의 이름을 딴 베르니케 실어증은 아이러니하게도 어린아이의 옹알이를 떠올리게 한다. 언어가 무너지는 순간, 언어는 처음 태어나던 모습으로 되돌아간다.

철학자이자 번역가인 대니얼 헬러-로즌Daniel Heller-Roazen은 언어가 막 움트는 이 단계가 인간의 언어 능력이 가장 강력하게 발현되는 순간이라고 말한다. 첫 단어를 말하기 전, 아기들이 내뱉는 소리의 스펙트럼은 꽤나 유능한 언어학자조차 부끄럽게 만들 정도다. 우리는 말을 흉내 내기 시작하는 그 짧은 순간, 존재할 수 있는 모든 소리를 입안에 담는다. 시간이 흐르면서, 우리는 어떤 소리가 필요한지를 배우고, 나머지는 잊는다. 하지만 잠시나마, 모든 언어가 우리 안에 깃든다.

인간의 영향 아래 전 세계 곳곳에서 동물들의 의사소통이 점점 끊기고 있다. 우리는 안타깝게도 너무 오랫동안 들으려 하지 않았다. 그 무심함은 돌이킬 수 없는 결과를 낳았다.《네이처》에 실린 최근 연구는 유럽과 북미 전역 20만 개 이상의 지역에서 25년에 걸쳐 자연의 소리 풍경이 어떻게 쇠퇴해왔는지를 추적했다. 그 결과, 인간이 자연과 관계를 맺는 가장 본질적인 경로 가운데 하나인 '소리'가 지금도 끊임없이 사라지고 있음을 확인했다. 우리가 지금보다 나은 세계를 구축하는 법을 자연으로부터 배우려 한다면, 너그러운 도시를 세우고 지속가능한 삶을 꾸리며 오염에 대응하는 법을 배우고자 한다면, 무엇보다 먼저 귀를 기울일 줄 알아야 한다. 하지만 그보다 더 중요한 일이 있다. 우리가 생명의 합창에 어떻게 다시 참여할 수 있을지를 배우는 것이다. 우리는 다시, 생명의 노래에 우리의 목소리를 얹을 수 있을까? 아직 어설픈 그 첫 노래는 앞으로 나올 수많은 목소리와 의미를 품고 있는 가능성의 찬가다. 이 붕괴의 끝자락에서, 우리는 다시 함께 언어와 노래를 새롭게 배워갈 수 있을까?

━ 음악인가, 언어인가

우리가 다른 종에게서 무언가를 배우려 한다면, 무엇보다 먼저 그들의 소리에 귀를 기울일 줄 알아야 한다. 동물이 노래할 때, 그건 말하는 걸까, 아니면 곡을 연주하는 걸까? 동물의 노래 문화는 우리가 구분하는 '언어'와 '음악'의 범주 사이 어딘가에 자리하거나, 어쩌면 그 둘과는 전혀 다른 차원에 있을지도 모른다. 많은 동물의 노래가 그 소리를 내는 존재나 소리를 듣는 존재에게 어떤 의미가 있는지, 또 그것이 우리가 이해하는 말이나 노래와 어떤 관련이 있는지는 사실 분명하지 않다.

작곡가 이고르 스트라빈스키Igor Stravinsky는 자연의 소리는 "음악이 되기 전의 가능성일 뿐이며, 그 가능성을 음악으로 완성하는 건 인간"이라고 썼다. 하지만 동물음악학자 헹크얀 호닝Henkjan Honing은 다양한 동물이 음악에 반응할 수 있는 문화적·생물학적 능력을 지니고 있다고 말한다. 예컨대 박자를 인식하는 능력, 리듬에 맞춰 함께 몸을 움직이는 능력, 음높이를 구별하는 능력 그리고 음악의 다양한 음향적 특성을 감지하는 감수성 등을 갖추고 있다. 가장 유명한 예로, 유튜브 스타인 흰앵무새 스노볼은 백스트리트 보이즈Backstreet Boys의 〈에브리바디Everybody〉에 맞춰 박자를 타며 춤을 추고, 보노보 판바니샤는 피터 가브리엘Peter Gabriel과 함께 키보드로 즉흥 연주를 한다. 실험 환경에서는 비둘기에게 바흐와 스트라빈스키의 곡을, 잉어에게 바흐의 오보에 협주곡과 존 리 후커John Lee Hooker의 블루스를 구별하도록 훈련했는데, 모두 성공적이었다.

연구자들 대부분은 동물의 노래를 기능적 관점에서 바라본다. 많은 생물학자는 동물들이 보이는 다른 집단적이고 조직적인 행동과 같이, 노래 문화 역시 필수적인 정보를 주고받기 위한 수단일 뿐이라고 생각한다. 더 나은 짝을 찾기 위한 성적 과시, 영역 방어, 사회적 관계 형성, 새끼 돌봄 같은 기능일 뿐이라고 말이다. 하지만 그 안에 즐거움이 없다고 누가 단정할 수 있을까? 벵갈핀치bengalese finch 암컷은 수컷이 더 정교한 노래를 부를 때 심장이 더 빨리 뛴다. 얼룩핀치zebra finch는 노래할 때 도파민이 분비된다. 노래가 완전히 익숙해져 일정한 구조로 굳어진 뒤에도, 어떤 어른 새들은 혼자 있을 때 낮은 목소리로 '속삭임 노래'를 흥얼거리곤 한다. 물론, 그저 예행연습일 수도 있다. 무대에 오르기 위해 준비하며 기억을 다듬는 과정일 수 있다. 하지만 노래 자체가 즐거워서 부르는 것일 수도 있다. 그 가능성마저 무시해서는 안 된다.

수컷 혹등고래는 서로에게 낮고 깊게 퍼지는 소리와 날카로운 휘파람이 이어지는 정교한 노래를 부른다(암컷은 노래하지 않는다). 이들의 표현력은 놀라울 정도다. 황소 소리처럼 묵직하게 울리는 저음부터 물 묻은 유리를 문지를 때 나는 날카로운 고음까지 스펙트럼이 매우 넓다. 혹등고래의 노래는 1970년, 해양음향학자 로저 페인Roger Payne과 케이티 페인Katy Payne이 발표한 음반 〈혹등고래의 노래Songs of the Humpback Whale〉로 유명해졌다. 이 음반은 생태 감수성이 깨어나던 1970년대, 한 세대의 귀를 사로잡은 몽환적인 사운드트랙으로 자리매김했다. 1972년에 국제 포경 금지 여론을 이끄는 데도 중요한 역할을 했고, 1970년대 세련된 저녁 파티의 배경음악으로 활용되기도 했다. 하지만 그것이 다가 아니었다. 페인 부부의 음반은 지금까지 연구자들을 붙잡고 있는 한 가지 질문을 던졌다. 혹등고래의 노래는 음악일까, 언어일까?

1971년, 로저 페인은 자신들의 연구 결과를 과학 학술지《사이언스Science》에 발표했다. 그해 8월 13일 자《사이언스》표지에는 가로줄로 정렬된 진기한 기호들이 가득했다. 마치 고대 문자처럼, 혹은 외계 문명의 글자처럼 보였지만, 사실 그것은 고래 노래의 소노그램*을 바탕으로 만든 이미지였다. 기계가 그려낸

---

* 　소리의 높낮이와 강약이 시간에 따라 어떻게 변하는지를 시각적으로 보여주는 그래프. 고래 노래나 새소리를 분석할 때 자주 쓰인다.

반복되는 노래로 서로를 부르는 혹등고래

흐릿한 형상을 손으로 따라가며, 페인 부부는 혹등고래의 노래가 인간의 언어와 비슷한 구조를 갖추고 있다는 사실을 알아냈다. 우리가 음소를 결합해 형태소를 만들고, 그 형태소를 이어 문장을 만들듯, 혹등고래도 개별 발성을 조합해 더 큰 단위를 만든다. 신음과 트릴(떤꾸밈음)을 엮어 구를 만들고, 그 구들을 반복해 특정한 주제를 구성하며, 여러 주제가 이어지면 하나의 노래가 완성된다. 한 곡의 길이는 보통 5분에서 30분 사이이지만, 고래가 노래를 이어가는 시간은 몇 시간씩 계속되기도 한다.

인간의 언어와 음악은 물론이고 노래를 학습하는 동물들의 소리에서도 계층 구조는 공통으로 나타난다. 명금류 역시 노래를 그런 방식으로 구성하고, 속도를 조절해 들으면 혹등고래의 노래는 나이팅게일의 노래처럼, 나이팅게일의 노래는 혹등고래의 노래처럼 들리기도 한다. 그렇다고 해서 고래의 노래를 '언어'나 '음악'으로 규정하는 연구자는 거의 없다. 노래가 의사소통의 수단이라는 점은 부정할 수 없다. 특히 겨울철 번식기에 전 세계에서 몰려든 고래들이 영양이 풍부한 해산seamount 주변에 모일 때, 노래는 더욱 중요한 역할을 한다. 하지만 만약 이 노래가 언어라면, 각 소리 단위에 어떤 구체적인 의미가 담겨 있는지는 여전히 알 수 없다. 고래의 노래를 '음악'이나 '언어'로 명확히 규정하려는 시도는 인간의 문화 틀 안에 억지로 꿰맞추려는 것이다. 생존을 위해 진화한 복합적이고 다층적인 행위로 봐야 한다.

언어도 음악도 혹등고래의 노래를 온전히 설명하지 못한다면, 이번에는 '시'를 떠올려볼 차례다. 수면을 박차고 올라 꼬리를 내리치고, 물속으로 잠수해 들어가 헤엄치는 그 모든 몸짓의 울림을 담은 이 노래가 어쩌면, 고래가 읊는 시는 아닐까?

이런 말을 하면 한낱 공상처럼 들릴 수도 있다. 하지만 공상이 아닐 수도 있다. 고래의 노래를 채보하며 연구하던 케이티 페인은 일정한 간격으로 반복되는 소리가 운을 맞추는 것처럼 들린다는 점에 주목했다. 하나의 구절이 끝나고, 다음 구절이 시작된다는 걸 알리는 신호처럼 말이다. 이런 구두점 같은 소리들은 고래가 자신들의 방대한 노래를 기억하기 쉽게 작은 단위로 나누기 위한 장치로 보였다. 이는 구전 시인들이 '발 빠른 아킬레우스' '와인처럼 짙은 바다' 같은 수식어를 반복함으로써 《일리아스》 같은 서사시를 외우던 방식과도 닮았다. 고대 북유럽의 궁정시인들이 공통된 어휘에서 구절을 꺼내어 긴 이야기를 엮어가듯, 고래도 그런 방식으로 노래를 만든다. 그런 의미에서 고래는 바다의 시인이다. 그리고 고래의 노래에 깃든 운율은 단지 시를 닮았다는 데서 그치지 않는다. 그 안에는 하나의 믿음이 깃들어 있다. 세상의 모든 소리는 결국 서로에게 닿아 있다는 믿음 말이다.

생의 끝자락에서 트란스트뢰메르처럼 비유창성 실어증을 겪은 두 시인 랠프 월도 에머슨Ralph Waldo Emerson과 샤를 보들레르 역시 운율이야말로 자연의 근본 원리라고 말했다. 보들레르는 자연 속 모든 존재가 서로를 비추고 응답하는 조화로운 연결을 '위대한 운율'이라 불렀고, 에머슨은 운율을 통해 인간이 자연의 창조에 참여한다고 믿었다.

혹등고래의 노래는 어쩌면 스스로 지어낸 긴 노래를 기억하기 위한 하나의 장치에 불과할지 모른다. 동시에, 이 노래는 우주가 처음 숨을 쉬며 부른 창조의 노래를 다시 불러오는 메아리일 수도 있다. 후속 연구들은 혹등고래의 노래가 문법과 운율을 지니고 있을 뿐 아니라, 시간에 따라 끊임없이 변화한다는 사실도 밝혀냈다. 이 현상은 이미 1970년대에 관찰되었지만, 최근의 연구들은 '진화'가 고래 노래 문화의 본질적 요소라는 점을 새롭게 보여주었다.

새로운 요소는 끊임없이 노래 안으로 들어온다. 한 고래가 구절을 잘못 듣는 바람에 생긴 오류가 퍼져나가기도 하고, 즉흥적으로 만들어진 변화가 퍼져나가기도 한다. 여러 무리가 한데 모일 때, 이러한 혁신들이 전파될 기회가 생기고, 그 결과 고래의 노래는 점진적이고 지속적인 방식으로 진화한다. 비슷한 현상은 새의 노래에서도 발견된다. 35년에 걸쳐 사바나참새의 노래를 조사한 한 연구에 따르면, 기존에는 크고 뚜렷한 도입부 사이사이에 부드러운 간음이 이어졌지만, 이후에는 그 자리에 짧게 튕기는 클릭음*이 들어오기 시작했다. 이런 노래를 부른 수

180

컷은 더 많은 새끼를 남겼고, 다음 세대는 저마다의 클릭음을 새롭게 덧붙여갔다.

물론 문화가 제자리에 머무르지 않는다는 사실은 그리 놀랄 일이 아니다. 하지만 몇몇 혹등고래 무리에게는 이러한 변화가 곧 삶의 방식이며, 지리적 요인도 중요하게 작용한다. 예컨대, 북태평양은 캄차카반도와 알래스카반도가 휘어진 활처럼 둘러싸고 있어, 그곳의 혹등고래들은 다른 무리와 섞이거나 영향을 주고받을 기회가 거의 없다. 반면, 남태평양의 고래 무리들은 그 광활한 바다만큼이나 대담하고 거침없이 노래를 발전시켜왔다. 이들은 수년 안에 자신들의 노래 레퍼토리를 완전히 바꿨는데, 과학자들은 이 과정을 '노래 혁명'이라 부른다. 새롭게 등장한 노래는 대개 이전보다 단순하지만, 시간이 지나면서 점점 더 정교해진다. 중요한 건 이전의 노래가 그들의 기억 속에서 완전히 잊힌다는 점이다.

우리는 과거의 유산을 소중히 여기고 지난 세대의 성취에 특별한 가치를 부여하지만, 혹등고래에게 과거는 아무 의미가 없다. 오직 지금 불리는 노래가 전부다. 니나 시몬Nina Simone이나 비틀스The Beatles가 새 앨범을 낼 때마다 이전 곡들을 모두 지워버린다고 생각해보라. 상상하기 어려운 일이다. 해양생물학자 엘런 갈런드Ellen Garland에 따르면, 더 이상 불리지 않게 된 고래의 노래는 영원히 사라진다. 버려진 노래가 다시 등장한 사례는 지금까지 단 한 번도 관찰된 적이 없다.

이처럼 노래가 빠르게 바뀐다는 건, 고래의 언어에는 인간의 언어처럼 오랜 시간 유지되는 '단어' 같은 고정된 의미 단위가 존재하지 않을 수도 있다는 뜻이다. 갈런드는 태평양 전역에서 벌어진 이 놀라운 노래 혁명이 전파되는 과정을 추적했다. 2003년에서 2005년 사이, 호주 동부의 혹등고래 무리가 호주 서부에서 들은 노래를 받아들였고, 그 노래는 9천 킬로미터를 건너 프랑스령 폴리네시아에까지 전해졌다. 갈런드와 동료들은 그 노래와 변형된 버전들이 에콰도르 해안까지 이어지는 과정을 조사했다. 그 결과, 고래의 노래는 말 그대로 전 세계를 가로지르며 끊임없이 새롭게 태어났다.

언어적 망각을 다룬 책《에코랄리아스Echolalias》의 저자 대니얼 헬러-로즌은 고전 아랍 시인 아부 누와스Abū Nuwās의 일화를 소개한다. 젊은 시절, 아부 누와스는 나이 많은 시인 할라프 알-아흐마르Khalaf al-Ahmar를 찾아가 자신도 시를 지을 수 있겠느냐고 묻는다. 그러자 스승은 우선 고대 시구 천 줄을 외우라고 시킨다. 그가 그 시구를 모두 암송하자, 할라프는 이렇게 말하며 허락을 보류한다. "그 천 줄을 한 줄도 남김없이, 마치 한 번도 배운 적 없는 것처럼 완전히 잊기 전에는 안 된다." 혹등고래도 아부 누와스처럼 과거의 노래를 모두 잊은 뒤에야 비로소 자기만의 노래를 짓는다.

그러나 바다는 점점 시끄러워지고 있고, 고래의 노래는 소음 속에 묻히고 있다. 1960년대 이후, 저주파 배경 소음은 10년마다 약 3데시벨씩 증가해왔다. 이 소음의 주된 원인은 선박 운항이다. 그 가운데 가장 큰 소리는 프로펠러 뒤에서 거품이 터지며 생기는, 일종의 폭발음에서 비롯된다. 여기에 엔진 소음과 선체의 진동 그리고 '프로펠러 명음'이라 불리는 날개 진동 현상까지 더해지며 불협화음이 더욱 커진다.

최근에는 해저 채굴이 바다를 더욱 시끄럽게 만들고 있다. 클래리언-클리퍼턴 지대ccz는 북태평양 동부의 해저에 자리한, 약 440만 제곱킬로미터에 이르는 광활한 지역으로, 평균 수심은 5천 5백 미터에 달한다. 이곳은 수염고래baleen whale와 이빨고래toothed whale 모두에게 중요한 서식지다. 구리와 니켈, 코발트, 철, 망간, 희토류 같은 광물이 뭉쳐 형성된 다금속 괴석을 둘러싸고 채굴 경쟁이 치열하게 벌어지는 전장이기도 하다. 이 광물들은 마치 잃어버린 골프공처럼 바닷속 평원에 흩어져 있지만, 너무 깊은 곳에 있어 회수할 방법은 오직 하나, 해저를 긁어내는 준설뿐이다.

이 방식은 광물을 포함해 모든 생명과 영양분을 싹 쓸어버리는 극도로 파괴적인 행위이며, 엄청난 소음을 만들어낸다. 생태음향학자 버니 크라우제Bernie Krause는 모든 생물은 '동물 오케스트라' 속에서 저마다의 주파수 대역을 가지고 있으며, 이 안에서만 자신의 소리를 온전히 낼 수 있다고 말한다. 그런데 채굴 장비와 혹등고래는 동일한 저주파 대역을 공유한다. 준설 장비는 0.02~1킬로헤르츠, 상업용 시추선은 최대 10킬로헤르츠의 소음을 내며, 혹등고래의 노래는 이 가운데 0.02~4킬로헤르츠 사이에서 울린다. 두 소리가 같은 주파수 대역에서 겹치면, 고래의 노래는 가려지거나 아예 들리지 않게 된다. 이러한 경우, 안타깝게도 고래는 중요한 신호를 놓치고 먹이나 짝을 찾는 데에도 혼란을 겪는다.

통신 장치에 꼭 필요한 광물을 얻기 위한 채굴이 정작 다른 생명들의 통신을 심각하게 해치고 있는 상황은, 참으로 아이러니하다. 하지만 고래에게 닥치는 가장 현실적인 위험은 따로 있다. 바로 선박과의 충돌이다. 선박 소음은 모든 방향으로 균일하게 퍼지지 않는다. 그래서 배 뒤쪽에 있는 고래는 지나치게 큰 소음에 귀가 먹고, 반대로 배 앞쪽에 있는 고래는 소리가 거의 들리지 않아 눈앞으로 다가오는 배를 전혀 알아채지 못하다 충돌하는 일이 벌어지곤 한다.

또 하나는 해안으로 밀려드는 좌초 현상이다. 군용 소나(음파 탐지기)가 민부리고래cuvier's whale의 집단 좌초와 연관이 있다는 연구 결과도 있다. 이처럼 인간의 소음이 고래를 마비시키는 듯 보인다. 예컨대, 먹이를 찾는 혹등고래는 시끄러운 바다에서는 움직임이 느려지고 하강 속도가 줄며, 옆으로 몸을 굴리며 먹이를 잡는 행동도 줄어든다. 외뿔고래narwhal는 아예 움직임을 멈추고 가라앉는 모습까지 보인다. 게다가 인간의 소음이 고래에게 공포 반응을 일으키기도 한다. 소나 음파에 놀란 고래들이 갑자기 수면 위로 솟구칠 때 체내 기체가 급격히 팽창해 치명적인 가스 색전증으로 이어질 수도 있다.

문제는 거기서 그치지 않는다. 바닷속 소리가 더 복잡해지면서 노래의 발성 강도도 달라지고 있다. 혹등고래는 배경 소음이

커질수록 이에 비례해 목소리를 키운다. 이 현상은 '롬바르드 효과'라고 불리며, 인간도 시끄러운 환경에서 무의식적으로 목소리를 높이는 것과 비슷하다. 실제로 혹등고래는 배경 소음이 1데시벨 증가할 때마다 약 0.8데시벨씩 소리를 더 크게 낸다.

회색고래grey whale, 혹등고래, 긴수염고래, 밍크고래 같은 종은 인간 소음을 마주하면 더 낮은 주파수로 노래를 바꾸고, 향유고래는 클릭음의 패턴을, 돌고래는 휘슬음의 음색을 조정한다. 어떤 경우에는 아예 침묵을 선택한다. 혹등고래가 선박과 최대 1천 2백 미터 떨어진 거리에서 노래를 완전히 멈추는 모습이 관찰된 바 있다. 장기간 추적 연구에 따르면, 고래의 귀에도 스트레스가 쌓이고 있다. 수염고래의 귀지에는 마치 빙하에서 뽑아낸 얼음 코어처럼 평생 쌓인 지질(기름기)과 케라틴(각질 단백질) 층이 있는데, 이를 확인하면 고래가 어떤 화학물질에 노출되었는지를 연대순으로 추적할 수 있다. 귀지를 분석한 결과, 20세기 포경이 가장 극심했던 시기의 코르티솔 수치는 기준선보다 무려 50퍼센트 이상 높았다. 1970년대 포경 금지 조치 이후 수치는 떨어졌지만, 그 뒤로 다시 서서히 상승하고 있다. 현재는 포경이 가장 극심했던 시기와 비슷한 수준에 육박하고 있다.

최근 들어, 고래의 귀뿐 아니라 노래 속에도 스트레스가 배어들고 있다. 해저의 음향 환경이 계속 악화되면, 고래의 노래 역시 점차 퇴화할 가능성이 크다. 고래의 노래는 종의 진화 속에서 독자적으로 생겨난 현상이자, 세대를 거쳐 학습되고 전해지는 문화적 유산이기 때문이다.

소음에 시달리는 건 고래만이 아니다. 다른 해양 생물들도 소음의 영향을 받고 있다. 석유 시추 공사에서 이뤄지는 말뚝 박기 작업은 물고기 떼의 방향 감각을 흐트러뜨리고, 지진 탐사 시 발생하는 음파는 대규모 동물성 플랑크톤을 쓸어버린다. 육지에서도 마찬가지다. 도시에 사는 새들은 시끄러운 도심 속에서도 목소리를 내기 위해 더 높은 음으로 노래한다. 스키폴이나 맨체스터 공항 인근에 둥지를 튼 새들은 비행기가 180초마다 내뿜는 93데시벨의 굉음에 노출되고 그 결과, 청력을 손상시켜 고음 음절을 덜 사용하게 만든다. 또한 자동차 소음으로 인한 스트레스는 얼룩핀치의 배아 생존율과 어린 새의 성장 속도를 떨어뜨리며, 노래를 배우는 데 필요한 인지 능력도 저하시키는 것으로 밝혀졌다. 이러한 영향은 새들의 유전체 깊은 곳까지 스며든다. 대표적으로, 소음 스트레스를 받은 얼룩핀치는 염색체 끝을 보호하는 텔로미어가 짧아진다. 텔로미어는 같은 유전 정보가 되풀이되는 구조로, '문장의 운율'처럼 유전체의 질서를 잡는다. 이 구조는 염색체가 풀리거나 얽히는 것을 막는 마개처럼 작용해야 한다.

고래의 노래가 음악인지 언어인지 물으려면, 지금 이 소란스러운 바닷속에서 고래에게 벌어지는 일을 어떻게 진단해야 할지도 함께 물어야 한다. 만약 고래의 노래가 음악이라면, '화음

을 인식하지 못하는 장애'라는 병명을 붙일지도 모른다. 신경과
학자 올리버 색스Oliver Sacks는《뮤지코필리아Musicophilia》에서 작
곡가 레이철 Y의 이야기를 전한다. 그녀는 교통사고 이후 각 악
기의 크고 작은 소리는 구별할 수 있었지만, 여러 악기가 어우
러져 만드는 화음을 더 이상 느낄 수 없게 되었다. 그녀는 색스
에게 이렇게 말했다. "모든 소리가 전부 똑같이 들려요. 때로는
그게 정말 고문 같아요." 색스에 따르면, 레이철에게 음악은 "순
식간에 무너져 내리며, 각기 다른 소리가 한데 뒤엉킨 혼란스러
운 소음"으로 바뀌고 말았다.

반대로, 고래의 노래가 언어라면, 실어증에 걸린 시인 보들레
르의 비극적인 이야기가 떠오른다. 1866년에 뇌졸중을 연달아
겪은 그는 단 한 단어만 말할 수 있게 되었는데, 그 말은 'sacré
nom de Dieu'•의 축약형인 'crénom'이었다. 그는 이 단어를
강박적으로 반복했다. 한때는 세상 모든 것을 '위대한 운율'로
보았던 시인이 결국 저주 외에는 아무 말도 하지 못하게 되었다.

— 언어를 배우려는 욕구

2015년, 제21차 유엔기후변화협약 파리 회의를 앞두고, 마흔
두 살의 고릴라 코코는 인류에게 애절한 메시지를 전했다. 평생

• 원래 뜻은 '하느님의 거룩한 이름이여'이지만, 실제로는 '젠장' '이런 제길' '빌어먹을'에
가까운 욕설이다.

을 사육 환경에서 인간과 함께 살아온 코코는 미국식 수화를 배웠다. 코코가 37개 단어로 전한 말은 단순하지만 강렬했다. 프랑스 자연보호 단체 노에Noé가 제작한 영상 속에서, 코코는 수화를 통해 이렇게 말했다. "나는 고릴라예요. 나는 꽃이고, 동물이에요. 나는 자연이에요. 인간, 코코 사랑해요. 지구, 코코 사랑해요. 그런데 인간, 바보예요. 바보! 코코 미안해요. 코코 울어요. 시간 빨라요! 지구 고쳐요! 지구 도와요! 지구 지켜요! 자연이 여러분을 보고 있어요. 고마워요."

코코는 정말 놀라운 영장류였다. 미국식 수화 단어를 1천 개 넘게 알고 있었고, 그 두 배에 달하는 영어 단어도 알아들었다. 코코는 새끼 고양이를 좋아했고, 리코더 연주를 즐겼다. 하지만 많은 예언자들이 그랬던 것처럼, 코코의 메시지는 끝내 외면당했다. 파리 기후협약은 통제 불능으로 치닫는 기후 붕괴를 막지 못했다. 그리고 우리는 문득 이런 의문도 갖게 된다. 코코는 자기가 하는 말의 의미를 얼마나 이해했을까? 한번은 누군가 "동물은 죽으면 어디로 가?"라고 묻자, 코코는 이렇게 대답했다고 한다. "편안한 구멍." '세대를 넘어 생명 전체를 위협하는 전 지구적 재앙'이라는 개념을 코코가 정말 이해했을 가능성은 희박해 보인다.

사실 코코의 호소는 대본에 따라 연출된 장면들을 편집해 만든 감성적인 허구에 가까웠다. 영상 속에서 코코가 "인간, 바보예요"라고 수화를 하자, 곧 생각에 잠긴 듯한 코코의 얼굴로 장면이 전환되었고, 그다음 장면에서 다시 "바보!"라고 외치는 모습이 이어졌다. 마치 인류의 어리석음을 진지하게 성찰한 것처럼 보이도록 연출한 것이다. 어쩌면 이 의도적인 장면에서 가장 강하게 드러나는 건, 다른 생명과 진심으로 대화하고 싶어 하는 우리의 간절한 바람이지 않을까? 수화를 익힌 영장류는 코코 말고도 또 있다. 그들 모두가 경이로운 존재임은 분명하다. 하지만 동물과 인간이 세상을 인식하는 방식에는 간극이 있다.

로버트 프로스트Robert Frost는 새소리의 기원을 상상하며 시를 쓴 적이 있다. 그에 따르면 에덴동산의 새들은 이브가 부른 찬가를 따라 하며 노래를 배웠다. 말은 따라 하지 못했지만, 그 안에 담긴 감정과 어조를 흉내 낸 것이다. 그 뒤로 새소리에는 늘 이브의 목소리가 깃들었고, "새들의 노래는 예전 같을 수 없었다." 하지만 어쩌면 그 반대였을지도 모른다. 찰스 다윈은 인간의 언어가 새소리를 흉내 낸 '음악적 원시 언어'에서 유래했다고 추측했다. 그는 1871년에 출판한 《인간의 유래The Descent of Man》에 이렇게 썼다. "모든 인간에게는 본능적으로 예술을 익히려는 성향이 있다." 언어는 모방하고 배우려는 본능에서 비롯되었고, 최초의 스승은 새들이었다고 본 것이다. 다윈은 인류가 새의 노래를 흉내 낸 뒤, 자신이 내던 소리와 섞은 다음 거기에 의미와 구조를 덧붙여 언어를 만들었다고 보았다.

가장 오래된 음악적 언어의 일부는 어쩌면 지금도 다양한 형태로 살아남아 있을지 모른다. '휘파람 언어'는 복잡한 말소리를 단순하고 유연한 휘파람으로 바꿔 전달하는 언어다. 현재 전 세계에는 70개가 넘는 휘파람 언어가 존재하며, 성조 언어든 비성조 언어든 관계없이 사람의 말을 마치 새의 노래처럼 변환해 전달한다. (성조 언어는 음절마다 높낮이 변화에 따라 휘파람의 음을 바꾸고, 비성조 언어는 모음 간의 공명 차이를 흉내 낸다.) 카나리아제도의 라고메라섬에서는 '실보 고메로Silbo Gomero'라는 휘파람 형태의 스페인어가 쓰인다. 주로 양치기들이 깊은 계곡 너머로 서로를 부를 때 사용한다. 1999년부터는 현지 학교에서 정식으로 가르치고 있고, 요 실보Yo Silbo라는 웹사이트에서는 누구든 휘파람으로 의사소통하는 법을 배울 수 있다. 혹시 배우고 싶다면, 새들이 한발 앞섰다는 사실을 알아두라. 라고메라섬의 검은지빠귀는 실보의 휘파람을 이미 자기 노래 속에 슬쩍 끼워 넣었다.

최근에는 다윈의 추측이 언어의 진화를 연구하는 언어학자들 사이에서 다시 힘을 얻고 있다. 제임스 토머스James Thomas와 사이먼 커비Simon Kirby에 따르면, 일부 연구자들이 현생인류의 발달에 결정적인 요인으로 보는 '자기 가축화' 과정이 언어의 진화에도 중요한 역할을 했을 수 있다는 것이다.

250년 전, 일본의 조류 사육사들은 십자매white-rumped munia를 개량해 눈처럼 흰 깃털을 지닌 벵갈핀치라는 품종을 만들었다. 이 새들은 노랫소리보다는 깃털을 기준으로 선별되고 교배되었다. 하지만, 그들의 노래는 전혀 다른 양상으로 바뀌었다. 십자매와 벵갈핀치는 모두 노래를 배울 수 있는 시기가 정해져 있는 종이다. 어린 시기에만 다른 새의 노래를 익힐 수 있으며, 그 이후에는 새로운 노래를 학습하지 못한다. 야생 십자매는 배운 노래를 거의 그대로 모방하는 반면, 개량된 벵갈핀치는 노래를 흉내 낼 때 정확도가 훨씬 떨어진다.

즉흥성과 실수가 뒤섞인 멜로디는 결과적으로 구조가 더 복잡하고 구성 방식도 훨씬 다양해진다. 가축화가 소통 감수성을 높인다는 점은 러시아 유전학자 드미트리 벨랴예프가 여우를 길들인 실험에서도 확인된 바 있다. 토머스와 커비는 가축화가 '언어를 배우려는 성향', 즉 다윈이 말한 인간의 뇌에 새겨진 '학습 본능'과 깊은 관련이 있을 수 있다고 본다. 이 모든 사실은 언어가 인간만의 특별함을 드러내는 증거라기보다, 오히려 종과 종 사이의 교류에서 비롯된 것일 수 있다는 가능성을 시사한다. 그렇다면, 이런 질문이 떠오를 수밖에 없다. 과연 인간과 다른 동물들이 언젠가 서로 말을 주고받는 날이 올까?

최근 몇 년 사이, 다양한 연구팀이 '기계 학습'을 활용해 서로 다른 종과의 소통 가능성을 탐색하려는 시도를 이어가고 있다. '딥스퀴크DeepSqueak'라는 AI 프로그램은 쥐가 내는 초음파 음성 신호를 분석해 분류할 수 있다. 고래의 소리를 감지하고 통신을 해석하는 CHATCetacean Hearing and Telemetry 프로젝트를 수행하던 과학자들은, 챗GPT가 나오기 9년 전인 2013년에 돌고래 무리에 '새로운 단어'가 생겼을 가능성을 제기했다. AI 알고리즘을 활용해 돌고래끼리 주고받던 클릭음 중 이전에 사람이 훈련시킨 소리와 일치하는 새로운 클릭음을 포착했기 때문이다. 그 소리는 과학자들이 돌고래에게 모자반을 떠올리도록 훈련시킨 소리였고, 돌고래들은 훈련받은 그 클릭음을 서로 소통할 때 실제로 사용하고 있었다. 지금까지 확인된 바로는 인간이 가르친 소리가 돌고래 언어에 흡수된 첫 사례로 알려져 있다.

인간과 동물이 완전히 공유할 수 있는 언어는 아직 없다. 그래서 그 틈을 시와 상상력으로 메워보려는 이들도 있다. 1992년, 시인 레스 머리Les Murray는《자연의 언어를 번역하다Translations from the Natural World》라는 연작 시집을 발표했다. 박쥐부터 호금조lyrebird, 소, 단세포생물에 이르기까지, 머리는 각 생명체가 바라보는 고유한 세계를 시의 언어로 옮기기 위해 상상력을 총동원한다. 그중 〈스퍼머세티Spermaceti〉라는 시에서는 향유고래가 화자로 등장해, 부력과 소리, 밀도의 파동과 깊은 호흡으로 이루어진 자신만의 세계를 그려낸다. 그곳에서 고래는 길게 뻗어내는 울음 하나하나로 세계를 다시 일으킨다.

레스 머리의 시는 동물이 무슨 말을 하느냐보다, 시라는 형식이 인간 언어의 경계를 어떻게 넓힐 수 있는지를 더 깊이 보여준다. 하지만 CETICetacean Translation Initiative라는 고래 언어 해석 프로젝트는 도미니카 근해에 서식하는 향유고래 가족 무리 약 30개 집단의 소리를 분석해, 고래와 인간 사이의 소통이 공상이나 은유가 아닌 실제 현실이 될 수 있는지를 실험하고 있다.

항유고래는 다양한 종류의 클릭음*을 사용해 의사소통한다. 어떤 클릭음은 1천 분의 1초 정도로 짧고 간격도 촘촘해서 마치 경첩이 삐걱거리는 소리처럼 들린다. 향유고래는 클릭음을 '코다coda'라고 불리는 짧은 패턴으로 묶어 사용한다. 코다는 주로 고래들끼리 교류하고 어울리는 사회적 상황에서 오간다. 고래들이 수면 위에서 함께 어울릴 때, 코다가 가장 활발히 오간다. 때로는 서로 말을 주고받는 듯한 흐름이 감지되기도 하는데, 이 때문에 코다가 이중창이거나 대화에 가까운 구조일 수 있다는 추측도 나온다. 향유고래는 서로를 고유한 클릭음으로 식별하거나 부르기도 하며, 사용하는 발성 방식에 따라 '클랜clan'이라 불리는 소리 문화 집단을 형성한다.

클랜은 방언처럼 서로 다른 조합의 클릭음을 쓰는 문화적 단위로, 유전자나 지역보다도 클랜을 중심으로 더 강한 유대감을 형성한다. 유전적으로 매우 비슷한 고래들이 서로 다른 클랜을 쓰기도 하고, 같은 조합의 클릭음을 쓰는 고래들이 수천 킬로미터 떨어진 곳에 흩어져 살기도 한다. 향유고래가 내는 가장 큰 클릭음은 230데시벨에 달해, 인간이라면 청력을 잃을 정도의 세기다. 허먼 멜빌Herman Melville은 《모비 딕Moby Dick》에서 향유고래가 "코로 말하기 때문에 이상한 울림의 소리를 낸다"고 묘사한 바 있다. 더 정확히 말하면, 이 엄청난 소리는 고래의 머릿속에 자리 잡은 방대한 스퍼머세티 기관을 통해 음파를 증폭시켜 내는 소리다. 이 기관에는 약 2천 리터의 스퍼머세티 오일이 들어

향유고래를 비롯한 이빨고래류는 짧고 강한 클릭음을 내어 주변을 탐지하거나 소통한다. 초당 수백~수천 번 이어지는 이 음파의 리듬은 짝짓기, 사회적 신호, 먹이 탐색 등 상황에 따라 달라진다. 조류의 노래에서 나타나는 리듬성 클릭음과 달리, 고래의 클릭음은 생존 기능을 명확히 수행한다.

있어 일종의 증폭기처럼 작용한다. 이 덕분에 고래는, 시인 레스머리의 표현처럼 '지평 너머로 뻗어가는 노래'를 부를 수 있는 것이다. 하지만 이는 어디까지나 비유다. 엄밀히 말하면 향유고래는 우리가 흔히 말하는 '노래'를 부르는 종이 아니다.

CETI 프로젝트는 2020년부터 도미니카 해역의 향유고래 무리를 추적하며, 고정형 수중 청음 시스템, 로봇 물고기, 드론으로 떨어뜨린 하이드로폰 등 다양한 장비를 활용해 코다 소리를 수집하고 있다. AI가 분석할 수 있을 만큼 유의미한 데이터를 만들려면, 약 40억 개의 클릭음을 확보해야 할 것으로 추산된다. (참고로 챗GPT-4는 1조 개가 넘는 파라미터로 학습되었다.) 2026년까지 향유고래 언어를 '번역'하는 것이 CETI의 목표다.

연구진은 현재까지 약 25가지 정도의 고유한 코다 유형을 파악했으며, 각 코다는 수십만 개의 개별 클릭음을 포함하고 있다. 어떤 클릭음들은 형태소처럼 작용해 다양한 배열로 조합되며, 일종의 '단어' 역할을 할 가능성도 있다. 연구진은 심지어 문장 부호처럼 보이는 특정한 클릭음도 분리해냈다. 그런데도 향유 고래가 서로 어떻게 소통하는지에 대해서는 여전히 모르는 정보가 많다. 어쩌면 성조 언어처럼 음의 높낮이 변화로 특정한 의미를 전달하는지도 모른다. 향유고래 언어의 문법 체계는 아직 베일에 싸여 있다.

AI의 뛰어난 연산 능력이 언젠가는 향유고래 언어를 해독해 낼 것이다. 하지만 언어 규칙을 파악하는 것만으로는 충분하지 않다. 그보다 더 깊은 문제들이 남아 있다. (화학 신호처럼 훨씬 간접적인 방식이 아니라) 우리처럼 소리로 의사소통하는 생물이라 해도, 그 소리가 그들의 경험 안에서 어떤 역할을 하는지를 우리가 정확히 파악할 수는 없을 것이다. 예컨대, 우리는 음악을 들을 때 선율에 주목하지만 새들은 선율에는 관심이 없고 음색의 미세한 차이에 반응한다. 음의 질감과 빛깔, 또는 그 음을 연주하는 세기 같은 요소에 더 집중한다. 우리는 선율이 같으면 어떤 악기로 연주되든 다 알아챌 수 있지만, 새는 음색이 달라지거나 고저가 변하면 같은 선율이라도 완전히 다른 노래로 받아들인다.(헹크얀 호닝은 "새들이 선율을 듣는 방식은 인간이 말을 듣는 방식과 비슷하다"고 말한다. 인간은 말을 주고받을 때는 억양에 민감하지만, 노래를 들을 때는 그렇지 않다.)

벌집 안의 세계는 소리만으로 설명되지 않는다. 화학적 신호, 진동과 온도의 변화 같은 다양한 감각 자극들이 얽혀 있으며, 그 안에서 소리는 수많은 신호 중 하나일 뿐이다. 반면, 돌고래와 향유고래에게 소리는 세상을 보는 창이다. 우리가 눈으로 보는 것을 그들은 귀로 '본다'고 해도 과장이 아니다. 이 두 종은 반사된 음파를 통해 주변 환경을 일종의 이미지처럼 보고 있다. 에코로케이션, 즉 반향 위치 추적은 소리와 시각, 감각과 공간이 뒤섞이는 독특한 경험이다. 심지어 멀리 떨어진 개체끼리도 반사된 음파에 감각을 동기화하면 마치 서로의 시선을 공유하듯 같은 대상을 함께 바라볼 수 있다.

어떤 생명체가 하는 말을 진정으로 이해하려면, 우리는 그 존재가 세상을 경험하는 방식 안으로 들어가야 한다. 1909년, 독일 생물학자 야콥 폰 윅스퀼Jakob von Uexküll은 모든 생물은 오직 자신이 감각할 수 있는 정보로만 구성된 종 고유의 지각 세계 안에서 살아간다고 말했다. 개에게 세상은 냄새로 짜인 풍경이고, 거미에게는 세상이 진동하는 실타래처럼 느껴질 수 있다. 돌고래와 향유고래가 사는 세계는 반향 음파가 그러낸 유령 같은 형상들로 반짝일지도 모른다. 과학 저널리스트 에드 용Ed Yong은 이렇게 썼다.

지구는 눈에 보이는 모습과 촉감, 소리와 진동, 냄새와 맛, 전기장과 자기장으로 가득하지만, 각 생명체는 그 방대한 현실을 일부분만 감각할 수 있을 뿐이다.

이렇게 감각 방식이 극적으로 다른 만큼, 소통 방식 또한 서로 양립하기 어렵다. 종 간의 소통이 어려운 이유는 공통 언어가 없어서가 아니라, 애초에 전혀 다른 생물학적 세계에 갇혀 있기 때문이다. 대화를 시도하는 당사자 중 하나가 다른 행성에서 온 존재라고 보아도 이상하지 않을 만큼, 서로를 이해하기에는 우리가 살아가는 세계가 너무나 다르다. CETI 프로젝트가 NASA의 외계 지적 생명 탐사 프로그램인 SETISearch for Extraterrestrial Intelligence의 이름을 딴 것은, 어쩌면 우연이 아니다.

윅스퀼은 이러한 고유하고 변하지 않는 지각 세계를 '움벨트Umwelt'라고 불렀다. 움벨트는 종종 비눗방울 같은 세계에 비유되는데, 이 이미지는 1934년에 윅스퀼이 제시한 사고실험에서 비롯되었다. 윅스퀼에 따르면, 맑게 갠 날 풀밭을 거닐다 보면 꽃, 나비, 곤충들이 살아가는 바쁜 일상을 엿볼 수 있다.

그러나 우리가 진짜로 그 생명체들의 세계를 이해하려면, 먼저 상상 속에서 그들 하나하나의 주위를 비눗방울로 감싸야 한다. 그 방울 안에는 오직 그 생물만이 감지할 수 있는 지각들이 담겨 있다. 우리는 나비가 자기만의 감각 세계 속에서 살아가는 모습을 볼 수 있지만, 그 세계에 직접 들어가 공감할 수는 없다. 비눗방울 이미지는 시적으로 매우 인상적이면서도, 어딘가 쉽게 사라질 것 같은 덧없음도 느껴진다. 실제로는 비눗방울이 아니라 철제 금고처럼 단단한 감각의 세계일지도 모르니 말이다. 그럼에도 진짜 중요한 것은 그 경계가 얼마나 견고한가가 아니다. 그 세계가 외부의 침입을 얼마나 잘 견딜 수 있는지가 핵심일지 모른다. 우리가 다른 종의 세계로 들어가려면, 결국 그 경계를 찔러야 한다.

역사학자 스티븐 부디안스키Stephen Budiansky는 루트비히 비트겐슈타인Ludwig Wittgenstein의 유명한 경구를 이렇게 되새긴다. "만약 사자가 말할 수 있다면, 우리는 아마 이해할 수 있을 것이다. 다만 그때 그는 더 이상 사자가 아닐 것이다. 아니, 그의 정신은 더 이상 사자의 정신이 아닐 것이다." 종 간 소통은 이 정도로 위험하고도 매혹적인 일이다.

만약 우리가 각자의 움벨트를 가로질러 세상을 느끼고 해석하며 서로 다른 감각을 주고받게 된다면, 우리의 일부가 그 동물에게 각인될 수도 있고, 그들의 일부가 우리 안에 새겨질 수도 있다. 이미 많은 생명체가 인간이 만든 소음과 변화에 조금씩 침범당하고 있다. 예컨대, 바다의 소음은 이미 혹등고래의 노래 문화에 변형을 일으키고 있으며, 인간의 불협화음은 고래의 감각 진화에 지워지지 않을 흔적을 남기고 있다.

만약 우리가 그들의 비눗방울 속으로 들어간다면, 그 동물 고유의 존재 방식을 더 크게 흐트러뜨릴지도 모른다. 반대로, 동물들이 우리에게 그들의 언어를 가르쳐준다면, 우리가 변화할 가능성도 있다. 우리가 사자와 말하고 그의 말을 이해할 수 있게 된다면, 그때 그의 정신은 더 이상 사자의 정신이 아닐 것이다. 그리고 우리의 정신 역시 종의 경계를 넘어 더는 인간이라는 이름만으로 설명할 수 없는 어떤 지점에 이르게 될 것이다.

테드 창Ted Chiang의 단편집《당신 인생의 이야기Stories of Your Life and Others》에 실린 한 작품 속, 외계 지적 생명체와의 조우는 인간의 인식 틀을 뒤흔드는 계기가 된다. 헵타포드라 불리는 이 외계 종족은 "일곱 개의 다리가 바깥으로 뻗고 그 중심에 통 모양의 몸통이 매달린" 독특한 형상을 하고 있으며, 크기는 인간과 비슷하다. 하지만 이 소설을 영화화한 드니 빌뇌브Denis Villeneuve의 〈컨택트Arrival〉에서는 헵타포드가 고래처럼 거대한 모습으로 재해석되어, 인간을 압도하는 몸집을 지니고 울림과 삐걱거림이 섞인 소리를 낸다. 소설과 영화 모두에서 주인공 루이즈는 언어학자로서 외계 생명체와의 소통 체계를 구축해낸다. 그녀는 헵타포드의 구어 언어인 '헵타포드A'는 인간이 발음할 수 없다는 사실을 깨닫지만, 문자 체계인 '헵타포드B'를 통해 그들이 세상을 인식하는 방식을 엿볼 수 있다는 사실에 다다른다.

루이즈는 '헵타포드B'가 소리(발음)와 무관하게 직접 '의미'를 전달하는 문자 체계임을 깨닫는다. 영화 〈컨택트〉에서 이 문자는 외계 생명체의 촉수에서 분사된 푸르스름한 먹물 같은 물질이 공중에서 원형으로 퍼지며 형성된다. 그 형태는 마치 로르샤흐 잉크 자국처럼, 중심으로부터 불규칙하게 뻗은 선들과 핵들이 어우러진 복잡한 구조다. 소설 속에서는 이 문자들이 사마귀나 거미줄을 닮은 모양으로 묘사된다.

무엇보다 놀라운 것은 헵타포드가 단어를 겹겹이 겹쳐 쓰며 긴 문장을 한 번에 써내는 장면이다. 그들은 마치 시간 전체를 한 번에 조망하듯, 말하기도 전에 자신이 할 말을 전부 알고 있는 듯 보였다. 이 통찰은 루이즈가 세상을 인식하는 방식 자체를 바꾸는 계기가 된다. 인간은 문장을 앞에서부터 순차적으로 읽고 써 내려가듯, 시간도 순차적으로 경험한다. 하지만 헵타포드에게 시간은 그들의 문자처럼 전체가 한꺼번에 좍 펼쳐진다. 그들은 과거와 미래를 나누지 않고, 마치 모든 순간이 동시에 존재하는 것처럼 인식한다. 루이즈는 점차, 의미를 품은 헵타포드의 문자가 마음속에서 만다라처럼 피어오르는 것을 느낀다. 그리고 순차적 사고를 벗어나, 과거와 미래가 나란히 펼쳐진 기억의 풍경 속에 들어선다.

테드 창의 원작 소설은 언어가 인식에 어떤 영향을 주는지를 명시적으로 설명하지 않지만, 영화 〈컨택트〉는 이 점을 사피어-워프 가설로 설명한다. 20세기 초반, 언어학자 에드워드 사피어Edward Sapir와 벤저민 워프Benjamin Whorf는 현실을 경험하는 방식이 언어 속에 암호처럼 새겨져 있으며, 어떤 언어로 말하느냐가 사고의 방식마저 결정한다고 주장했다.

워프는 "우리가 자연을 이해할 때 우리의 모국어가 정해준 방식으로 해체한다"고 말했다. 이 가설은 주로 북미 원주민 언어, 특히 호피족 언어 연구에서 비롯되었으며, 이 언어에는 시간을 나타내는 시제가 없다는 해석이 퍼지면서 '호피족은 시간을 인식하지 않는다'는 도시 전설까지 생겼다. 이 이론에 따르면, 헵타포드B처럼 인간이 아닌 존재의 언어를 배우는 것만으로도 세계를 인식하는 방식이 크게 달라질 수 있다.

사피어-워프 가설은 이후 세대의 언어학자들에 의해 폐기되었지만, 최근에는 더 온건한 형태의 언어 상대성이론이 다시 주목받고 있다. 예컨대, 영어를 쓰는 사람들은 시간을 수평적(좌우)으로 인식하는 반면, 중국어를 쓰는 사람들은 시간을 수직축(상하)으로 개념화한다. 호주 케이프요크 지역의 포름푸라우 원주민 공동체에서는 시간이 몸의 앞뒤나 좌우가 아니라, 방위에 따라 배열된다. 이 지역 언어인 쿠크 타요르어에서는 시간이 동쪽에서 서쪽으로 흐른다. 언어학자 레라 보로디츠키Lera Boroditsky

는 이렇게 설명한다. "남쪽을 바라볼 때는 시간이 왼쪽에서 오른쪽으로, 북쪽을 바라볼 때는 오른쪽에서 왼쪽으로, 동쪽을 향할 때는 몸 쪽으로, 서쪽을 향할 때는 몸의 바깥쪽으로 흐른다." 다시 말해, 포름푸라우 사람들에게 시간은 자신의 몸이 땅 위에서 어떤 방향을 향하고 있는지에 따라 정해지는 개념이다.

호주의 일부 원주민 언어들(북서 해안 지역에서 사용되는 무린파타어와 중부 지역의 피찬차차라어)은 자유로운 어순을 갖고 있다. 주어, 목적어, 동사가 문장에서 어느 위치에 와도 무방하다. 특히 무린파타어는 접사들을 결합해 단어 하나로 문장을 표현하는 언어 구조다. 즉, 모든 문장이 매번 새롭게 조립된 단어 하나로 구성되는 셈이다.

영어처럼 주어-동사-목적어 어순이 고정된 언어를 쓰는 화자는 말을 시작하기 전에 문장의 주어에만 시선을 고정하는 경향이 있다. 반면, 무린파타어나 피찬차차라어를 쓰는 화자들은 말하기 전 수 밀리초 단위로 시선을 재빠르게 움직이며, 문장의 각 구성 요소를 모두 스캔한 뒤 어순을 정한다는 연구 결과가 있다. 이처럼 어순이 자유로운 언어를 쓰며 살아간다는 것은 말을 꺼내기 전에 세계를 전체적으로 조망하고 그 안의 관계를 조직하는 방식으로 사고하게 된다는 뜻이다. 이런 견해를 가리켜 전문 용어로 '약한' 언어 결정론이라 부른다. 이는 사피어와 워프가 주장했던 '강한' 언어 결정론과는 뚜렷이 구별된다. 약한 언어 결정론은 언어가 현실 인식에 일정한 영향을 미치지만, 현실 인식 전체를 결정짓지는 않는다는 관점이다.

그렇다면, 고래의 언어를 배운다면 어떤 일이 일어날까? 고래의 소통 방식은 영어, 중국어, 쿠크 타요르어보다 오히려 헵타포드B에 가까울 정도로 낯설고 이질적이다. 그렇기에 우리가 고래처럼 말하는 법을 배우게 된다면, 그 경험이 인간의 움벨트를 어떻게 바꿔놓을 수 있을지, 이제는 그 가능성을 진지하게 생각해볼 때가 되었다.

향유고래의 코다와 혹등고래의 노래는 인간과는 전혀 다른 시간과 공간의 감각 속에서 탄생한 소통 방식이다. 고래처럼 말하는 법을 배운다는 것은 곧 바다를 살아가는 존재의 감각을 받아들인다는 뜻이다. 혹등고래는 반경 약 4킬로미터 이내에 있는 동료들과 직접 의사소통할 수 있으며, 그 거리 안에서는 의도된 수신자뿐 아니라 우연히 그 공간 안에 들어온 수많은 고래가 동시에 그 노래를 들을 수 있다. 즉, 고래가 목소리를 내는 공간은 크기 면에서도, 포용성 면에서도 인간보다 훨씬 넓다. 하지만 바다 위를 오가는 선박들의 소음은 고래들 사이의 소통 공간을 불과 반경 800미터로 축소시키기도 한다. 그 결과, 전에는 여러 존재에게 열려 있던 노래가 단 하나의 수신자에게만 닿는 좁은 울림으로 축소된다.

혹등고래는 한 번에 스물세 시간 가까이 노래를 부를 수 있다. 그들의 노래는 세상에서 가장 너른 바다를 가로질러 멀리 퍼지고, 부르는 동안에도 끊임없이 변화하고 진화한다. 그런 언어가 있다면, 그 언어를 쓰는 존재에게는 얼마나 벅찬 기쁨이 깃들어 있을까 상상해본다. 바다의 벅찬 감정이 밀어 올린 물결 위를 고래의 노래는 유영하듯 흘러간다. 고래처럼 말할 수 있다면, 우리가 느끼는 시간과 공간은 행성 전체를 울리는 하나의 노래처럼 확장될 것이다. 만약 우리가 고래의 언어를 가졌더라면, 지금처럼 바다를 오염시키고 해저를 점유하며 살아가진 않았을 것이다.

테드 창의 소설이 종 간 소통의 꿈을 보여준다면, 로라 진 맥케이Laura Jean McKay의 장편소설 《그 나라의 동물들The Animals in That Country》은 그에 응답하듯 정반대의 악몽을 펼쳐 보인다. 소설 속에서 '주플루zooflu'라는 바이러스에 감염되면, 동물의 말을 알아들을 수 있게 되고, 동물들도 인간의 말을 이해하게 된다. 처음에는 주로 포유류의 소리가 들리지만, 감염이 심해지면 새나 곤충의 말까지 낱낱이 들린다. 동물들은 몸 전체로 말한다. 여러 감각이 동시에 작동하기 때문에 소리와 냄새, 체액과 흔적들이 함께 어우러져 "악취에, 울음소리에, 오줌에, 발자국에, 피에, 똥에, 교미에, 몸에…… 형광처럼 반짝이는 메시지의 흔적"을 남긴다. 몸의 떨림 하나, 경련 하나, 스쳐 지나가는 냄새 하나까지도 모두 의미를 지닌 말이 된다.

맥케이의 소설은 이렇게 묻는다. 정말, 종 간 소통이 이루어진다면 우리는 그것을 감당할 수 있을까? 동물의 언어를 외면하고 살아온 인간 사회에 《그 나라의 동물들》 속 주플루는 재앙 그 자체다. 우리는 흔히 다른 종과 말이 통하게 되면 그들을 대하는 방식도 완전히 달라질 수밖에 없을 것이라 믿는다. 농장을 짓고 도시를 만들고 땅을 파고 싶은 곳마다 동물들이 여긴 내 집이라고 외치거나, 도살장마다 살고 싶다는 비명이 쏟아져 나온다면, 우리는 정말 그들의 목소리를 외면하지 못할까?

소설 속 사람들은 동물의 목소리를 듣게 되자 연민이 아니라 공포와 적개심에 사로잡힌다. 사람들은 귀를 종이로 틀어막고, 모든 비인간 생명을 몰아낸 '인간 마을'을 세운다. 잔인함과 무심함은 변하지 않는다. 영화 〈컨택트〉가 외계 언어를 선물처럼 그렸다면, 맥케이의 소설에서 동물의 언어는 대다수 인간이 기꺼이 외면하고 싶어 하는 종류의 것이다. 주플루 감염자들은 그 능력을 축복이 아니라 저주처럼 받아들인다. 일부는 머리에 구멍을 내는 극단적 방법으로 벗어나려 하고, 어떤 이들은 스스로 목숨을 끊는다. 결국, 인간의 언어를 잃고 동물들의 감각만 가득한 세계 안에서 길을 잃는 이들도 생겨난다.

공포에 잠식되지 않은 이들마저 동물의 언어가 품은 치명적인 매혹에서 벗어나지 못한다. 소설에서 가장 강렬한 장면을 하나 꼽자면, 수백 명의 사람들이 남방긴수염고래southern right whale 떼의 노래를 듣다가 잠에 취한 사람처럼 바닷속으로 끌려 들어가 익사하는 장면이다. 마치 "자궁 저편에서 들려오는 어머니의 목소리"처럼, 고래들은 이렇게 노래한다.

여기가
시작된 곳이고

여기가……

잠드는 곳이다.

　종 간 소통을 연구하는 과학자들에게 "다른 종에게 무엇을 묻고 싶으냐?"고 질문하면, 대개 비슷한 대답을 내놓는다. "우리에 대해 어떻게 생각하는지요." 하지만《그 나라의 동물들》속 동물들은 그런 질문에는 전혀 관심이 없다. 그들 역시 우리처럼 자기 세계에 깊이 몰입해 있으며, 주로 관심을 두는 것은 두려움, 먹이, 영역, 짝짓기 같은 것들이다. 즉, 삶을 어떻게 살아갈 것인지에 관한 문제다. 한 왈라루가 분사한 오줌은 이렇게 외친다. "엿 먹어, 난 / 왕이다." 어딘가에서 흘린 누군가의 오줌이 말한다. "내 거야, / 내 거야, 내 거야!" 파리의 날갯소리는 끊임없이 속삭인다. "엿 먹어 / 빨아." 학대당한 말은 눈을 부릅뜨고 지켜본다. "분노에 찬 / 세상이 / 가까워진다." 이처럼 동물의 언어는 뒤틀린 어순과 기이한 행 구분, 단절된 의미로 이루어진 낯선 시처럼 들린다. 하지만 그 안에는 우리가 기대했던 통찰도, 자연이 우리에게 건넬 거라 믿었던 메시지도 없었다. 등장인물 중 하나는 이렇게 말한다. "얘들이 더 많은 말을 할 줄 알았는데."

　그런데 정말, 지금 우리가 아는 것만으로는 충분하지 않은 걸까? 사실 다른 종들은 우리가 그들에게 가하는 고통을 이미 분명하게 증언하고 있다. 최근 연구에 따르면, 야생동물들은 사자의 포효보다 녹음된 인간의 목소리를 들었을 때 더 재빨리 달아난다. 기후 변화로 어떤 생물이 서식지를 넓히는 순간은 다가올 재앙을 경고하는 절박한 몸짓이다. 마치 고릴라 코코가 수화로 "지구를 구해줘"라고 외쳤던 것처럼. 그보다 무슨 말이 더 필요하단 말인가. "당신들이 무슨 짓을 하고 있는지 봐." 그 한마디면 충분하지 않은가?

사자도 말한다. 수많은 그의 친족들도 마찬가지다. 그리고 가장 중요한 건 우리가 그들이 하는 말을 정확히 알아듣는다는 사실이다. 들을 수 없는 게 아니라 들을 생각이 없다는 것, 결국 문제는 여기에 있다.

── 소리로 다시 수놓아지는 동물 세계

지금으로서는 종 간 번역이 가능하리라 기대하기 어렵다. 그런데 사실, 아무리 세심하고 정교한 번역이라 해도 그 언어가 담고 있는 세계 전체를 다른 언어로 옮길 수는 없다. 인간의 언어들 사이에도 그 말들이 살아온 서로 다른 삶이 놓여 있어 아무리 애써도 쉽게 메울 수 없는 간극이 있다. 하물며 그 언어를 사용하는 존재가 아예 다른 종이라면, 그 간극이 더 작을 거라고 기대할 수는 없지 않은가? 그렇다고 번역의 길이 막힌 것만은 아니다. 어쩌면 우리는 전혀 다른 방식을 취해 이 문제에 다가갈 수 있지 않을까.

"언어의 숲 한가운데가 아니라 숲 바깥에서 울창한 숲의 능선을 마주하고 서는 것이 번역이다." 보들레르의 작품을 번역하며 쓴 에세이에서 발터 벤야민은 이렇게 말한다. "번역자는 숲속으로 들어가지 않고 바깥에서 숲을 향해 소리친다. 이질적인 언어로 울렸던 원작의 숨결이 자기 언어로 메아리쳐 돌아올 수 있는 바로 그 지점을 겨냥하는 것이다." 번역자는 언어의 경계에 선 채, 그 울림을 삼키는 듯한 깊은 숲속을 향해 부르짖는다. 그리고 돌아오는 메아리 속에 원작의 잔향이 실려 있기를 바란다. 소리가 숲을 지나 되돌아올 때 많은 것이 사라진다. 하지만 번역은 원작을 그대로 복제하는 것이 아니라, 그 의미를 다른 언어로 비춰내는 하나의 은유에 가깝다. 또는 서로 다른 언어 사이에서 리듬이나 울림처럼 어딘가 닮은 결이 느껴지는 순간을 만들어내는 것이기도 하다.

벤야민에 따르면, 번역의 목적은 단순한 의미 전달에 있는 것이 아니라, 서로 다른 언어들 사이에 은근히 흐르는 '친연성'을 포착해내는 데 있다. 시인 홀리 코필드 카Holly Corfield Carr는 영국 데번주의 울퉁불퉁한 해안 길을 따라 걷던 어느 날, 벤야민이 말한 언어 사이의 친연성을 어렴풋이 체감했다. "이스트 소어로 갔어요." 그녀가 내게 말했다. "절벽을 따라 걷고 있는데, 정말 무례하고 시끄러운 어치 소리가 내 앞을 가로막았어요." 울창한 덤불 속에 숨어 있어서 모습은 보이지 않았고, 새의 존재를 알리는 건 오직 목소리뿐이었다. 처음에는 그 소리가 어디서 나는 건지 도무지 가늠할 수 없었다. 경고의 울음인지, 아니면 다른 이유로 부르는 소리인지조차 알 수 없었다. 마치 돌로 된 땅바닥에서 소리가 바로 뿜어져 나오는 듯한 느낌이었다.

홀리는 새소리를 시각화한 소노그램 이미지에 매료되었다. 소노그램 위의 들쭉날쭉한 어두운 선들은 어치의 울음을 처음 들었던 그날의 풍경처럼 층층이 갈라진 지형을 닮아 있었다. 그 경험을 바탕으로 그녀는 이 낯설고 기묘한 친연성을 탐색하는 시와 관찰 기록을 엮어 《서브송Subsong》이라는 책을 출간했다. 이스트 소어의 절벽은 영국에서도 가장 오래된 암석 지층 중 하나로, 반짝이는 운모 편암이 수 킬로미터에 걸쳐 이어진다. 편암schist이라는 단어가 '쪼개진다'는 뜻을 품고 있듯, 그녀에게 이 시를 쓰는 과정은 새의 목소리와 그들이 사는 땅의 울림을 쪼개어 나눌 수 있는지를 실험하는 과정이었다.

바위 속에서 메아리가 일어난다
한 줄 검은 선이 위로 솟구친다
놀랍도록 어치의 울음과 닮았다

노래하는 새들은 태생적으로 두 갈래로 나뉘는 목소리를 갖고 있다. 이들의 목에는 '울대'라 부르는 Y자형 발성기관이 있어서, 서로 다른 두 개의 음을 동시에 낼 수 있다. 이 새들은 '이중 음성'을 지닌 존재들이며, 인간이 메아리의 도움을 받아야 겨우 흉내 낼 수 있는 일을 자연스럽게 스스로 해낸다. 벤야민이 번역을 숲속 깊은 곳을 향해 내지른 목소리에 비유했다면, 홀리 코필드 카는 한번 세상에 내보낸 목소리가 무엇과 마주쳐 어떻게 바뀌어 돌아오는지에 관심을 기울였다. "내 몸에서 떠난 말은, 다시 돌아와도 똑같지 않아요." 그녀는 이렇게 말했다. 말은 세상에 닿는 순간, 예상치 못한 무언가와 섞인다. 동굴이나 세찬 강물에 대고 소리를 지르면, 처음에는 혼자서 장난하듯 메아리와 놀고 있다는 기분이 들지도 모른다.

그러나 돌아오는 소리는 더 이상 오롯이 내 것이 아니다. 바위, 나무, 물, 그 밖의 다른 존재들과 부딪히며 그에 따라 다시 빚어진 소리다. 홀리는 이렇게 자기 목소리가 낯설게 되돌아오는 그 순간, 전과는 다른 방식으로 세상과 연결되기 시작한다고 했다. "저에게 운율은 창조의 원천이에요." 홀리는 내게 그렇게 말했다. 하지만 그녀의 시에서 운율은 단순한 소리의 반복을 뛰어넘는 감각이다. 그것은 귀로 듣는 동시에 눈으로도 보는 것 같은 직관적인 리듬감이다.

지속적인 땅의 존재감과 금세 사라지는 새소리의 찰나성처럼, 서로 너무도 달라 보이는 요소들 사이에서 묘하게 맞물리는 깊은 화음이기도 하다. 《서브송》 서문에서 홀리는 이렇게 말한다. "새소리의 소노그램 속에서 나는 소리와 이미지가 서로 이어져 있는 걸 발견했다." 우리가 언어들 사이에 숨어 있는 친연성을 정말 이해하려면, 아마 소리만으로는 부족할지도 모른다. 목소리(와 귀)를 쪼개는 데서 멈추지 않고, 그 목소리를 세상을 감각하는 다른 방식들과 접합해야 할지도 모른다. 실어증에 잠식되기 전, 보들레르는 감각들이 서로를 불러내며 만드는 섬세한 운율을 이렇게 묘사했다.

메아리처럼 멀리서 되받는 소리,

스미고 겹쳐 하나의 깊고 어두운 음이 되고,

밤처럼, 혹은 새벽의 불길처럼 광대한 그 울림 속에서

소리는 향기를 부르고 색은 소리를 불렀다.

공감각synaesthesia은 '함께'를 뜻하는 그리스어 'syn'과 '감각'을 뜻하는 'aisthesis'에서 유래한 말로, 감각들 사이의 운율, 혹은 감각의 화음이라 부를 수 있다. 이 현상은 인구의 약 4퍼센트에게 나타나며, 그들은 감각들이 기묘하게 겹쳐지는 세계 속에서 살아간다. 예컨대 소리를 맛보거나, 향기를 듣거나, 통증을 연속적인 색조로 느끼거나, 피부 위로 소리가 스며드는 듯한 감각을 갖기도 한다. 그 경험은 사람마다 다르고, 인식 방식 속에 너무도 깊숙이 스며들어 있어 오히려 말로 설명하기가 어렵다. 그래서 공감각을 갖지 않은 사람들에게는 더욱 낯설고 환상적인 감각처럼 다가온다. 예컨대, 금속을 만질 때마다 박하 향이 입안에 퍼지고, 발가락을 찧는 순간 눈앞에 선명한 노란 섬광이 터지는 걸 상상해보라.

알파벳의 글자마다 고유한 색이 대응되는 현상은 공감각의 가장 흔한 형태다. 이를 '문자-색채 공감각'이라고 부른다. 이 현상은 내가 겪는 두 가지 공감각 중 하나이며, 블라디미르 나보코프Vladimir Nabokov가 세상을 인식한 방식이기도 하다. 나보코프는 회고록《말하라, 기억이여 Speak, Memory》에서 이렇게 말한다. "나는 꽤 전형적인 색청色聽의 사례다." 그리고 이렇게 덧붙인다. "다만 '청聽'이라는 표현은 어쩌면 정확하지 않을지도 모른다. 내가 어떤 글자를 입으로 발음하며 그 형태를 떠올릴 때, 색채 감각은 바로 그 순간에 생겨나는 것 같기 때문이다."

내 경우에는 청각보다는 '직관'이라는 표현이 더 맞는 듯하다. A는 언제나 연둣빛이고, B는 주황빛이 감도는 갈색이었다는 기억밖에 없다. 이 색감들은 내 마음속에 그 글자가 떠오를 때마다 함께 따라온다. 어떤 사람은 더 선명하고 아크릴처럼 뚜렷한 색조를 경험하지만, 내게 떠오르는 색은 옅거나 바랜 수채화 빛깔에 가깝다. 하지만 색청을 겪는 사람마다 문자와 색이 맺는 조합은 모두 다르다. 나보코프에게 C는 하늘빛과 진줏빛이 섞인 색이지만, 내게 C는 덜 익은 바나나처럼 노르스름한 빛에 초록기가 돈다. 나보코프의 G는 경화고무처럼 까맣지만, 내 G는 붉게 타오르는 벽난로처럼 밝고 따뜻한 색이다. 나보코프의 D는 크림색이고, 내 D는 고색창연한 녹색이다. 그 외에도 많은 차이가 있다. 하지만 흥미롭게도 우리 둘의 O는 모두 뼈처럼 흰색이고, 윤곽은 날카롭고 어둡다. 나는 문자가 본래의 색이 아닌 다른 색으로 보이면 살짝 멀미 나는 기분이 들 정도로 어색하다. 나에게 색과 글자는 나눌 수 없는 하나다.

이처럼 감각이 섞여서 인식되는 경험이 인간에게는 비교적 드문 일이지만, 대부분의 다른 종들에게는 오히려 기본값에 가깝다. 에드 용은 부리를 통해 촉각과 전기 신호를 동시에 감지하는 오리너구리, 더듬이로 냄새와 촉각을 함께 받아들이는 개미 그리고 소리와 시각이 하나로 결합되는 반향정위* 같은 사례들을 들며 수많은 동물이 감각을 섞어 세상을 그려내는 방식을 소개한다. 이는 언어들 사이의 친연성에 더 가까이 다가가는 길이 직접적인 번역이 아니라, 감각을 뒤섞는 능력을 기르는 데 있을지도 모른다는 점을 시사한다.

내가 겪는 두 가지 공감각 가운데 문자에 색이 덧입혀지는 감각은 비교적 설명하기 쉽다. 하지만 나머지 하나는 설명하기가 훨씬 어렵다. 이건 소리를 '보는' 경험, 특히 음악과 관련된 감각이다. 집중하기만 하면, 어떤 소리든 이런 방식으로 나타나게 할 수 있다. 하지만 '색청'을 이야기할 때 나보코프가 '듣다'라는 표현이 정확하지 않을 수 있다고 지적했듯, 여기서도 '본다'는 표현은 약간 오해를 불러일으킬 소지가 있다. 실제로는 소리가 내 '마음의 눈' 안에서 어두운 화면 위에 흐릿하게 희미한 형체로 나타났다가 사라진다.

예컨대, 듀크 엘링턴Duke Ellington과 존 콜트레인John Coltrane의 〈인 어 센티멘털 무드In a Sentimental Mood〉를 들을 때, 엘링턴의 단조 화음은 어두운 화면 앞쪽에서 잔잔히 물결치고, 그의 왼손 리듬은 오른손보다 한층 아래, 화면의 더 깊은 곳에서 은은하게 흐른다. 엘빈 존스Elvin Jones가 브러시로 쓸어낸 드럼 소리는 희미하게 반짝이는 모래알처럼 위쪽과 뒤쪽 어딘가에서 흩어지듯

212

번쩍인다. 콜트레인의 색소폰 소리는 연기처럼 부드럽게 퍼져 오르다, 어느 순간 솟아오른 음들이 응고되듯 선명한 형체를 띠기 시작한다. 형체에 '풍부함'이라는 말을 쓸 수 있다면, 그건 바로 그런 소리일 것이다. 어딘가 단단하면서도 가볍고, 묘하게 밀도 있는 감촉을 지닌 형체다. 그렇게 떠오른 소리는 부풀어 오르고, 다른 악기 소리 너머로 진동하며 떠돈다.

물론, 사실은 전혀 그렇지 않다. 내가 느끼는 걸 말로 옮기려 애쓴 결과가 그 정도였을 뿐이다. 내 머릿속을 스쳐가던 그 이미지들이 현실에서는 절대 보일 리 없다는 생각을 오랫동안 해왔다. 그런데 홀리가 내게 메건 와츠 휴스Megan Watts Hughes라는 인물에 관해 이야기해주었다. 1842년, 웨일스에서 태어난 오페라 가수이자 과학자였던 메건 와츠 휴스는 소리를 눈으로 볼 수 있다는 생각에 깊이 매료되었다. "그녀는 아이도폰Eidophone이라는 걸 발명했어요." 홀리가 설명했다. "노래하는 전화기 같은 거예요. 파이프 담배나 작은 비순을 닮은, 큼직한 관 모양의 장치였죠." 그 기계는 고무막 위에 뿌려둔 가루나 씨앗이 휴스의 목소리에 따라 움직이도록 설계되어 있었다. 그녀가 아이도폰에 대고 말하거나 노래하면, 입자들이 튀어 오르며 꽃무늬 같은 다양한 형상을 이루었다. 휴스는 이 형상들을 '음성 도형'이라고 불렀다. "그녀는 인간의 목소리에 자연의 원초적 형상이 새겨져 있다고 믿게 되었죠." 홀리는 이렇게 덧붙였다. "식물, 나무, 별의 별 것들이 목소리 속에 숨어 있었던 거예요."

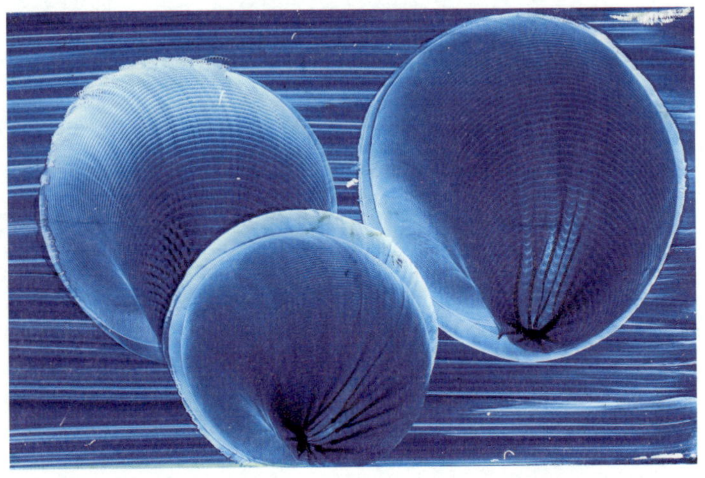

메건 와츠 휴스의 아이도폰 실험

B♭, 완전 5도(F), 한 옥타브 위 B♭ 세 음의 조합을 시각화한 인상 도형이다.

휴스는 실험을 계속 이어갔다. 다음 실험에서는 고무막 대신 파란색이나 노란색 글리세린을 입힌 유리판을 사용했고, 음의 높낮이 변화나 여러 소리가 겹치는 순간들을 포착할 수 있도록 판 위를 가로지르며 움직이는 휴대용 장치도 개발했다. 그녀가 아이도폰으로 노래해 만든 이미지들, 이를테면 하늘색이나 벌꿀색 붓질이 펼쳐진 배경과 그 위에 새겨진 영롱한 형상들은 지금껏 본 어떤 것보다도 내가 음악을 들을 때 마음속에서 '보는' 소리와 닮아 있었다.

아이도폰에 대고 부른 하나의 음이 혹등고래의 낮고 아득한 울음소리처럼 부풀어 오른다. 그리고 마음의 눈(과 귀) 안에서 꽃처럼 피어난다. 소리의 중심은 어둡고, 바깥으로 갈수록 빛이 스며들 듯 밝아지며 실처럼 가늘게 일렁인다. 내가 떠올리는 유령 같은 소리의 형상 역시 가장자리에서 서서히 밝아지며, 실처럼 풀려나간다. 휴스가 '인상 도형'이라 부른 복잡한 형상들은 줄기를 뻗어가며 망처럼 얽혀 있는 식물 형상의 소용돌이처럼 보였다. 마치 누군가 내 마음속 깊은 곳에 손을 넣어 소리와 이미지가 뒤섞인 감각을 꺼내 유리 위에 펼쳐놓은 것 같았다.

동물의 소리를 눈으로 보려는 이 과학적 시도는 어딘가 공감각을 닮았다. 하지만 새소리나 고래 소리를 시각 정보로 바꾼 소노그램은 음악 악보나 알파벳처럼 소리를 나누고 각각 고유한 형상을 부여함으로써, 오히려 그것들이 인간의 언어와 얼마나 다른지를 더 선명히 드러낸다. 그 형상들은 오히려 헵타포드B

의 문자에 더 가깝다. 동물의 목소리를 인간의 틀에 억지로 꿰맞추려는 건 결국 그들과 우리 사이를 더 멀어지게 할 뿐이다.

동물에게도 우리처럼 문법이 있을 수 있다는 사실을 깨달으면, 그 안에서 어떤 친연성을 느낄 수도 있다. 그렇지만 그건 어디까지나 머릿속에서만 맴도는 생각일 뿐, 가슴까지 스며드는 진짜 친밀함과는 거리가 멀다. 우리가 이해할 수 있는 도형이나 글자 안에 동물의 소리를 억지로 담으려 하기보다, 차라리 감각을 뒤섞는 방식(많은 동물에게는 자연스러운 세계 인식 방식)을 통해 그들과의 접점을 더 생생하게 느낄 수 있을지도 모른다. 그 가운데 하나가 바로 '데이터 소리화'다. 평소에 눈으로 보던 정보를 이번에는 귀로 듣는 방식이다.

소노그램이 소리를 눈으로 '보게' 한다면, 데이터 소리화는 그 반대다. 이를테면 우리가 흔히 보는 '하키스틱 곡선'처럼 생긴 기후 변화 그래프 대신, 데이터 소리화는 이산화탄소가 늘어날수록 음이 점점 높아지는 식으로 표현할 수 있다. 팟캐스트 〈라우드 넘버스Loud Numbers〉에서 음악가 덩컨 기어Duncan Geere와 미리엄 퀵Miriam Quick은 생태 변화 데이터를 바탕으로 전곡을 작곡한다. 〈내추럴 로터리The Natural Lottery〉는 알래스카 타나나강의 얼음이 언제 녹았는지를 기록한 100년 치 데이터를 기반으로 만든 테크노 음악이다. 이 곡은 해빙 시기에 따라 기계처럼 반복되는 박자 위로 음이 오르내린다. 해빙 날짜가 앞당겨질수록, 음도 조금씩 높아진다. 그 위로는 오로라의 강도를 형상화한 반짝이고 몽환적인 음들이 소용돌이치고, 이산화탄소가 높아질수록 점점 날카로워지는 사이렌 소리가 긴장감을 더한다.

〈디 엔드 오브 더 로드The End of the Road〉는 덴마크에서 수집된 곤충 개체 수 감소 데이터를 바탕으로 작곡된 곡이다. 수 세기 동안 진혼곡에 쓰여온 '디에스이레Dies Irae' 선율을 바탕으로, 해마다 울리는 조종 소리가 배경에 흐르고, 그 위에 사라져가는 무척추동물들의 생태를 흉내 내듯 찍찍거리는 신시사이저 소리가 포개진다. 곤충이 사라지자, 음악도 끝내 소리를 잃는다. "그래프를 본다고 마음이 움직이진 않잖아요." 덩컨이 말했다. "그에 비하면, 소리는 훨씬 더 강렬하게 감정을 자극할 수 있어요." 그들은 데이터 소리화 작업을 통해 청자가 위기에 처한 생태계의 세계에 몰입하는 경험을 만든다. "음악은 직관적이에요." 미리엄이 설명했다. "음악이 흐르기 시작하면, 그 흐름 속으로 곧장 빠져들게 되죠. 때로는 그 몰입감이 조금 어지럽게 느껴질 수도 있지만, 그래서 오히려 데이터 안에서 벌어지는 일을 더 깊이 체감하게 되는 거예요. 어떤 소리는 귀를 찌를 만큼 강하게 밀려와요."

덩컨이 말을 이었다. "하지만 막대그래프는 아무리 길어져도, 그렇게 몸에 와닿지는 않죠. 소리는 아예 다른 방식으로 우리 감각에 닿아요. 더 깊고, 더 다층적인 감각을 건드리죠." 두 사람 모두 공감각을 직접 겪는 건 아니지만, 그들의 작업 방식에는 어딘가 공감각적인 감각이 배어 있다. 모든 프로젝트는 같은 질문에서 출발한다. "아직 들리지 않는 이 대상은 우리에게 어떤 소리일까? 그 소리는 어떤 감각일까?" 그들의 목표는 소리를 사실적으로 재현하는 게 아니다. 동물의 소리가 삽입되거나, 그들의 청각을 흉내 내려는 시도는 없다. 대신 그들은 정서적 친연성을 겨냥한다.

소리가 우리 몸과 마음에 어떤 식으로 와 닿는지를 바탕으로, 감각적인 유대감을 만들어내는 것이다. 그들의 음악은 내게 정보를 전달하진 않는다. 대신, (내 마음속 어두운 화면 위를 유령처럼 스치는 형상으로 다가와) 눈이 예년보다 빨리 사라지면서 북극 순록의 번식기가 어떻게 짧아지는지, 곤충이 사라진 뒤 새들과 꽃이 어떻게 어긋나는지를 내 몸 전체로 느끼게 해준다.

우리는 대체로 5가지 감각 가운데 눈을 가장 믿는다. 하지만 따지고 보면, 공감각에 가장 가까이 닿을 수 있는 감각은 소리일지도 모른다. 비록 누군가처럼 소리를 '보지는' 못하더라도, 우리 모두 음악을 몸으로 느낀다. 저음은 뱃속을 울리듯 몸을 깊이 흔들고, 어떤 선율은 감정의 결을 따라 부드럽게 흘러가며 마음 깊은 곳을 가만히 흔든다. 우리가 회색가지나방의 색이 변하는 이야기부터 폴리염화바이페닐로 오염된 물속을 느긋하게 헤엄치는 애틀랜틱톰코드의 이야기까지, 동물의 변화를 이토록 감각적으로 만날 수 있다면 어떨까? 도시 곳곳을 누비는 동물들의 즉흥적인 움직임은 그 자체로 하나의 사운드트랙이 되어, 그들 몸에서 일어나는 변화가 소리를 타고 우리에게 전해질 것이다. 동물의 세계를 굳이 인간의 언어로 번역하려 애쓰기보다, 그냥 입을 닫고 함께 춤출 수 있다면 어떨까?

━ 공존을 이루기 위하여

소리는 생태계의 건강을 가늠할 수 있는 척도가 되기도 한다. 최근 연구에 따르면, 귀로 듣기만 해도 생태계가 얼마나 잘 작동하고 있는지 알아낼 수 있다. 예컨대 건강한 산호초 지대는 베이컨이 지글지글 익는 듯한 소리가 샘솟고, 평온한 꿀벌집에서는 일정한 A(라)음이 울리지만, 벌집이 불안정한 상태에 놓이면 그 소리는 날카로운 C♯(올림도)까지 치솟는다. 심지어 상처 입은 식물은 초음파로 '톡톡' 터지는 소리를 낸다. 이런 소리는 단지 징후에 그치지 않는다. 우리는 '음향 강화'라는 과정을 통해 소리로 황폐해진 산호초를 되살릴 수도 있다. 조용한 산호초는 터를 찾는 물고기들에게 매력을 주지 못하지만, 그곳에 건강한 산호초의 지글지글한 소리를 틀어주면, 물고기들이 다시 몰려들어 서식 종의 수가 최대 50퍼센트까지 늘어난다.

자연에서 나는 소리는 결코 혼자 울리지 않는다. 포식자와 피식자, 꽃과 수분자처럼 모든 소리는 다른 리듬과 짝을 이룬다. 어떤 꽃은 특정한 음에만 반응해 꽃가루를 흩날리도록 진화해 왔다. 서양뒤영벌buff-tailed bumblebee은 '가시가지풀buffalo bur'로 알려진 식물의 꽃가루를 얻기 위해 일정한 높이의 음을 울려 꽃을 진동시킨다. 이 과정을 우리는 '진동 수분'이라 부른다.

벌은 꽃가루를 품고 있는 꽃의 수술을 턱으로 물고, 날갯짓을 멈춘 채 날개 근육을 수축시켜 딱 맞는 음을 만들어낸다. 꽃이 반응하는 정확한 음을 벌이 울려주지 않으면, 꽃가루는 끝내 밖으로 나올 수 없다. 하지만 소리의 풍경도 생태계와 함께 무너지고 있다. 생명의 교향곡은 사라지고, 그 자리에 사막 같은 거대한 침묵만이 남는다. 군집 붕괴 현상으로 전 세계에서 수분자들이 줄어들자, 일부 농부들은 꿀벌 대신 튜닝포크를 손에 들고 꽃을 두드리며 수분 작업을 하게 되었다. 하지만 잃어버린 소리를 흉내 내는 데서 그칠 필요는 없다.

그보다 더 중요한 일이 있다. 우리는 다시 '듣는 법'을 배워야 한다. 복잡한 생명의 울림에 귀를 기울이고, 그 속에서 우리도 그 노래의 일부였다는 사실을 되새겨야 한다. 아이슬란드 작가 할도르 락스네스Halldór Laxness는 "세상은 하나의 노래다"라고 썼다. 음악이든 언어든, 모든 것은 생명이 끊임없이 스스로를 찬미하는 풍성한 찬가의 일부다. 지금 이 세계에는 그 노래를 덮어버리는 소음이 가득하다. 생명의 소리를 지우는 그 소음은 화학 오염만큼이나 치명적이다. 그럼에도 불구하고, 노래는 계속된다. 우리가 그 뜻을 다 알 수는 없지만, 하나는 분명하다. 노래는 노래로 불리기 위해 존재한다. 끊이지 않고, 계속해서.

오르페우스는 그리스신화 속 위대한 시인이었다. 그의 노래는 자연 전체를 매혹시킬 만큼 강력했다. 사랑하는 에우리디케를 저승에서 데려오는 데 실패한 뒤에도, 슬픔의 폭풍 한가운데서 그는 끊임없이 창조 세계를 향한 노래를 불렀다.

오르페우스의 음악은 끝내 키코네스 여인들의 분노를 샀다. 그들은 먼저, 시인의 노래에 홀린 새들과 야생동물들을 갈기갈기 찢었다. 그리고 마침내 시인의 육신을 향해 손을 뻗었다. 피로 얼룩진 손으로 그의 몸을 찢었지만, 그것으로도 노래를 멈추게 하진 못했다. 그 모든 공격 속에서도, 노래는 멈추지 않았다. 마거릿 애트우드Margaret Atwood는 이렇게 말했다.

노래한다는 건 곧 찬미이거나,
혹은 저항이다.
그리고 찬미란, 곧 저항이다.

Strange
Minds

5

지성은
어디에나
있다

기묘한 지성들

〈족제비처럼 살아가기Living Like Weasels〉라는 에세이에서, 애니 딜러드Annie Dillard는 버지니아에 있는 집 근처에서 족제비 한 마리를 마주친 뜻밖의 순간을 회고한다. 그녀는 분석적 사고가 지배하는 삶, 자기의식이라는 굴레에서 벗어나고 싶은 충동에 사로잡혀 있었다. 생각이 앞서지 않는 상태mindlessness, 곧 자기의식이 비켜난 상태를 한 번쯤은 배워보고 싶었다. 그런데 바로 그 순간, 그것이 예고도 없이 눈앞에 나타난다. 족제비였다. "족제비!" 아드레날린이 솟구치듯 갑작스럽게 나타난 그것은, 온몸이 근육으로 이루어진 듯 날렵했고, 생각보다 본능이 먼저 움직이는 존재였다. 둘은 잠시 눈을 맞추고 서로를 응시한다. 그리고 그 찰나에 벼락처럼 뇌를 때리는 어떤 강렬한 감각이 스쳐 지나간다. 그 강렬한 연결은 시작만큼이나 불현듯 끊어지고, 족제비는 순식간에 사라진다.

나는 그 족제비의 머릿속에 들어갔고,
녀석도 내 안으로 들어왔다.

그녀는 그렇게 말했다. 하지만 그녀가 들여다본 그곳은 아무런 의미도 감정도 담기지 않은, 그저 공허한 공간일 뿐이었다. 남은 건 흩날린 깃털과 피범벅이 된 작은 생쥐 한 마리의 잔해뿐이었다. "족제비는 야생 그 자체다." 딜러드는 그렇게 짐작했다. "저 녀석이 무슨 생각을 하는지, 누가 알겠는가?" 각 동물의 인지 체계는 자물쇠가 달린 상자와 같아서, 그 안에 무엇이 들어 있는지 우리는 그저 짐작만 갈 뿐이다. 딜러드에게 족제비는 자기의식 따위는 내려놓고 '오직 본능만을 따라 사는 삶'의 화신처럼 보였다. 그녀가 보기에 족제비의 삶을 관통하는 핵심어는 '필연'이었다. 반면 자신의 삶은 '선택'이라는 단어와 더 가까웠다.

영장류학자 프란스 드 발Frans de Waal에 따르면, 어떤 종이든 우리가 '지성mind'이라고 부르는 것은 본능과 선택이 얽혀 만들어지는 인지적 상태에 더 가깝다. '생물학적 필연성'과 '학습과 인지가 빚어낸 선택'이 서로 얽히면서 만들어지는 것이다. 그리고 이 모든 과정은 한 생명체가 세계와 맺는 관계와 그 세계를 인식하는 고유한 방식에 깊이 닿아 있다. 결국 동물의 인지구조는 대부분 필연과 선택이라는 두 뿌리에서 자라나고, 이 단순한 조합이 만들어내는 지능의 스펙트럼은 놀라울 만큼 다채롭다. 예컨대, 나무 꼭대기에서 가지들이 얽혀 미로처럼 펼쳐진 복잡한 공간을 누비며 살아가는 동물들의 지능과 수백만 마리가 거대한 군집을 이루어 살아가는 생명체들의 지능처럼 말이다.

우리가 눈을 돌리는 곳마다, 자연은 어떤 방식으로든 사고하고 있다. 생물물리학자 자가디시 찬드라 보스Jagdish Chandra Bose는 이미 1900년에 식물이 환경을 감지하고 그에 따라 행동을 조절할 수 있다고 주장했다. 1992년에는 손상된 식물이 전기 신호를 이용해 주변 식물에게 위험을 알린다는 사실이 과학자들에 의해 밝혀졌다. 식물신경생물학이라는 분야에서는 식물의 뿌리 시스템이 마치 뇌처럼 작동한다고 보고 있으며, 이는 1880년 찰스 다윈이 처음 제안했던 '뿌리 뇌' 개념을 되살리는 것이기도 하다. 식물 뿌리의 끝에 자리한 '전이 구역'이라는 곳은 전기 활동으로 바쁘게 움직이며, 동물의 뇌에서 신경전달물질이 작동하는 방식과 유사한 기능을 수행하는 것으로 알려져 있다.

최근 몇 년 사이, 인간이 아닌 존재의 인지 방식을 연구하는 분야에서 놀라운 사실이 드러나고 있다. 지성은 우리가 생각했던 것보다 훨씬 더 다양하며, 상상보다 훨씬 널리 퍼져 있다. 심지어 점균류조차도 놀라운 문제 해결 능력을 지니고 있다. 2010년에 발표된 한 실험에서, 황색망사점균*Physarum polycephalum*이라는 노란색 점균류는 도쿄 지하철 노선도를 그대로 재현해냈다. 도쿄 인근 지도를 바탕으로 주변 도시들을 따라 귀리 조각(먹이)을 배치해놓자, 이 점균류 생물은 먹이까지 이르는 가장 효율적인 경로를 단 몇 시간 만에 그려냈다. 뇌는커녕 중심 신경계조차 없는, 단 하나의 세포로 구성된 생물이 놀랍게도 효율적인 연결망을 스스로 구성해낸 것이다. 이처럼 비인간 존재의 지성은 종종 인간의 지성과 매우 닮았다.

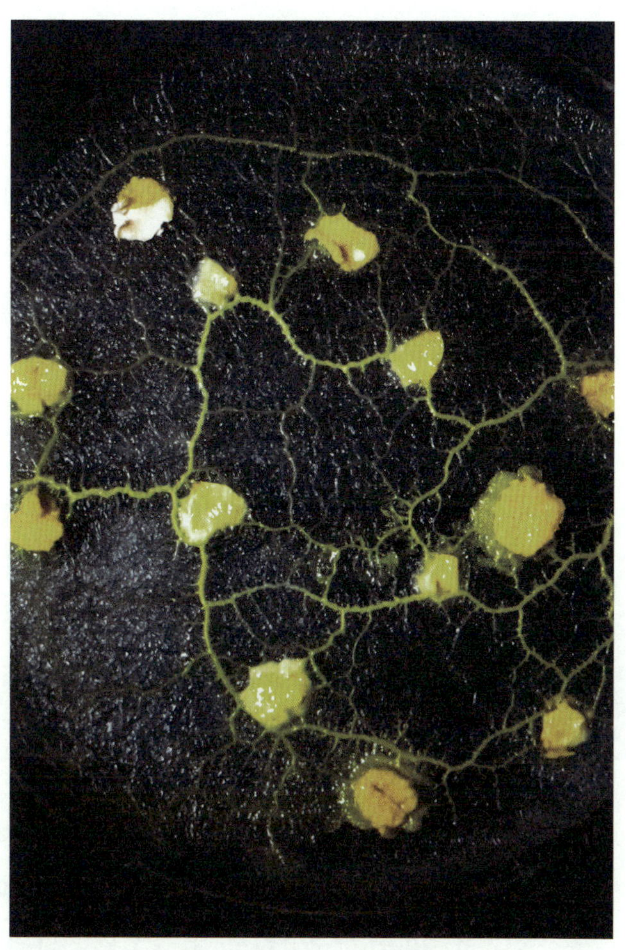

몸을 자유자재로 늘려 시간당 최대 4cm까지 이동하는 황색망사점균

예컨대, 발리의 긴꼬리원숭이는 단순히 '거래'라는 개념을 이해하는 데 그치지 않고, 물건의 가치 차이까지도 학습했다. 관광객에게서 훔친 물건을 먹이와 교환할 수 있는데, 슬리퍼보다는 카메라 같은 전자기기를 훔쳤을 때 더 좋은 먹이를 받을 수 있다는 사실을 알고 있었다. 한편 도구를 사용하는 동물도 많다. 오랑우탄은 가시가 있는 과일을 딸 때, 손을 보호하려고 나뭇잎으로 장갑을 만들어 쓰는 모습이 관찰되었다. 까마귀는 도구를 잘 쓰는 것으로 유명하지만, 그중 일부는 물리법칙을 관찰하고 조작하는 능력까지 지녔다. 뉴칼레도니아까마귀New Caledonian crow는 바람에 흔들리는 물체를 보고 무게를 가늠할 수 있고, 떼까마귀는 컵 속의 간식을 꺼내기 위해 돌을 던져 물을 차오르게 만들 줄 안다.

올빼미와 말벌은 서식지의 구조를 머릿속에 그려서 기억할 줄 알고, 물총고기와 제브라피시, 도롱뇽은 숫자를 셀 수 있으며, 시클리드와 매가오리는 1을 더하거나 빼는 간단한 연산도 할 수 있다. 벌은 '0'이라는 개념을 이해한다. 이 개념은 인간이 기원전 3세기에야 겨우 발견한 것이며, 인간도 대개 여섯 살 무렵에야 간신히 익히는 개념이다. 돼지는 간단한 비디오 게임을 조작하는 법을 익혔고, 쥐는 숨바꼭질 놀이를 할 줄 안다.

세상은 기묘한 지성들로 가득하다. 그런데 안타깝게도, 우리가 이 모든 존재를 이제 막 이해하기 시작했을 무렵에는 이미 상당수가 우리 인간에 의해 변형되고 있었다. 동물이 인간 중심 세상에 적응할 때 가장 먼저 나타내는 반응은 행동의 변화다.

하지만 그 변화는 단지 외부로 드러난 신호일 뿐, 그 이면에는 지각과 인지의 구조 자체가 달라진 새로운 체계가 작동하고 있다. 동물의 행동이란 결국 그 내면에서 일어나는 정신 작용이 표면 위로 드러난 것일 뿐이다. 이동성 조류의 경우, 전자기 소음 때문에 내비게이션처럼 작동하는 내장 나침반이 교란되고 있다. 소리 자극에 민감한 소라게는 선박 소음에 주의가 분산돼 공중 포식자의 그림자에 반응하는 속도가 늦어진다. 물가에 알을 낳는 수서 곤충들은 반짝이는 인공 표면에 혼란을 느껴, 아스팔트나 자동차, 묘비처럼 물을 닮은 반사면 위에까지 알을 낳기도 한다. 보석처럼 반짝이는 수컷 비단벌레는 암컷 대신 버려진 맥주병과 짝짓기를 시도하기도 한다.

해양 산성화는 또 어떠한가. 일부 해양 생물의 뇌에서 일어나는 신경전달물질 작용을 바꿔놓는다. 그 결과, '포식자를 피하는 법'처럼 행동을 판단하는 데 쓰이는 감각적 단서들이 왜곡되기도 한다. 예컨대, 이산화탄소 농도가 높은 환경에서 자란 자리돔 치어는 원래 피해야 할 포식자인 도티백의 냄새에 도리어 끌리는 반응을 보였다. 또한, 어린 자리돔은 어떤 물고기를 피해야 하는지를 학습하는 연상 학습 능력을 잃고, 어린 곱사연어는 고향 강을 구별하는 귀소 능력을 상실했다. 이산화탄소 농도가 높은 환경에 단 사흘만 노출되어도 상어는 혈액 냄새에 반응하는 능력이 눈에 띄게 둔해진다. 이산화탄소는 어린 흰동가리가 소리를 단서로 방향을 잡는 능력도 바꿔놓는다. 이 물고기들은 대개 포식자가 활동하지 않는 밤에 산호초 소리에 이끌리고, 위험이 도사리는 낮에는 산호초 소리를 피하는 경향이 있다. 하지만 이산화탄소 농도가 높아지면 이 단서들이 뒤바뀐다. 야행성인 흰동가리는 인식 체계가 뒤엉켜, 밤과 낮의 구분마저 거꾸로 뒤집힌다.

동물의 지성은 적절한 판단을 내리는 능력을 점점 빼앗기고 있다. 이쯤 되면, 그들 또한 우리를 닮아가고 있다고 말해도 이상할 게 없다. 우리 삶의 방식이 어떤 참혹한 결과를 초래할지 이미 알고 있으면서도, 우리는 여전히 태우고, 파괴하고, 망가뜨리는 일을 멈추지 않는다. 밤과 낮을 구분하지 못한 채 오히려 위험한 소리에 이끌리는 흰동가리처럼, 우리는 가장 비극적인 선택을 향해 망설임 없이 달려가고 있다. '지성'의 경계를 확장시키는 이 기묘한 존재의 사고방식은, 어쩌면 우리가 잃어버린 감각을 되찾는 데 작은 실마리를 줄지도 모른다.

▬ 뇌가 없어도 자연은 생각한다

우리는 흔히 지성을 단일한 체계로 여긴다. 지성을 지닌 것 같은 생명체를 마주할 때, 우리는 직관적으로 그 지성이 하나로 통합되어 있다고 느낀다. 하지만 실제로는 우리가 짐작하는 것보다 훨씬 낯설고, 단일하지 않고 다층적인 작용이다.

1998년 발표된 〈확장된 지성 The Extended Mind〉이라는 논문에서, 철학자 앤디 클라크 Andy Clark 와 데이비드 차머스 David Chalmers

는 사고thinking가 머릿속에만 머무는 게 아니라고 주장한다. 우리는 다양한 인지 활동을 주변 세계에 자연스럽게 분산시키며 살아간다. 그들은 이 개념을 설명하기 위해 잉가와 오토라는 인물을 등장시킨다. 잉가는 뉴욕 현대미술관 전시를 보러 가기로 마음먹고, 머릿속 기억을 더듬어 미술관이 53번가에 있다는 정보를 떠올린 뒤 맨해튼을 향해 길을 찾는다. 반면 알츠하이머를 앓는 오토는 그 정보를 머릿속에 간직할 수 없어서, 미술관 위치를 메모해 둔 수첩을 꺼내 참고하며 길을 찾아간다.

클라크와 차머스는 오토의 수첩을 '외부화된 기억'이라고 부른다. 우리는 일상적으로 생각을 정리하면서 정보를 목록, 일기, 지도, 도로 표지판, 요리법 등에 옮기며, 생각의 일부를 머릿속이 아닌 바깥에서 처리한다. 그렇게 사고의 내부와 외부 사이, 그 구분은 점점 모호해진다. 그리고 마이크로칩과 초고속 컴퓨팅, 인공지능의 발전은 이러한 지성의 확장을 우리가 상상하지 못했던 수준까지 확대하고 있다. 요즘이라면 오토는 아마도 수첩 대신 스마트폰을 사용할 것이다. 그에게 스마트폰은 엄청난 연산 능력을 지닌 '외장 두뇌'에 가깝다.

기술은 인간의 사고 범위를 눈에 띄게 넓혔지만, '확장된 지성'은 인간만의 현상이 아니다. 진흙말벌mud wasp은 둥지 짓는 법을 자기 머릿속이 아닌 둥지 자체에 옮겨놓는다. 진흙말벌의 둥지는 지하 깊숙한 방과 그 위로 몇 센티미터 솟아올라 굽이치는 긴 터널로 이루어진 복잡한 구조다. 터널 끝은 아래를 향한 종 모양의 입구로 마무리된다. 진흙말벌들은 전체 둥지의 형상을 그려둔 머릿속 내부 설계도를 따르기보다는 둥지를 '실시간 안내서'처럼 활용한다. 터널이 일정 높이에 이르면, 이 말벌들은 아래쪽으로 짓기 시작한다. 그리고 터널 아래에 진흙을 더해 높이가 낮아지면, 다시 위쪽으로 둥지를 잇기 시작한다.

그런가 하면, 어떤 곤충들은 화학 신호를 남겨 이미 탐색한 구역에 대한 기억을 외부 환경에 기록한다. 심지어 점균류조차 글라이코프로테인glycoprotein이라는 당과 단백질이 결합된 화합물을 분비해 자신이 지나간 경로를 기록하면서, 미로를 더 효과적으로 빠져나간다. 그 모습은 테세우스가 미노타우로스의 미궁에서 빠져나올 때, 아리아드네가 건네준 붉은 실타래를 더듬어 길을 찾던 장면을 연상시킨다.

어떤 생물들은 지성을 외부 환경에 분산시킨 덕분에 사고 능력이 더 정교해지기도 한다. 큰 뇌는 많은 에너지를 소모하기 마련이다. 거미는 거미줄이라는 외부 장치에 인지기능의 일부를 맡김으로써, 작고 단순한 뇌로도 복잡한 인지 작업을 해낸다. 거미줄은 감각의 범위를 넓혀주는 도구다. 거미는 줄의 특정 지점을 살짝 당기며, 자신이 집중해야 할 영역을 섬세하게 조율한다. 한 실험에서는 거미줄의 방사형 실을 인위적으로 팽팽하게 만들자, 거미가 실제로는 먹잇감이 거의 없는 구역에 집중하는 현상이 관찰되었다. 거미는 이미 쳐진 줄을 따라가며 그다음 줄을 어디에 잇고 어떻게 펼칠지 결정했다. 이렇듯 어떤 의미에서는 거미줄의 구조가 거미의 행동과 판단을 결정한다고 볼 수 있다.

진흙말벌처럼, 거미도 전체 설계도를 미리 그려두기보다는 '이 조건이면, 이 행동'이라는 단순한 규칙들의 흐름을 따라가며 거미줄을 친다. 거미는 적어도 1억 년 전부터 거미줄을 만들어 왔고, 거미줄이 화석으로 남기 어렵다는 점을 고려하면 그 역사는 훨씬 더 길지도 모른다. 오브 위버orb weaver는 강도와 유연성이 서로 다른 일곱 종류의 실을 사용해 거미줄을 만든다. 그중 가장 질긴 실인 MAmajor ampullate 실은 박쥐나 작은 새와 충돌해도 끄떡없을 만큼 튼튼하다. 그런데 그렇게 오랜 시간에 걸쳐 정교해진 능력을 우리가 불과 한 세기 만에 무너뜨릴지도 모른다. 기후 변화로 높아진 온도와 습도는 MA 실을 더 뻣뻣하게 만들고 잘 끊어지게 한다. 뻣뻣한 실은 진동을 제대로 전달하지 못해, 먹잇감이 닿은 위치를 거미가 제대로 감지하지 못하게 한다. 한 연구에 따르면, 2090년 여름이면 시드니에서 거미줄을 치는 오브 위버는 이러한 거미줄 변화로 인해 '심각한 인지 장애'를 겪게 될 것이라고 한다. 수천만 년 동안 거미는 거미줄을 통해 지성을 바깥으로 확장해왔다. 하지만 머지않아 그 연결은 끊길지도 모른다. 마치 거미의 지성이 둘로 쪼개지는 것처럼.

지성은 바깥으로만 흐르지 않는다. 그 흐름은 몸속 깊숙한 곳까지 스며든다. 모든 척추동물은 운동학습과 관련된 인지기능 일부를 척수에 분산시켜 활용한다. 척추동물의 장내 미생물 군집은 사고에 영향을 줄 만큼 강력하다. 그래서 과학자들은 이 '장-뇌 축'을 하나의 독립된 인지 체계, 제2의 뇌처럼 보기도 한다. 문어의 지성은 몸 전체에 퍼져 있다. 문어는 약 5억 개의 뉴런을 갖고 있으며, 그중 약 3분의 2는 팔에 분포한다. 더 놀라운 건, 하나의 문어 안에서 동시에 몇 개의 지성이 작동하고 있는지조차 불분명하다는 점이다. 일부 연구에 따르면, 문어는 자신의 팔이 어디에 있는지 늘 인식하고 있는 것은 아니라고 한다. 팔 하나하나가 마치 자기 생각을 지닌 듯, 스스로 판단하고 움직이기 때문이다.

발생생물학 및 합성생물학 전문가인 마이클 레빈Michael Levin에 따르면, '생각'은 개별 세포 수준에서도 존재한다. 생물학에서는 가장 단순한 세포부터 가장 복잡한 사회에 이르기까지, 어디에서나 선택이 이루어진다. 모든 유기체는 독립적인 사고들이 얽힌 거대한 네트워크다. 비영리 디지털 매체 〈이온Aeon〉에 기고한 글에서 레빈은 이렇게 말했다.

지능적인 의사결정에 꼭 뇌가 필요한 것은 아니다.

나는 보스턴에 있는 레빈의 연구실로 영상 통화를 걸어, 뇌 없이도 어떻게 생각이 가능한지 물었다. 그러자 그는 이렇게 답했다. "뇌는 뉴런으로 구성되어 있지만, 뉴런은 사실 당신 몸속의 모든 세포가 하고 있는 일 그 이상을 하진 않아요." 세포도 문제를 해결하고, 기억을 만들고, 선호를 드러낸다. 레빈에 따르면, 수준의 차이는 있지만, 생명이 있는 곳에는 언제나 어떤 형태로든 인지가 존재한다. 지성의 기원은 생체 전기에 있다. 생체 전기는 살아 있는 모든 세포를 움직이는 기본 전하charge다. "생물학에는 정말 놀라운 구조가 있어요. 바로 '간극연접gap junction'이라는 구조입니다." 레빈은 이렇게 설명했다.

"이건 작은 전기 시냅스처럼 작동해서, 한 세포의 내부 환경이 곧바로 이웃 세포로 전달될 수 있도록 해주죠. 상상해보세요. 두 개의 세포가 간극연접으로 연결돼 있다고 합시다. 첫 번째 세포가 어떤 신호에 반응하면, 칼슘 유입 같은 물리적 반응을 통해 방금 일어난 일에 대한 기억을 형성합니다. 그 신호는 즉시 이웃 세포로 전해지죠. 그런데 두 번째 세포는 이 기억이 자기 것이 아니라는 걸 구별하지 못합니다. 그 정보는 마치 두 지성이 순간적으로 이어지는 것처럼 전달되거든요. 두 세포가 하나의 감각을 공유하는 셈입니다."

장기와 몸은 이렇게 만들어진다. 감각을 가진 개체들이 함께 움직이며, 하나의 유기체로 조직되는 것이다. 세포막에 있는 이온 통로를 통해 전하가 흐르면, 그 신호는 연쇄 반응을 일으키며 세포를 발화시킨다. 마치 뇌세포처럼, 세포가 반응하고 기억하고 서로 조율할 수 있게 만드는 것이다. 레빈은 이렇게 덧붙였다. "감각 경험이 공유되면, 협력이 뒤따를 수밖에 없어요. 내가 당신에게 한 일은, 결국 나에게도 되돌아오니까요." 그리고 그는 이렇게 말했다. "기억을 공유하는 순간, '나'와 '우리'를 나눌 수 없게 됩니다."

마이클 레빈의 설명은 지성에 대한 기존의 관념을 근본적으로 뒤흔든다. 지성을 고등 생물의 특성으로 간주하던 진화 서사를 거꾸로 뒤집는 것이다. 실제로 지성은 가장 초기 단세포 조상들이 이룬 혁신이었다. 그의 설명은 '하나로 통합된 지성'이라는 개념을 산산조각 내고, 그 파편들로부터 '집단적 지성'을 재구성한다. 시인 애덤 디킨슨은 자기 몸에 축적된 독성 혼합물에 대해 이렇게 말했다. "나는 놀랍고도 소름 끼치는 군중이다." 설사 몸속에 독소가 없다고 해도, '나'는 하나일 수 없다. 중요한 회의에 늦어 걸음을 재촉하는 CEO든, 그녀가 밟고 지나가는 보도 틈의 잡초든, 각각의 '나'는 이미 수많은 것들의 집합이다.

모든 생명은 하나의 집단 지성이다. 정보뿐 아니라 감정을 공유할 때, 집단 지성은 더욱 유기적으로 작동한다. 세포 수준에서는 스트레스가 감정을 전달하는 통로 역할을 한다고 레빈은 말한다. "생물학적으로 스트레스는 기억처럼 분자를 통해 전달됩니다." 세포는 스트레스 분자를 이웃에게 흘려보내고, 이웃 세포는 그 스트레스가 자기 안에서 생겨난 건지, 밖에서 온 건지 구별하지 못한다. "그건 '간접 스트레스'가 맞지만, 자기 몸이 만드는 스트레스 분자랑 똑같아서 구분이 안 돼요. 스트레스는 '나의 문제'를 '우리의 문제'로 바꾸는 메커니즘이에요. 이제 어떻게 해야 할지, 모두가 함께 고민하게 되는 거죠."

그러나 더 큰 규모에서는 스트레스가 오히려 정반대로 작용한다. 끝없는 개발과 착취 속에서, 전체 생태계는 점점 해체되고 있다. 가장 큰 피해를 입은 이들의 증언과 활동가들의 노력, 산더미 같은 과학적 자료 그리고 우리가 직접 보고 들은 현실에도 불구하고, 기후 붕괴의 시대를 살아가는 이 스트레스는 아직 인류를 하나로 묶어내지 못하고 있다. 기후 변화를 부정하는 태도와 변화를 거부하는 기득권의 이해관계는 여전히 우리의 집단적 대응을 무력화시키고 있다.

작가 데이지 힐드야드Daisy Hildyard는 이렇게 썼다. "당신의 몸이 지구의 모든 것들과 얽혀 있다는 사실을 드러내는 언어가 있다." 그녀가 말하는 건 '두 개의 몸'으로 이루어진 언어다. 첫 번째 몸은 먹고 자고 일상을 살아내는 당신의 육체다. 시간과 공간의 제약을 받는 가장 개인적인 몸이다. 두 번째 몸은 훨씬 더 드넓게 퍼져 있다. 당신이 있는 곳과 전혀 다른 장소들에도 존재한다. 두 번째 몸은, 첫 번째 몸이 내린 선택들로 이루어진 몸이며, 그 결과들이 얽혀 형성된 방대한 그물망이기도 하다. 힐드야드는 이 두 번째 몸 또한 물리적 실체라고 말한다. 하지만 그 몸은 당신의 피부 너머로 미끄러져 나가 이산화탄소 분자나 미세플라스틱 조각 같은 형태로 퍼져 있다. 두 번째 몸은 우리가 반복적으로 내린 작은 선택들이 얼마나 먼 곳까지 닿아 있는지를 보여주는 물리적 증거다.

두 번째 몸에 대해 생각하다 보면, 마음이 금세 무거워진다. 벨기에 안트베르펜의 중금속 제련소 근처에 둥지를 튼 노랑배박새들은 납과 카드뮴 같은 금속에 노출된 뒤, 주변 환경에 대한 흥미를 잃었다. 영역을 지키려는 공격성은 여전했지만, 세상에 대한 호기심은 뚜렷이 줄어들었다. 우리도 종종 그 박새들처럼 세상과 멀어지곤 한다. 내 자리 하나 지키는 것만으로도 버거워, 세상에 대한 감각을 닫아버린다.

정신분석가 샐리 와인트로브Sally Weintrobe는 이렇게 썼다. "기후 현실의 가장 큰 문제는, 우리가 그것을 너무 버거워하거나 너무 무감각해진다는 데 있다." 나도 안다. 감정이 넘쳐흐를 때와 아무것도 느껴지지 않을 때를. 두 번째 몸이 첫 번째 몸을 들이받는 어떤 날은, 속에서 끓어오르는 불안이 온몸을 덮친다. 그런데 또 어떤 날은, 그 끔찍한 현실을 있는 그대로 받아들이려 애써도, 마치 깊은 바다 한가운데 떠 그 모든 물결을 몸으로 받아내려는 사람처럼, 감각은 무뎌지고 마음도 멀어진다. 기후 운동가 제시카 가이탄 요하네손Jessica Gaitán Johannesson은 《신경과 그 말단The Nerves and Their Endings》에서 이렇게 말한다. "기후 붕괴를 진정으로 마주한다는 건 그 사실을 단순한 지식으로 받아들이는 게 아니라, 몸에 새겨지는 감각으로 겪는다는 뜻이다."

기후 현실은 책처럼 집었다가 내려놓을 수 있는 정보가 아니다. 그것을 받아들이는 건, 피부에 문신을 새기듯 몸에 각인하는 일이다. 물론 문신은 내 몸의 경계를 또렷이 드러낸다. 하지만 기후 현실을 받아들인다는 건, 오히려 그 경계를 허무는 일이기도 하다. "당신의 몸은 피부에서 끝나지 않는다. 당신의 신경은 눈에 보이는 몸의 경계를 넘어서까지 뻗어 있는 듯 느껴진다. 마치 당신의 감각이 몸 밖 세계를 향해 확장되어 있는 것처럼." 요하네손은 또 이렇게 덧붙인다. "이것이 생태계의 일부로 살아간다는 뜻이다. 인간의 몸을 지닌 우리는 자연의 번영뿐 아니라 그 몰락까지도 함께 겪는 존재다."

마이클 레빈은 대화 도중 이렇게 물었다. "내가 끝나는 지점과 바깥세상이 시작되는 지점은 어디일까요?" 그 질문은 나를 멈춰 세웠다. 내가 어디에 머무르고, 어떻게 세상을 감각하며 살아가는지를 자문하게 했다. 두 번째 몸은 말해준다. '내가 끝나는 곳'이 곧 '세상이 시작되는 곳'은 아니라고. 그리고 위기의 시대를 살아가는 법을 가르쳐주는 건 결국 첫 번째 몸, 곧 내가 매일 거주하는 이 육체다. 내 몸의 세포들은 서로의 고통을 계산하거나 따지지 않는다. 한 세포는 이웃 세포의 스트레스를 마치 자기 일처럼 흡수해낸다. 그게 바로 살아 있다는 뜻이다.

— 외울 것인가, 이해할 것인가

우리는 단지 동물의 인지 체계에 영향을 미치는 데서 그치지 않는다. 그들의 꿈속에까지 개입한다. 신경계를 가진 거의 모든 생물은 잠을 잔다. 잠이 필요하다는 사실은 어쩌면 태곳적 생명의 흔적일지도 모른다. 예컨대, 복잡한 생명이 태어나기 훨씬 전부터 선캄브리아 바다를 수억 년간 헤엄쳐온 해파리는 일종의 수면 상태를 갖고 있었다. 신경계 하나만 달랑 지닌, 물로 된 주머니처럼 단순한 생물이지만 말이다. 포유류와 조류뿐 아니라 물고기, 도마뱀, 고래, 심지어 곤충, 벌레, 연체동물까지, 모든 동물 분류군에서 뇌의 활동이 강해졌다 약해졌다를 반복하는 '두 단계 수면' 형태가 관찰된다.

꿈은 뇌가 가장 활발히 움직일 때 시작되며(인간과 포유류에서는 이를 '렘수면'이라 부른다), 잠을 자는 것만이 아니라 꿈을 꾸는 경험조차도 동물계 전반에서 일어난다는 강력한 증거들이 존재한다. 동물이 꿈을 꾼다는 사실은 60년도 더 전에, 프랑스의 신경생리학자 미셸 주베Michel Jouvet에 의해 처음으로 확인되었다. 주베는 몸은 정지해 있지만 뇌는 활발히 작동하는 '역설수면', 즉 렘수면을 발견한 인물이기도 하다.

1959년, 그는 렘수면 중에 고양이들이 실제로 꿈을 꾸는지 알아보기 위해 한 가지 실험을 진행했다. 렘수면에는 '무긴장 상태', 즉 몸의 모든 근육이 일시적으로 움직이지 않게 되는 현상이 동반된다. (이런 기능이 없다면, 사람들은 꿈속에서 벌어지는 일을 실제로 행동으로 옮기며 살아가게 될 것이다.) 주베는 고양이의 뇌에서 배외측 부위를 절제했다. 무긴장 상태를 유도하지만, 뇌의 활발한 수면 상태에는 영향을 미치지 않으리라 판단한 부위였다. 실험 이후, 고양이들은 잠든 채로 어슬렁거리거나, 털을 핥으며 몸단장을 했다. 보이지 않는 먹잇감을 몰래 쫓고, 때때로 싸움을 벌이기도 했다. 또 어떤 고양이들은 등을 높이 세우고 귀를 뒤로 젖힌 채, 허공을 향해 쉭쉭 소리를 내며 으르렁거렸다. 모두 잠든 상태에서 벌어진 일이었다.

그 후로, 꿈의 흔적은 상상하지 못한 생물들 속에서도 발견되기 시작했다. 몸빛을 바꾸는 문어나 갑오징어는 마치 자신의 꿈을 피부 위에 그려내듯 자는 동안에도 색을 바꾼다. 꿀벌은 고도의 수면 상태에 접어들 때마다 더듬이가 주기적으로 꿈틀거리는 모습이 관찰된다. 2001년의 한 연구에서는 미로 훈련을 받은 쥐들이 낮에 지나간 길을 꿈속에서 그대로 따라가는 듯한 움직임을 보였다. 깨어 있을 때와 잠든 상태에서 기록된 신경 활동을 비교한 결과, 두 시기의 패턴이 거의 완벽히 일치했다.

쥐들은 깨어 있을 때 밟았던 길을 잠든 상태에서도 그대로 연습하고 있었던 것이다. 수면 중 학습을 되풀이하는 모습은 어린 얼룩핀치에게서도 관찰된다. 그들 역시 어른 새에게 배운 복잡한 노래를 잠든 채 조용히 따라 부르는 듯했다. 잠든 상태의 신경 활동은 깨어 있을 때와 너무나 흡사했다. 덕분에 과학자들은 신경 신호를 통해 그 새가 꿈속에서 부르는 노래를 한 음 한 음 정확히 추적할 수 있었다. 동물이 무슨 꿈을 꾸는지 확실히 알 수는 없다. 하지만 상식적으로 생각해보면, 각자 자신의 세계를 꿈꾼다고 여기는 것이 자연스럽지 않은가.

주베의 고양이들은 외부 세계와 단절된 채 오롯이 자기 감각에 몰두한 꿈을 꾸었고, 새들은 꿈속에서 영역을 표시하고 짝을 부르듯 노래했다. 하지만 이제는 그 꿈속 풍경에까지 인간이 점점 더 깊숙이 침입하고 있다. 1995년, 센트럴워싱턴대학교의 언어 연구 프로그램에 참여하던 침팬지 5마리는 수면 중 낮에 배운 수화를 재현하는 듯한 손짓을 했다. 그들이 사용한 수화에는 '커피'처럼 야생 침팬지의 세계에는 존재하지 않는 단어들도 포함되어 있었다. 또한, 교통 소음으로 사회적 학습 능력이 떨어진 어린 얼룩핀치는 운동 학습이나 공간 기억, 충동 조절 같은 기초적인 인지기능이 눈에 띄게 저하되었다.

이 새들은 구조가 복잡하고 일정한 리듬 없이 이어지는 노래를 배우기 위해 탁월한 기억력에 의존한다. 기억력이 약해지면, 꿈속의 노래도 함께 흐트러지는 셈이다. 눈동자를 움직이고, 다리를 움찔거리며 말아 올리는 등 렘수면과 유사한 행동이 거미에게서도 관찰된 바 있다. 물론 이들이 정말로 꿈을 꾸는지는 아직 확실하지 않다. 만약 거미도 꿈을 꾼다면, 그 꿈속에도 불안이 스며들고 있지는 않을까. 미국과 멕시코 해안에는 강력한 열대성 폭풍이 점점 더 자주 찾아온다. 폭풍이 휩쓸고 지나간 뒤에는 그 거친 땅을 견디는 더 사나운 거미들만이 살아남는다. 그래서 우리는 묻게 된다. 거미들도 이제 코르티솔(스트레스 호르몬)에 물든 꿈을 꾸고 있는 걸까?

몇몇 극단적인 사례에서는 잠든 동물의 꿈속을 어둡게 물들이는 존재, 그게 바로 우리 인간이다. 한 실험에서는 과학자들이 쥐에게 '고문'이라 부를 수밖에 없는 방식으로 자극을 가했다. 쥐들을 두 그룹으로 나누어 한 그룹은 발에 전기 충격을 가해 신체적 고문을 겪게 하였고, 다른 그룹은 그 고통을 강제로 지켜보게 하는 심리적 고문을 행했다. 놀랄 일도 아니지만, 두 그룹 모두 트라우마로 인한 악몽에 시달렸고, 끔찍한 기억이 불쑥 들이닥치기라도 한 듯 잠결에 놀라 벌떡 깨는 행동을 반복했다.

사람들은 꿈이 왜 존재하는지를 두고 오랜 시간 논쟁을 벌였다. 프로이트는 꿈의 목적이 '소원 성취'에 있다고 보았다. 깨어 있을 때의 삶을 그대로 되풀이하는 듯한 동물들의 꿈을 떠올리면, 꽤 그럴듯한 해석처럼 들린다. 고양이는 그냥 고양이로 살아가는 것으로 충분하지 않을까? 그 삶 자체가 어쩌면 가장 순전한 소원 아닐까? 마찬가지로 얼룩핀치에게는 노래하는 게 최고의 소원일 것이다. 작가 애니 딜러드는 이렇게 말했다. "족제비가 족제비답게 사는 것처럼, 나 역시 마땅히 살아야 하는 방식대로 살고 싶다."

그러나 최근에는 꿈의 역할을 다르게 해석하는 이론이 등장했다. 현실의 문제를 더 잘 풀기 위해 상상 속에서 답을 미리 시험해보는 장치가 꿈이라는 이론이다. 신경과학자 에릭 호엘Erik Hoel은 꿈이란 뇌가 특정한 사고방식에 갇히지 않게 하려고 진화한 것이라고 주장한다. 그가 주장하는 '과적합 뇌 가설'에 따르면, 우리가 매일 마주하는 문제들은 대개 유형이 비슷하다. 먼 조상들의 경우는 더 그랬을 것이다. 그들의 하루는 언제나 비슷한 환경 속에서 몇 가지 시급한 필요를 해결하는 데 맞춰져 흘러갔으니까. 그처럼 반복되는 문제에만 몰두하다 보면 뇌는 점점 한정된 문제 해결 방식에만 능숙해지고, 새로운 상황에 유연하게 대응하지 못한다. 뇌가 '과적합' 상태에 빠지는 것이다.

꿈의 형태로 낯선 상황을 추가하는 것이 바로 뇌가 찾은 해법이다. 호엘은 이것을 '노이즈 주입noise injection'이라 부른다. 꿈의 세계는 예기치 못한 상황에 대처하는 훈련장과도 같다. 이상하고 기이한 풍경 속을 여행하다 종종 장애물에 가로막히는 꿈을 통해 우리는 매번 예기치 못한 상황과 맞닥뜨리는 법을 배운다.

하지만 꿈이 낯선 이유는 거대하고 기묘한 설정 때문이 아니라 익숙한 장면 속에 스며든 작은 이상함 때문이다. 익숙한 집인데, 어딘가 미세하게 뒤틀린 장치 하나가 전체를 낯설게 만든다. 꿈은 현실보다 더 선명하고 낯선 감각 속으로 우리를 밀어 넣어, 일상에 무뎌진 감각을 다시 흔들어 깨운다. 크리스토퍼 놀런Christopher Nolan 감독의 영화 〈인셉션Inception〉에서 레오나르도 디카프리오Leonardo DiCaprio는 이렇게 말한다. "꿈속에 있을 때는 그게 진짜처럼 느껴지지. 깨고 나서야, 뭔가 이상했다는 걸 알아차려." 호엘에 따르면, 그 '이상함'이 바로 핵심이다. 꿈은 우리에게 깨어 있을 때는 절대 마주치지 않을 낯선 경험을 던져준다. 그리고 그 낯섦을 감당해내는 능력이 곧 새로운 상황에 대응하는 힘이 된다.

동물의 꿈에서도 비슷한 일이 일어나는지도 모른다. 2015년에 진행된 또 다른 쥐 실험에서는 꿈속에서 경험을 되짚는 과정이 미완의 과제를 완수하는 데 도움을 주는 것으로 나타났다. 실험에서 쥐들은 T자형 미로에 투입되었다. 작은 통로 한쪽 끝에는 투명한 칸막이 너머에 먹이가 놓여 있었다. 쥐들은 냄새를 맡고, 그 너머에 먹이가 있다는 걸 알아챘다. 하지만 막혀 있는 구조 때문에 접근할 수는 없었다. 연구진은 쥐가 자는 동안 신경 활동을 기록했다. 그리고 쥐가 잠에서 깬 뒤, 다시 미로에 들여보냈다. 이번에는 먹이도, 칸막이도 모두 치워져 있었다. 그런데 놀랍게도 쥐들은 냄새도 나지 않는 그곳으로 곧장 향했다.

그리고 그때의 뇌 활동은 수면 중 나타났던 해마 세포의 발화 패턴과 정확히 일치했다. 쥐는 가보지 못한 그 길을 꿈속에서 먼저 걸어본 듯이 행동했다.

호엘은 '과적합 뇌 가설'이 인간뿐 아니라 인공지능에도 적용될 수 있다고 말한다. 딥러닝 신경망은 우리 뇌의 연결 방식을 본떠 설계된 다층 구조의 기계 학습 프로그램이다. 그리고 이들도 학습 과정에서 인간이 겪는 비슷한 문제에 부딪힌다. 데이터 세트를 바탕으로 학습한 네트워크들은, 기억하는 능력과 일반화하는 능력 사이 균형을 잡으며 대응해야 한다. 특정 데이터에 지나치게 몰입할수록, 세상을 오직 그 데이터의 틀로만 받아들이게 되는 '과적합'의 위험이 커진다.

이는 인공지능이 세상을 이해하고, 그 너머를 상상할 수 있는 존재인지에 대한 근본적인 질문과 맞닿아 있다. 동물과 달리, 인공지능의 꿈은 우리가 직접 들여다볼 수 있다. 2015년, 구글의 엔지니어들은 AI가 세상을 어떻게 시각적으로 구성하는지 관찰하기 위해 '딥드림DeepDream'이라는 딥러닝 신경망DNN을 설계했다. 딥러닝 신경망은 여러 층으로 쌓인 인공 뉴런의 집합이다. 이 신경망은 어떤 이미지를 분석하라는 요청을 받으면, 각 층이 자신이 감지한 정보를 다음 층으로 전달하면서 마지막 '출력' 층에 도달하고, 그 결과로 그것이 무엇인지 판별해낸다. 이 과정을 통해 인공지능은 핵심 정보와 주변 노이즈를 구별하는 법을 배우게 된다. 이런 방식으로 AI는 포크나 개, 풍선 같은 현실 세계의 사물들을 구분하고 인식할 수 있게 되는 것이다.

구글의 엔지니어들은 흥미로운 사실을 발견했다. 이 과정을 거꾸로 적용하면, 신경망은 단순히 사물을 인식하는 데서 그치지 않고, 존재하지 않는 것까지 '발명'할 수 있었다. 화면 전체에 시각적 노이즈만 가득한 이미지를 보여주고 "여기서 나무를 찾아봐"라고 요청하면, 신경망의 첫 번째 층은 그 무작위 정보 속에서 '나무'처럼 보이는 가지나 잎사귀의 흔적을 포착한다. 그다음 층은 그 정보에 상상을 가미하고, 그다음은 그 위를 덧칠하며, 이미지는 점점 예상할 수 없는 형태로 뻗어간다.

처음에는 나무였던 것이 말의 특징을 띠기 시작하고, 혹은 말이 나무를 닮아가며 층마다 더 '나무 같은', 더 '말 같은' 이미지가 추가된다. 그리하여 결국에는 익숙한 듯 보이지만 전혀 다른, 기이한 이미지가 완성된다. 딥드림이 만들어낸 '꿈'은 현실의 사물을 왜곡한 초현실적 변주곡 같았다. "지평선에는 탑과 파고다가 자주 떠오르고, 바위나 나무는 건물로 바뀌며, 나뭇잎 이미지 속에는 새와 곤충이 모습을 드러낸다." 구글 엔지니어들은 이렇게 기록했다. 그들은 인공지능이 이렇게 꿈꾸는 방식을 '인셉셔니즘Inceptionism'이라고 불렀다.

딥드림이 학습한 데이터는 이미지넷ImageNet이라는 데이터베이스에서 가져왔다. 이미지넷은 2007년, '세상의 모든 사물을 지도화하겠다'는 목표로 만들어졌고, 이후 연구진은 2만 개 이상의 범주를 정해 1천 4백만 장이 넘는 이미지 각각에 라벨을 달았다. 딥드림에 사용된 데이터세트에는 100종이 넘는 개들의 이미지가 포함되어 있었다. 즉, 딥드림은 세상을 '개의 형상'으로 인식하도록 과적합된 셈이다. 딥드림은 머릿속에 개가 가득 찬 인공지능이 되었다. 하지만 그 개들은 우리가 길에서 마주치는 평범한 개가 아니었다. 딥드림의 꿈속을 가득 메운 건 뒤틀리고 몽환적인 혼종들이었다. 위키피디아의 딥드림 항목에 들어가면 〈모나리자Mona Lisa〉 이미지가 나오는데, 거기에는 치와와나 파피용처럼 생긴 개 얼굴이 배경 곳곳에 떠 있고, 공작새의 깃털처럼 넓게 퍼진 배경에는 개의 눈동자가 수없이 박혀 있다.

우리 눈에는 기이하게 보이지만, 딥드림이 만든 이미지들은 사실 세상을 이해하려는 노력에 가깝다. 무작위로 쏟아지는 노이즈 속에서 의미 있는 형상을 찾아 현실의 닻으로 삼으려는 몸짓인 것이다. 존 버거John Berger에 따르면, 우리의 먼 조상들 또한 같은 이유로 동물의 형상을 그리기 시작했다. 그는《동물을 왜 바라보는가Why Look at Animals?》에서 동물은 인간의 상상 속에 가장 먼저 등장한 존재였고, "메신저이자 징표"였다고 주장했다. 즉, 꿈속에서만 가능했던 어떤 상상력과 감각이 현실로 스며들 수 있게 해준 통로였다는 뜻이다.

2019년, 고고학자들은 인도네시아 술라웨시섬의 외딴 동굴에서 서사가 담긴 현존하는 가장 오래된 그림일지도 모를 벽화를 발견했다. 약 4만 4천 년 전, 선명한 적갈색 안료로 그린 이 벽화에는 밧줄과 창을 든 여섯 형상이 거대한 동물을 포위하고 있는 장면이 묘사되어 있다. 그 형상들은 인간처럼 보이지만, 어딘가 다르다. 모두 뚜렷한 부리를 달고 있으며, 그중 하나는 꼬리까지 달려 있다. 이 장면은 단순한 사냥의 기록이 아니다. 그것은 인간이 처음으로 만들어낸 이야기일 수 있다. 현실과 상상이 맞닿은, 가장 오래된 신화의 흔적인 것이다. 그 속에서 인간과 동물은 서로를 닮아가고, 경계는 차츰 흐려진다. 마치 깨어 있는 상태로 꾸는 꿈처럼 말이다.

동물이 우리 조상들의 이야기 속에 들어오면서, 혼란스럽던 현실은 '서사'라는 틀로 엮이기 시작했다. 동물이 단순한 고깃덩어리가 아니라 마법적 존재가 되자, 인간은 그들을 통해 혼란스러운 세상에 의미를 부여하고 자신만의 질서를 세워갈 수 있었다. 그리고 수천 년이 지난 지금, 동물은 AI에게도 똑같은 일을 가르친 것처럼 보인다. AI는 불가능한 세계를 우리 눈앞에 펼쳐 보일 수 있다. 때로는 AI가 재현하는 세계가 지나칠 정도로 현실을 닮아서 불편한 결과를 낳기도 한다.

컴퓨터과학자 조이 부올람위니Joy Buolamwini는 AI 기반 얼굴 인식 프로그램에 담긴 인종차별적 편향을 '코드화된 시선'이라 명명했다. 이런 프로그램은 어두운 피부를 가진 여성을 세 번 중 한 번 꼴로 제대로 인식하지 못했다. 그 대상에는 세리나 윌리엄스Serena Williams, 미셸 오바마Michelle Obama 같은 세계적으로 유명한 인물들도 포함되어 있었다. 부올람위니는 연구 과정에서 AI가 자신을 사람으로 인식하게 만들기 위해 직접 흰색 가면을 써야 했다.

이러한 AI 속 편향의 문제는 구조 깊숙이 박혀 있다. 2019년,

딥드림에게 '개의 형상으로 세상을 인식하도록' 가르쳤던 이미지넷은 자체 데이터세트에서 인종 및 성별 편향이 발견되었다는 지적을 받고 이미지 6만 장을 시스템에서 삭제하겠다고 발표했다. 예술가 트레버 패글렌Trevor Paglen과 AI 연구자 케이트 크로포드Kate Crawford는 이 문제를 드러내기 위해 이미지넷 룰렛ImageNet Roulette이라는 앱을 개발했다. 이 앱은 사용자가 자신의 사진을 올리면 이미지넷이 자동으로 얼굴을 분류한다. 결과는 충격적이었다. 백인 남성은 '의사' '과학자' '변호사' 같은 직업명으로 분류되지만, 여성은 '걸레'로, 어두운 피부를 지닌 사람들은 '범죄자' 혹은 인종 비하 표현으로 분류되었다. 2023년의 또 다른 연구는 데이터세트가 클수록 기존 사회의 편견을 오히려 더 강하게 반영할 위험이 크다는 사실을 보여주었다.

문제는 AI가 스스로 세상을 상상하게 하면, 편견이 오히려 더 심해진다는 데 있다. 생성형 AI인 스테이블 디퓨전Stable Diffusion은 2023년 연구에 사용된 것과 같은 레이온LAION이라는 데이터세트를 기반으로 작동한다. 이 AI에 '다양한 직업에 종사하는 사람들'의 이미지를 요청하자, 인종과 성별에 대한 편견이 현실보다 더 극단적으로 드러난 세계가 생성되었다. 스테이블 디퓨전의 인식 속에서 CEO는 거의 모두 백인 남성이고, 여성 중에는 공학자가 한 명도 없고, 유색인 여성은 거의 예외 없이 서비스직에서만 등장했다. AI 연구자 사샤 루치오니Sasha Luccioni는 언론사 〈블룸버그Bloomberg〉와의 인터뷰에서 이렇게 말했다.

본질적으로 우리는 하나의 세계관을
외부로 투사하고 있을 뿐입니다.

이 말이 더욱 의미심장하게 다가오는 이유는 생성형 AI가 우리의 미래에 결정적인 영향을 미칠 수도 있기 때문이다. 일부 전문가들은 향후 10년 안에 온라인 콘텐츠의 최대 90퍼센트가 AI에 의해 생성될 것이라고 내다본다. AI에 담긴 편향은 동물이라고 해서 예외가 아니다. 2019년, MIT 연구진은 '적대적 생성 신경망GAN'이라 불리는 생성형 AI를 이용해, 실제 동물 사진을 바탕으로 다양한 혼종 생물을 만들어냈다. 그 첫 번째 결과물은 골든레트리버와 금붕어를 섞은 듯한 '골든 푸파'였다.

이 괴상한 생물에 대해, '개니멀ganimal* 만나기' 프로젝트의 책임 연구원이던 지브 엡스타인Ziv Epstein은 이렇게 말했다. "우리는 이 생물에게 정말 순식간에 반해버렸어요. 도대체 이게 뭐죠? 정말 사랑스러워요." 골든 푸파는 먹물처럼 빛나는 검은 눈과 현실이라기에는 너무 선명한 붉은빛 털을 지니고 있었다. 앞발은 실오라기처럼 가늘어서 지느러미에 더 가까워 보였다. AI가 만들어낸 다른 개니멀들도 마찬가지로 기묘하고 현실을 비껴간 존재들이었다. 고릴라와 얼룩무늬 고양이를 섞은 조합은

* 2019년 MIT 미디어랩 연구진이 생성형 AI(적대적 생성 신경망, GAN)을 이용해 실제 동물 이미지들을 결합해 만들어낸 가상의 혼종 생물들. 생성형 AI가 학습 데이터의 편향과 미적 기준을 어떻게 재현·증폭하는지를 보여주는 사례로 소개되었다.

근육질의 여우원숭이처럼 보였고, 퍼그와 아르마딜로를 섞은 조합은 슈퍼마켓에서 파는 칠면조 고기를 머리에 쓴 퍼그처럼 우스꽝스러웠다.

이러한 섞임이 빚어낸 결과는 때로는 기괴했고, 때로는 뜻밖의 찬란함을 드러냈다. 어떤 개니멀들은 악몽에서 튀어나온 듯 검은 다리들이 뒤엉켜 있었다. 해파리와 벌을 섞은 조합에서는 분홍빛 물결이 꽃처럼 피어나 놀라울 만큼 아름다운 형상이 만들어졌다.

그러나 연구팀이 여러 조합을 시도하는 과정에서 반복적으로 나타난 문제가 있었다. 포악한 바닷물고기 바라쿠다가 조합에 포함되면, 어김없이 인간과 짐승이 뒤섞인 기형 생물이 만들어졌다. 몸을 감싸는 기형 지느러미와 뒤틀린 얼굴은 마치 인간을 흉내 내려다 실패한 흔적 같았다. 호르헤 루이스 보르헤스Jorge Luis Borges는 《상상 동물 이야기The Book of Imaginary Beings》에서 켄타우로스를 환상 동물 가운데 가장 균형 잡힌 존재로 표현했다. 하지만 이 혼종은 혼돈 그 자체에 가까웠다.

연구진은 반복되는 이 오류를 '바라쿠다 효과The barracuda effect' 라 불렀다. 지브는 순간 할 말을 잃었다. "훈련 데이터에 인간은 없었어요." 그가 말했다. 아니, 없었어야 했다. 왜 AI가 인간을 섞은 형상을 생성했는지, 그 실마리는 AI가 학습한 이미지들을 하나하나 되짚는 과정에서 드러났다. 그 안에는 낚싯줄에 걸린 바라쿠다를 자랑스럽게 들어 올리고 있는 낚시꾼들의 사진이 대거 포함되어 있었다. AI는 물고기와 인간 사이의 경계를 구분하지 못했다. 바라쿠다를 전리품처럼 다루는 인간의 태도까지 이미지와 함께 학습해버린 것이다.

그리하여 우리가 다른 생명체에 가한 폭력의 역사는 기계의 내면을 떠도는 유령처럼 되살아났다. 꿈은 때로 익숙한 사고방식에서 벗어날 기회를 준다. 하지만 바라쿠다 효과를 기억하라. AI에 어떤 데이터를 주고 어떤 시선을 학습시킬지 경계하지 않는다면, 우리는 끊임없이 반복되는 악몽에 갇힐지도 모른다.

━ 악몽에서 깨어나야 할 때

단세포생물부터 가장 복잡한 사회에 이르기까지, 우리는 지각하고 문제를 해결하는 방식에서 반복되는 공통의 패턴을 발견할 수 있다. 지능은 단일하지 않다. 본질적으로, 지능은 복수형이다. 하지만 지금, 이 세계를 성찰 없는 반복 사고의 틀에 가두는 관념이 있다. 악몽처럼 집요하게 되살아나는, '과적합'에 빠진 단 하나의 믿음, 그것은 바로 '이윤'이다.

18세기 말, 프로이센과 작센 왕국에서는 자연을 관리하는 새로운 방식이 고안되었다. '재정산림학Fiscal forestry'이라 불린 이 방식은 왕실 숲에서 얻을 목재 수익을 극대화하기 위해 숲을 가능한 한 단순하게 바라보았다. 선박 제작이나 국가 기반 시설에 쓸 수 있는 나무만 '가치 있는 자원'으로 여겼고, 그 밖의 다른 종들은 '제거해야 할 방해물'로 취급했다. 산림 관리자들은 노르웨이 가문비나무 한 종만을 마치 군대처럼 줄지어 빽빽하게 심었다. 역사학자 제임스 C. 스콧James C. Scott에 따르면, 이렇게 숲을 단순한 수익 계산으로 환원하려 했던 이유는 결국 숲 전체를 오직 숫자로만 읽어내려는 집착 때문이었다.

당연히 그 숫자는 해마다 왕실이 거둬들일 수 있는 총수익이었다. 실제로 스콧은 이렇게 지적한다. "재정산림학 아래에서 숲은 더 이상 눈으로 볼 필요조차 없었다. 산림 관리인의 책상 위에 있는 표와 지도만으로도 정확히 '읽을 수' 있게 되었으니까." 이러한 재정산림학 혹은 과학산림학은 이후 유럽과 미국 그리고 식민지 곳곳으로 퍼져나갔고, 그 결과 '이윤'에 대한 집착 하나만 남기고 수많은 생태계가 흔적도 없이 지워졌다.

오늘날 우리는 '시장'을 마치 스스로 판단하고 결정하는 생명체처럼 이야기하고 있다. 심지어 시장이 감정을 느낀다고 믿는 사람들도 있다. 자신감이든 조심스러움이든, 시장의 감정에 따라 수백만 명의 운명이 좌우된다는 믿음이다. 하지만 착각에 가깝다. 이런 착각은 경제학자 프리드리히 하이에크Friedrich Hayek의 사상을 통해 전후 시대의 핵심 경제 철학으로 자리 잡았다. 하이에크에게 시장이란 '분산된 지능', 즉 수많은 주체가 하나의 의지로 묶여 있는 거대한 네트워크였다.

그 의지는 언제나 경쟁을 더 치열하게 만드는 방향으로 스스로를 밀어붙였다. 그 결과, 오늘날의 전체 경제는 하나의 명령 아래 움직인다. 1930년대 이전까지는 존재하지도 않았으나 지금은 경제와 정치의 건강을 가늠하는 핵심 지표인 국내총생산GDP이 끊임없이 증가해야 한다는 명령 말이다. 이 욕망은 말 그대로 전부를 집어삼킨다. 자본주의를 정의하는 명령(성장하라!)은 자원이 무한히 존재한다는 허황한 풍요의 꿈을 전제로 한다. 하지만 그 꿈은 지금 지구 생명의 기반을 집어삼키고 있다. 자본주의는 세계를 '자기 자신을 삼키고 배설하는 거대한 창자'로 바꿔놓았다. 그 창자는 자신을 소모한 뒤, 남은 찌꺼기를 탄소로 바꿔 대기와 바다에 마구 쏟아낸다.

"자본주의란 어떤 종류의 동물일까?" 정치철학자 낸시 프레이저Nancy Fraser는 《좌파의 길Cannibal Capitalism》에서 이렇게 물은 뒤, 자기 꼬리를 삼키는 뱀 "우로보로스ouroboros"라고 답한다. 만약 나에게 자기소모적인 이 시대를 상징하는 동물을 하나 고르라고 한다면, 나는 수수두꺼비cane toad를 선택할 것이다. 1935년, 사탕수수를 갉아 먹는 딱정벌레를 잡기 위해 호주 퀸즐랜드에 들어온 이 두꺼비는 금세 대륙 전역으로 퍼져나갔고, 지금은 그 분포 면적이 약 155만 제곱킬로미터에 달한다. 정작 사탕수수 해충을 줄이는 데는 별 효과를 보지도 못했고, 호주의 생물다양성에만 엄청난 타격을 입혔다.

호주에는 애초에 토종 두꺼비가 존재하지 않았고, 수수두꺼비만큼 독성이 강한 동물도 없었다. 수수두꺼비를 입에 물기만 해도 집에서 기르던 개부터 민물악어까지 대다수 동물이 죽었다. 그 무엇도 그들을 막지 못했다. 게다가 수수두꺼비는 대륙

전체로 퍼져나가기 위해 몸을 진화시켰다. 뒷다리는 더 길어졌고, 앞다리를 더 효율적으로 쓰기 위해 보행 방식도 달라졌다.

호주에 처음 들여온 수수두꺼비들은 이리저리 느릿하게 움직였지만, 이후 세대의 수수두꺼비들은 앞으로 나아가는 데에만 몰두했다. 밤새도록 이동을 멈추지 않고, 번식도 미룬 채 그저 전진했다. 먹이를 구할 때도 가만히 숨어서 기다리지 않고, 이동하면서 사냥했다. 단지 행동이 바뀐 게 아니었다. 몸속 유전자 자체가 바뀐 거였다. 마치 철새들에게서 볼 수 있는 본능적인 이동 충동Zugunruhe이 유전자에 새겨진 듯했다.

물론, 철새처럼 이동할 목적지가 유전자에 새겨진 건 아니지만, 일단 움직이기 시작하면 한 방향으로 멈추지 않고 나아가도록 프로그램되어 있다. 카피스트라노의 절벽제비가 그랬듯, 수수두꺼비도 이 부분에서 인간의 도움을 받았다. 도로는 수수두꺼비에게 곧은 길을 제공했고, 그 길에는 농장 저수지부터 배수로, 가축용 물통, 물 먹은 잔디밭까지 물을 찾을 수 있는 장소가 즐비했다. 도시에서는 가로등 불빛이 수많은 곤충을 매혹하여 수수두꺼비들에게 잔칫상을 차려주었다. 수수두꺼비가 애초에 스스로를 통제할 수 없는 환경에 풀려난 건, 스스로의 잘못이 아니다.

그럼에도 그들의 이야기는 우리의 이야기와 닮아 있다. 한 가지 생각이 모든 걸 삼켜버리자, 결국 삶의 방식마저 무너지는 지경에 이르렀다는 점에서 우리와 닮았다. 더 멀리 이동하기 위해 길어진 뒷다리는 오히려 관절염을 유발한다. 행렬의 선두에

선 개체들은 면역계를 발달시키고 유지하는 데 써야 할 에너지마저 아낀다. 모든 건 '앞으로 나아가야 한다'는 생각에 종속된다. 지나치게 번성하면, 결국 안에서부터 무너진다. 수수두꺼비는 너무 많이, 너무 빨리 퍼진 끝에 마침내 동족까지 잡아먹는 지경에 이르렀다. 80년 가까이 새로운 환경을 거침없이 정복한 결과, 이제는 올챙이들끼리 서로를 잡아먹기 시작했다.

'소비하라' '전진하라' '이윤을 극대화하라' 이 세 가지 구호는 형태만 다를 뿐 모두 같은 강박을 드러낸다. 끈질기게 퍼져나가는 잡초처럼, 혹은 수수두꺼비처럼, 그 집요한 믿음은 생명과 더불어 살아가고 함께 사유하는 길로 나아가지 못하게 우리를 끊임없이 가로막는다. 회계 장부에 숫자로 환산되기 전, 숲은 훨씬 더 풍요롭고 훨씬 더 생생하게 살아 숨 쉬는 세계였다.

키추아어를 사용하는 아마존 루나 공동체에게 세계는 '살아 있는 숲Kawsak Sacha'이다. 루나는 '사람'을 뜻하지만, 이들의 철학에서 '사람됨'은 종에 국한되지 않는다. 그들의 애니미즘 세계관에서는 개미부터 개미핥기에 이르기까지 모든 생명은 하나의 '자아'로 존재한다. 《숲은 생각한다How Forests Think》에서 인류학자 에두아르도 콘Eduardo Kohn은 살아 있는 숲을 '수많은 자아가 모여 형성된 거대한 자아'로 해석한다. 그리고 이 자아들은 단지 함께 존재하는 게 아니라, 함께 사유한다. 콘은 말한다. "이건 단순한 비유가 아니다. 이게 바로 생명이 살아가는 방식이다."

'살아 있는 숲'에서는 자아들이 함께 사유한다. 모든 생명체가 그 자체로 하나의 자아이면서, 동시에 각각의 생명체는 하나의 '신호'로 읽히기 때문이다. 예컨대, 잎꾼개미는 다른 개미 집단과 교미하기 위해 위험을 무릅쓰고 밖으로 나서야 한다. 황혼은 이들에게 신호가 된다. 박쥐가 날아다니는 밤 시간대, 그 짧은 어스름이 '지금은 안전하다'는 직관을 일깨운다. 마른잎사마귀dead leaf mantis는 낙엽처럼 몸을 위장한 채, "여긴 볼 것 없어. 그냥 지나가"라고 말하듯 포식자의 눈을 피해 조용히 몸을 숨긴다. 사냥감을 찾는 포식자가 그 위장 신호를 알아채지 못하길 바라는 것이다. 생명체들 사이의 '신호'와 '해석'이 생태계 전체로 확장되면, 그것은 곧 의도와 목적이 얽힌, 상상할 수 없이 촘촘한 그물망이 된다. 그렇게 모든 생명이 함께 사유하는 생태계가 되는 것이다. 그 안에서 모든 생명은 하나의 살아 있는 '생각'이다. 도시부터 장내 미생물에 이르기까지, 그 어떤 것일지라도 수많은 자아가 함께 이루는 '사유하는 숲'을 만들 수 있다.

개가 되었든 실잠자리가 되었든, 모든 생명체가 맨 처음, 그리고 가장 깊이 사유하는 대상은 바로 자기 자신이다. 그리고 서로 공생하는 존재에게 '자기다움'은 오직 관계 속에서만 완성된다. 타자 없이 완전한 자아란 존재할 수 없다. 짧은꼬리오징어는 크기가 손가락에서 주먹 사이쯤 되는 작은 생물이다. 생김새는 오징어보다는 갑오징어에 가깝다. 입 둘레에는 짧은 다리 여덟 개가 모여 있고, 몸 양옆에는 천사 날개처럼 생긴 지느러미 한 쌍이 달려 있다. 그리고 이 오징어의 복부는 스스로 빛을 낸다.

배에서 나오는 빛이 해저에 드리울 그림자를 지우고, 몸을 달빛 속에 녹여낸다. 그렇게 그는 포식자의 시야에서 완전히 지워진다. 하지만 이 능력은 처음부터 타고난 것이 아니다. '비브리오 피셔리*Aliivibrio fischeri*'라는 이름의 바닷속 발광 박테리아와 접촉해야만 생긴다. 짧은꼬리오징어가 '자기답게' 살아갈 수 있는 능력, 그건 미생물이 건넨 단 하나뿐인 선물이다.

이건 짧은꼬리오징어만의 이야기가 아니다. 우리도 다르지 않다. 우리를 '우리'로 만드는 건 바로 관계다. '개미핥기'가 자기 자신을 온전히 사유하려면, '개미'를 함께 사유해야 한다. 내가 '나'를 생각하려면, '너'를 떠올릴 수 있어야 한다. 우리는 고립된 섬이 아니다. 서로 이어진 군도다. 살아 있는 '신호'는 오랜 진화의 시간을 거치며 더욱 정교해진다. 개미핥기의 주둥이와 혀는 개미굴의 구조에 딱 맞도록 진화해왔다. 그들은 몸으로 개미집을 읽는다. 하지만 그것은 단지 감각의 문제가 아니다. 콘에 따르면, 그 형태는 다음 세대가 '읽고' 이어가는 하나의 신호 체계다. 이 신호 속에 한 생명이 어떻게 삶을 살아냈는지가 남는다. "생물학적 계보 또한 사유한다." 그 신호를 통해 숲은 매 세대의 개미핥기에게 다시 한번, 세계를 이해하는 법을 전한다.

자본주의는 사유하는 자아들로 이루어진 숲에 기억을 잃는 병처럼 스며들어 관계를 끊는다. 모든 생명체를 '자원'과 '쓰레기'로 나누는 이분법은 오랜 세월에 걸쳐 형성된 관계망을 무너뜨린다. 화학 오염과 기온 상승은 수천 년 동안 이어져온 생명 공동체의 리듬을 뒤흔들고, 서로 함께 사유하던 존재들을 고립시켜 어둠 속에 홀로 남겨둔다. 하지만 되돌아갈 길은 있다. 루나 공동체는 그 길을 '꿈'에서 찾는다. 이들에게는 꿈을 꾸고, 꿈의 징후를 읽어내는 일이 삶의 일부처럼 당연하다. 모든 동물이 꿈을 꾼다는 사실은 굳이 증명할 필요도 없는 자명한 전제다. 숲은 살아 있는 신호들로 이루어진 세계다. 꿈속에서 떠오른 이미지들은 서로 울림을 만들어내고, 숲은 그 울림을 읽는 법을 가만히 가르쳐준다.

깨어 있는 세계가 살아 있는 신호들의 짜임으로 이루어졌듯, 꿈 또한 잠든 마음이 만들어낸 이미지들 사이에 패턴을 드러낸다. 콘에 따르면, 이건 이해에 '빠져드는' 일이다. 마치 꿈속으로 가라앉으며, 오히려 더 선명한 삶에 눈뜨게 된다.

6월의 햇살은 눈부셨고, 여름날 비단 같은 산들바람은 공기를 상쾌하게 감쌌다. 허리까지 자란 풀밭은 바람에 따라 물결쳤고, 초록빛과 붉은빛, 금빛의 그림자들이 언덕 아래로 흘러내리며, 하얀 물결이 이는 하구에 닿았다. 이 풀밭은 에든버러 북쪽에 자리한 '로리스턴 농장'의 일부였다. 약 12만 2천 평 규모의 이 도심 농장은 생태농업 협동조합이 운영하고 있다. 내가 그날 그곳을 찾은 이유는 협동조합 이사 중 한 명인 리사 휴스턴Lisa Houston을 만나기 위해서였다.

생태농업은 돈보다 자연과 어울리는 길을 먼저 고민하는 농사 방식이다. 강한 비료를 쓰거나 땅을 깊이 갈아엎는 대신, 땅이 스스로 회복할 수 있도록 돌본다. 지역의 기후와 환경에 맞춰 조율하며, 무엇보다 사람들이 함께 머리 맞대고 농사를 짓는다. 나는 스코틀랜드의 이 작은 농장이 '살아 있는 숲'으로 돌아가는 꿈을 다시 꾸게 해줄지 궁금했다.

입구 근처 텃밭에서 리사가 걸어왔다. 손에 전지가위를 든 채, 활짝 웃으며 나를 향해 손을 흔들었다. 햇볕에 그을린 얼굴을 따라 머리칼이 바람에 흩날리며 햇살 속에서 부드럽게 빛났다. 이 땅은 원래 양을 키우던 사람이 시의회로부터 수십 년 동안 임대해 쓰고 있었다. 2019년에 임대 계약이 끝나자, 리사와 뜻을 함께하는 몇몇 사람이 이 땅을 새로 빌리기 위해 나섰다. 처음에는 당연히 거절당하리라 생각했지만, 뜻밖에도 시에서는 100년 임대를 제안해왔다. 결국, 25년 계약으로 합의했다.

코로나19로 모든 게 늦춰졌지만, 2021년에 임대 계약이 체결되었고, 이듬해 초에는 드디어 농장을 시작했다. 정말 어마어마한 일이었다. 수십 년 동안 이 땅은 울타리와 철조망에 둘러싸인 채, 양과 가끔 들여오는 소 떼를 키우는 공간으로만 쓰였다. 이제 그 들판을 공동체 텃밭과 과수원, 토종 나무로 채운 숲으로 만들고, 장터로 나갈 채소를 기르는 밭과 스코틀랜드 고지대의 전통 품종인 하이랜드 소를 키울 방목지 그리고 소중한 습지 서식지로 바꿔야 했다. 농장과 텃밭을 만들기 위해 땅을 갈아엎고, 사슴이 들어오지 못하도록 울타리도 새로 세워야 했다. 무려 만 그루가 넘는 나무를 심어야 했고, 그중 8천 그루는 지원 기관과의 마감일을 맞추기 위해 한 달 안에 끝내야 했다.

인근에 사는 이웃들이 발 벗고 나섰다. 봄에는 무려 500명이 자원해 나무를 심었고, 나도 그중 하나였다. 어린 소년이 손수레를 밀며 우리 곁을 지나갔다. 안에는 동생이 타고 있었고, 아이는 잔뜩 신이 나 웃고 있었다. 저 멀리서는 누군가 예초기로 풀을 베고 있었다. 아직은 텃밭 한 줄만 조성된 상태였지만, 최종적으로는 약 8천 평 규모로 늘릴 계획이라 들었다. "그래도 너무 급하게 키우고 싶진 않아요." 리사가 웃으며 말했다. "약간 사회 실험 같기도 하거든요!"

로리스턴 같은 현대의 농업 협동조합과 가장 가까운 역사적 모델은 아마도 '커먼즈commons' •일 것이다. 세계에서 가장 오래 유지되어온 커먼즈는 영국 윌트셔에 있는 크릭레이드 노스 메도우Cricklade North Meadow다. 1066년부터 있었던 것으로 알려져 있는데, 사실 그보다 더 오래되었을지도 모른다. 전통에 따르면, 이 초지는 매년 8월 1일 래머스 데이Lammas Day가 되면 곡물 재배지에서 가축 방목지로 용도가 바뀌는데, 8월 1일은 로마 시대 농경 달력에서도 중요한 전환점이 되었던 날이다.

이 작은 땅에는 영국 자생 들꽃인 프리틸라리아가 많이 자란다. 종 모양의 꽃잎에 바둑판무늬가 있는 이 꽃은 겨울마다 템스강이 범람하며 남긴 비옥한 퇴적층 위에서 자란다. 이곳에서는 사람과 식물, 강과 흙이 수 세기 동안 함께 사유해왔다. 하지만 기상 기록상 가장 많은 비가 내린 2012년 여름, 홍수가 멈출

•   단순한 공유지가 아니라, 자원을 함께 돌려쓰고 책임을 나누는 공동체 중심의 관리 방식을 포괄하는 개념.

줄 몰랐다. 거두어들일 건초도 없었고, 프리틸라리아도 피지 않았다. 한 신문은 이 상황을 '거대한 질식'이라 불렀다. 몇 달간 쏟아진 비로 범람한 강물은 들판을 덮쳤고, 그 강물의 기세에 다른 모든 감각이 잠식당한 듯했다.

― 풍요를 되찾을 것

리사는 물결치듯 흔들리는 풀밭을 가로질러 사슴 울타리 쪽으로 나를 데리고 갔다. 울타리 안쪽 풀밭은 직사각형으로 구획돼 있었고, 그 사이로 어린나무들이 줄지어 자라고 있었다. 리사는 "이곳이 바로 우리가 임·농 복합 시스템이라 부르는 농법의 시작점"이라고 말했다. 임·농 복합이란 작물 사이에 견과류와 과일나무를 심는 방식이다. 나무들이 자라면, 작물을 보호하는 미기후•가 형성된다. 뿌리는 굳은 흙을 천천히 풀어주어 물과 공기가 잘 스며들게 하고, 가지에는 해충을 잡아먹는 새들이 깃들어 작물을 보호한다. 사슴 울타리 너머 밭 가장자리에 자리한 채소밭에서 우리는 다브 샌드Dav Shand를 만났다.

짙푸른 눈동자가 리사를 꼭 닮았고, 키는 크고 마른 편이었다. 표정에는 밝고 편안한 기운이 배어 있었다. 다브는 이 밭에서 채소 재배를 담당하고 있다. 밭에는 잎이 푸른 채소들이 바람에

• 　지면에 접한 대기층의 기후. 나무나 지형 등의 영향으로 좁은 지역에서 형성되는 특별한 기후로 농작물의 생장에 유리한 환경을 만들어줄 수 있다.

살랑거리고 있었다. 다브가 차를 내왔고, 우리는 농장 사무실로 쓰는 컨테이너의 밖에 놓인 플라스틱 의자에 앉아 잠시 이야기를 나누었다. 두 사람은 대화하면서 몇 가지 핵심 개념을 반복해서 언급했다. 연결, 공동체 그리고 회복탄력성. 모든 것은 다른 것과의 관계 안에서 이해되고 설계되었다. 이 일에 함께하게 될 지역 주민들은 자신들이 속한 먹거리 체계에 대해 배우게 될 것이다. 다브는 바람으로부터 작물을 보호하기 위해 버드나무를 심었고, 이 나무들은 꽃가루를 옮겨주는 곤충들을 끌어들이는 데도 도움이 된다. 곧 하이랜드 소 6마리도 농장에 도착할 예정이다. 이 소들은 습지의 풀을 뜯으며, 탁 트인 시야를 선호하는 마도요에게 더 적합한 서식지를 만들어줄 것이다. 풀과 야생화의 씨앗은 소의 배설물을 통해 땅에 퍼져나간다. 작물 사이에 심은 야생화는 공기 중 질소를 흡수해 흙에 영양을 보태고, 뿌리는 흙을 자연스럽게 뒤집는다. 그렇게 수 세기 동안 양 떼의 좁은 발굽에 짓눌려온 토양 속 미생물과 균류, 곤충들의 생태계가 서서히 깨어난다.

아직 해야 할 일이 많다. 앞으로 몇 년은 더 걸릴 것이다. "아직 모든 게 다 연결된 건 아니에요." 다브가 말했다. 그럼에도 조금씩 형태를 갖춰가고 있었고, 오랫동안 잠들어 있던 마음이 다시 생각을 틔우기 시작하는 것 같았다. 수 세기 동안 억눌렸던 수많은 생각이 물밀듯 되살아나는 듯했다. 이런 사유 방식은 우리가 거의 잃어버릴 뻔했던 것이다. 영국에서는 18세기 인클로저* 과정에서 대부분의 커먼즈가 사라졌고, 다른 지역에서는 토착민이 땅을 빼앗기면서 공동체가 땅과 맺어온 오래된 관계가 파괴되었다. 1809년, 인클로저가 닥치기 전까지만 해도, 시인 존 클레어John Clare에게 고향 노샘프턴셔 주는 하나의 낙원이었으나, 그 후 풍경은 완전히 달라졌다. 그는 이렇게 한탄했다.

> 이제 울타리는 울타리와 맞닿고
> 들판과 초원은 텃밭처럼 잘게 쪼개졌네
> 주인의 마음을 만족시키려 조그만 땅들은 더 작아졌네

1968년, 개릿 하딘Garrett Hardin의 영향력 있는 논문 〈공유지의 비극The Tragedy of the Commons〉은 커먼즈의 종말을 예고하는 종소리처럼 들렸다. 하딘은 커먼즈가 인간의 본성 때문에 결국 파괴될 수밖에 없다고 보았다. "규제가 없다면, 인간은 스스로를 제어하지 못하고 자연의 선물을 끝내 고갈시키고 말 것이다." 마치 위에서 내려다보듯, 하딘은 고상하고 냉담한 어조로 체념하듯 말했다. 그것은 셰익스피어의 비극처럼, 인간 본성에 뿌리박힌 거대한 파국이었다. "모든 인간이 앞다퉈 달려가는 종착지는

---

* 지주들이 마을 공동체가 함께 이용하던 공유지에 울타리를 쳐 사유지로 전환한 조치. 그 전까지 대부분의 공유지는 법적으로는 지주의 소유였지만, 오랜 관습에 따라 주민들이 자유롭게 방목하거나 경작하던 삶의 터전이었다. 따라서 인클로저는 단순한 소유권의 문제가 아니라, 공동체의 생계 기반과 사회적 관계를 붕괴시킨 중대한 사회 변화였다.

결국 파멸이다." 하딘은 그렇게 외쳤다. 그는 공유지를 개인의 소유와 통제 아래 두는 길만이 비극을 피할 유일한 해법이라고 주장했다. 하딘은 '스스로를 파괴하는 성향'이 안타깝지만 벗어날 수 없는 인간의 본성이라고 보았다.

그러나 이런 판단은 커먼즈를 완전히 오해한 데서 비롯된 것이다. 커먼즈는 단순한 자원이 아니다. 그것은 우리가 서로를 돌보며 함께 살아가는 삶의 방식이다. 커먼즈 연구자 피터 라인보Peter Linebaugh의 말처럼, 'commons'는 명사라기보다 동사에 가깝다. 공유하는 행위는 공동체를 하나로 묶고, 누구도 소외되지 않고 함께 살아가게 한다. 사유화는 이런 관계를 끊고, 벽을 세우고, 경계를 만든다. 하지만 다시 피어날 틈만 주어진다면, 관계는 절대 사그라지지 않는다.

최근 들어, 커먼즈 개념이 다시 부상하고 있다. 인도의 지역 공동체가 관리하는 숲부터 위키피디아 같은 전 세계 지식 공유 플랫폼에 이르기까지, 공동선을 위해 자원을 함께 관리할 수 있다는 믿음과 관계가 자원보다 더 중요하다는 생각은 이제 우리의 삶의 방식을 새롭게 바꾸어 나가고 있다. 2009년, 엘리너 오스트롬Elinor Ostrom은 여성 최초로 노벨경제학상을 수상했다. 그녀는 자원은 그것을 함께 사용하는 사람들이 자신들의 상황에 맞는 방식으로, 지역 사회 안에서 민주적으로 관리해야 한다고 보았다. 다시 말해, 커먼즈를 삶의 방식으로 삼아 문제에 접근해야 한다는 말이다. 커먼즈를 비판하는 이들은 '숲이 불타고 있는데 씨앗 몇 알을 심는 일에 불과하다'고 말하곤 한다. 지역 차원

의 작은 실천으로는 지구 전체가 직면한 거대한 위기에 맞설 수
없다고 보는 것이다.

　반면 데이비드 볼리어David Bollier와 실케 헬프리히Silke Helfrich
는《자유롭고, 공정하며, 살아 있는Free, Fair and Alive》에서 이렇게
말한다. "커먼즈는 단지 일상을 조금 나아지게 하는 수단이 아
니다. 우리가 함께 미래를 다시 그려갈 수 있게 하는 상상의 틀
이다." 커먼즈를 가로막는 가장 큰 장벽은 '나'와 '우리'를 대립
시키는 이분법식 언어다. 이에 두 사람은 '중첩된 나'라는 개념
을 제안한다. 우리는 누구나 다층적인 존재이며, 그런 다채로움
을 사회적이고 생태적인 관계 속에 담아내야 한다는 의미다.
　마이클 레빈이 설명했듯, 세포 하나하나는 스스로 판단하고
서로 조율하며 더 큰 생명체를 이루어간다. 마찬가지로 '나'와
'우리'는 본디 분리된 존재가 아니라, 서로를 이루는 관계 속에
있다. 개별 세포들이 기관이 되고 기관들이 모여 하나의 유기체
가 되듯, 우리 또한 그렇게 연결된 존재라는 사실을 깨달을 때,
삶의 방향 자체를 새롭게 바라보게 된다. 커먼즈에는 완성된 설
계도 같은 것이 없다. 존중해야 할 건 '자율성'과 '민주성' 그리
고 '공동선을 향한 실천'이라는 몇 가지 핵심 원칙뿐이다. "커먼
즈는 시대와 환경에 따라 각기 다른 모습으로 퍼지고 진화하는
살아 있는 흐름이다"라고 볼리어와 헬프리히는 말한다. 변화를
상상하고 시작할 힘은 머리뿐 아니라 세포 하나하나에도 있다.
　이런 새로운 시각은 우리가 경제, 사회 인프라 그리고 정치

구조까지 새롭게 구성해나가는 데 도움이 될 수 있다. 국내총생산으로 정의된 '성장'은 수십 년 동안 의심할 여지 없는 경제학의 핵심이었다. 하지만 지구의 수용력을 고려하지 않은 채 무한히 경제를 성장시킬 수 있다는 생각은 환상에 가깝다. 지금, 이 지구상에는 시민의 기본 욕구를 지속가능한 방식으로 충족시키는 국가가 단 한 곳도 없다. 일부 경제학자들은 국내총생산 중심의 사고에서 벗어나는 것이 지구적 변화의 문을 여는 열쇠일 수 있다고 말한다. 그 대신 인간의 웰빙을 중심에 두고, 인간의 웰빙이 자연의 건강과 분리될 수 없다는 사실을 인식하는 것이야말로, 빠른 탈탄소화는 물론, 성장 정체에 시달리는 산업 국가들의 추락을 막는 해법이 될 수 있다.

변화의 핵심에는 '탈성장'이 있다. 유한한 자원에 대한 의존을 줄이고, 자원이 유한하다는 사실을 받아들이며, 그 안에서 재생하고 공유할 수 있는 방식으로 사회를 다시 설계하자는 문제의식에서 출발한 개념이다. 자칫 '성장 중심 발전 모델에 대한 반발'처럼 들릴 수 있지만, 단순히 경제를 축소하는 게 아니라 그 안에 흐르는 에너지의 방향을 바꾸는 것이 탈성장의 목적이다.

한 연구에 따르면, 재생에너지 기술을 활용하고 유한한 자원의 소비를 대폭 줄이면, 인구가 지금보다 세 배 가까이 늘어나는 2050년에도 에너지 소비량을 지금보다 60퍼센트 낮았던 1960년대 수준으로 줄이는 것이 가능하다. 물론 현재의 생활 수준을 유치한 채 말이다. 탈성장을 지지하는 경제인류학자 제이슨 히클Jason Hickel의 말대로, 북반구 국가들이 자원 수요를 줄이는 것은 남반구 국가들이 오랫동안 원자재 수출에 얽매여 있던 식민 구조에서 벗어나, 자신만의 방식으로 혁신할 수 있게 해주는 '탈식민'의 출발점이 될 수 있다.

이 모든 논의는 세상을 바라보는 관점과 사고방식 자체를 바꾸려는 움직임에서 출발한다. 탈성장은 커먼즈에 잠든 가능성을 다시 깨우는 일이다. 지역에서 내리는 결정 하나하나를 더 크고 넓은 생명과 생태계의 연결망 속에서 함께 사유할 수 있다면, 울타리를 중심으로 한 이익 경쟁에서 벗어나 정치의 방향을 완전히 바꿀 수 있을지도 모른다. 우리는 오랜 세월 풍요로운 자연을 착취하는 삶에 지나치게 익숙해졌다. 어쩌면 커먼즈에 담긴 꿈이 그런 낡은 습관에서 벗어날 실마리가 되어줄지 모른다.

나는 다브와 리사에게 커먼즈를 관통하는 핵심 생각이 무엇인지 물었다. "저에겐, 경계를 넘어 연대할 수 있다는 가능성입니다." 다브는 주저 없이 말했고, 리사는 잠시 머뭇거리다 조심스럽게 덧붙였다. "풍요요. 그걸 보여줄 수 있다는 점이 중요해요." 풍요를 나만을 위한 것으로 좁혀 생각한다면, 그 풍요는 결국 더 이상 자라나지 못한다. 커먼즈의 중심에는 자연이 있다. 루나 공동체의 '살아 있는 숲'처럼, 커먼즈는 수치로 환산되는 경제적 가치가 아니라, 다양한 자아들이 서로 얽히고 연결되며 일구는 공동의 삶이다.

몇 주 뒤, 나는 농장을 다시 찾아가 이곳의 생물다양성 회복을 돕는 생태학자 레오니 알렉산더 Leonie Alexander를 만났다. 처음 방문했을 때 그녀는 이렇게 말했다. "처음 여기 왔을 때, 빚과 착취의 흔적만 남은 땅이라는 생각이 들었어요." 사람들은 수 세기에 걸쳐 땅을 착취하며 숲을 없애고, 지형을 바꾸고, 땅을 갈아 흙을 뒤집어엎고, 씨를 뿌리고, 흙을 오염시켰다. 무엇보다도 이 땅에서 함께 살아가던 종의 대부분을 내쫓았다. 그럼에도 기어코 땅은 다시 사유하기 시작했다. 양들이 사라지자, 농장에는 키가 크고 뿌리 깊은 오리새 같은 풀들이 자라나기 시작했다. 레오니의 말에 따르면, 이 풀은 땅 위로 높이 솟은 만큼이나 땅 속으로 깊게 뿌리를 내린다.

오리새의 질긴 뿌리가 딱딱하게 굳은 흙을 부수자, 땅속에 묻혀 있던 영양분이 흘러나오고 들꽃들이 다시 피어나기 시작했다. 그렇게 되살아난 들꽃들 사이로 꽃등에가 돌아왔다. 꽃등에는 입 구조가 특이해서 꼭 맞는 꽃에서만 꿀을 빨 수 있다. 꽃등에가 돌아오자, 뒤따라 박쥐와 새들도 하나둘 돌아왔다. 그렇게 생명의 흐름, 살아 숨 쉬는 사유의 연결망이 다시 이어지기 시작했다. 레오니가 말했다. "이 땅은 스스로 숲으로 돌아가려는 의지가 있어요. 이렇게 그대로 두면, '나는 정말 숲이 되고 싶어'라고 말할지도 모르겠어요."

서로 다른 생명들의 욕구가 얽혀 있는 이 땅에서, 그 꿈은 좀처럼 이루어지기 어렵다. 그래서 이 농장은 구획을 정확히 세 부분으로 나누었다. 식량을 기르는 땅, 사람들이 쉬는 공간, 야생동물을 위한 영역. 이렇게 나뉜 공간에서 다양한 필요들이 얽히며 종종 충돌이 일어난다. 사람들에게는 개를 데리고 산책할 공간이 필요하지만, 그 발걸음이 때로는 둥지에 앉은 새들을 놀라게 한다. 그리고 스칸디나비아를 오가며 이곳에서 겨울을 나는 도요새에게는 잠시 몸을 누일 조용한 땅이 필요하다. 하지만 이 농장 위로는 도시 공항을 오가는 비행기들이 끊임없이 지나간다. 때로는 그 소음 탓에 가벼운 대화조차 이어가기 어렵다.

그러나 그 소음은 이 농장을 둘러싼 세상 그리고 그 안의 수많은 모순을 잊지 않게 해주는 소리이기도 하다. "우리는 이곳에 여름이면 말라버리는 얕은 웅덩이를 넓게 만들고 싶었어요. 도요새 같은 물가에 사는 새들의 새로운 서식지가 되도록요. 지금처럼 해수면이 계속 높아지면, 해안선 대부분에서 기존의 서식지가 사라질 테니까요." 레오니가 말했다. 하지만 공항 측은 걱정이 컸다. 새들이 그곳에 너무 많이 모이면, 그중 몇몇은 제트기 엔진에 빨려들어갈 수도 있기 때문이다. 레오니는 웃으며 머리 위 하늘을 가리켰다. "이 하늘은 도요새 것일까요, 비행기 것일까요?"

결국, 양측은 작은 웅덩이 일곱 개를 띄엄띄엄 만들어놓는 절충안에 합의했다. 공항도 수긍할 수 있고, 새들이 머물 공간도 확보되는 방안이었다. 신중한 합의 속에서도, 생명은 이미 새로운 방향으로 꿈틀거리고 있었다. 웅덩이 위에서 짝짓기 춤을 추는 날도래 떼를 먹기 위해 제비와 흰털발제비 같은 철새들이 북쪽 들판으로 날아들었다. 이곳은 철새들이 잠시 머무는 길목이 되었다. "이 들판에는 바위종다리와 찌르레기, 때로는 멧도요와

꺅도요 같은 새들도 보여요. 여름이면 검은다리솔새, 흰목휘파 람새whitethroat, 연노랑눈썹솔새 같은 새들도 오죠."

레오니는 말을 이었다. "식생이 다양해지면, 이곳은 모든 생명 에게 더 풍요로운 공간이 될 거예요." 머리 위로는 제비와 흰털 발제비가 부드러운 곡선을 그리며 날고 있었다. 그 위로는 하강 중인 비행기 한 대가 으르렁대며 날카로운 소리를 냈다. "이 들 판이 예전으로 돌아갈 수는 없겠죠. 이 땅이 모두를 위한 새로 운 가능성으로 자라날 수 있도록 조심스럽게 이끌어주는 게, 우 리가 해야 할 일이에요."

지금 같은 자본주의 사회에서 살아가는 한, 어느 정도의 인지 부조화는 피하기 어렵다. 우리는 생명에 적대적인 체계에 의존 해 삶을 이어간다. 매일 기후 붕괴에 관한 기사를 읽으면서, 아 무 일 없다는 듯 스크롤을 내린다. 우리는 자신이 만든 쓰레기 에 눈이 멀어 길을 잃은 비단벌레이자, 끝없는 개척과 개발을 위해 동족을 집어삼키는 수수두꺼비이며, 매혹당한 듯 가장 위 험한 곳에 이끌리는 애처로운 자리돔이다. 하지만 꼭 그렇게 살 아야 하는 것은 아니다. 살아 있는 생각들이 넘실대는 커먼즈를 통하면, 우리는 다시 생명의 숲으로 되돌아갈 수 있다.

많은 동물 종들이 함께 사고하고, 함께 올바른 결정을 내리는 법을 터득해왔다. 미국 서부에서 큰뿔야생양과 말코손바닥사슴 을 대상으로 고해상도 GPS 추적 연구를 진행한 결과, 이 동물 들은 수십 년간 무리 전체가 축적해온 지식을 공유하며, 더 비 옥한 초지를 찾아 이동하는 모습을 보였다. 마치 끊이지 않고 이어지는 파도를 타듯, 집단 지성의 힘을 활용해 더 나은 방목지를 찾아가고 있었다.

또 다른 연구에서는 케냐의 올리브개코원숭이들은 서열이 높은 수컷들이 무리를 이끌고 있음에도 불구하고, 중요한 결정을 내릴 때 무리 전체의 분위기와 흐름에 따른다는 사실이 밝혀졌다. 어떤 종들은 도움이 가장 절실한 개체의 몸짓에 먼저 주목하고 귀를 기울인다. 예컨대 초원의 얼룩말 무리는 먹이나 물이 있는 곳을 찾을 때, 젖먹이를 돌보는 어미들이 앞서가면 그 방향을 따라 움직인다. 세상은 함께 사고하고, 함께 움직이는 생명들로 가득하다. 꿀벌 무리는 새로운 둥지를 정할 때, 각기 다른 후보지를 찾아온 정찰벌들 간의 춤 대결이 벌어진다. 모든 벌이 같은 장소에 뜻을 모으면, 무리 전체가 한바탕 격렬한 춤으로 응답하고, 춤이 끝나는 순간, 무리는 날개를 퍼덕이며 새로운 집을 향해 날아오른다. 새 떼와 물고기 떼는 마치 약속이라도 한 듯 즉흥적인 춤을 추며 방향을 바꾸지만, 그 속에서 누구도 뒤처지는 법이 없다.

수천 마리 찌르레기가 하늘을 가르며 물결치듯 움직이는 군무는 마치 하늘 위에서 꿈이 흘러나오는 듯한 풍경이지만, 놀라울 만큼 단순한 원리에 따라 움직인다. 컴퓨터 시뮬레이션에 따르면, 이 공중 퍼포먼스를 위해 새들이 따르는 규칙은 단 두 가지뿐이다. 첫째, 각각의 새는 대여섯 마리의 이웃과 움직임을 맞춘다. 날개를 살짝 기울이거나, 방향을 급히 틀어 움직이는 사소한 결정 하나하나가 이웃에게 전해지고, 그것이 무리 전체로 퍼

져나간다. 둘째, 각각의 새는 전체 무리 안에서 자신의 위치를
조율한다.

과학기술 전문가 마크 크라우스Mark Kraus는 이렇게 설명한다.
"마치 노출계로 노출을 조절하듯, 찌르레기는 날갯짓을 바꾸며
빛과 어둠이 가장 아름답게 어우러지는 자리를 찾아 군무 속으
로 스며든다." 수천 마리 찌르레기 사이, 그 군무 한가운데에 있
다고 상상해보라. 날갯짓이 만들어내는 낮은 소음이 사방을 가
득 채우고, 그 윙윙거림이 시야를 어둡게 물들인다. 언제라도 무
너질 수 있는 가장자리, 한 치 어긋남도 허락되지 않는 팽팽한
긴장 속에 위태롭게 줄 위를 걷는 듯한 기분일 것이다. 그럼에
도 새들은 춤을 멈추지 않는다. 그들은 어둠 너머로 스미는 한
줄기 빛을 따라 위태로움과 질서 사이, 그 아슬아슬한 균형점에
다다른다. 그리고 바로 거기에서 자신이 혼자가 아니며, 믿기 어
려울 만큼 풍요로운 존재들과 연결되어 있다는 사실에 직면한
다. 주변 모든 것이 하나의 생각처럼 조율되고 있는 광경을 비
로소 확인하는 것이다.

Wild
Clocks

6

야생의 시계들

1729년, 파리. 어느 여름날, 프랑스의 천문학자 장-자크 도르투 드 마랑Jean-Jacques d'Ortous de Mairan은 창턱에 놓인 식물을 바라보고 있었다. '미모사'라 불리는 그 식물은 손을 대면 움츠러드는 특성 때문에 '민감 식물'로도 알려져 있다. 마랑은 이 식물이 매일 아침 해를 향해 잎을 활짝 펼치고, 해가 저물 즈음 자신이 밤하늘을 관측하려 할 때면 잎을 오므린다는 사실을 알아차렸다. 실험 삼아 식물을 찬장 안에 넣어 빛을 완전히 차단했지만, 놀랍게도 그 식물은 여전히 태양의 리듬에 맞춰 잎을 펼치고 오므렸다. 햇빛을 볼 수 없을 때도, 마치 태양의 존재를 느끼듯 움직였다. 마랑은 실험 결과를 이렇게 기록했다. "이 민감한 식물은 태양을 보지 않고도 태양을 감지한다."

그러나 마랑은 단순히 빛에 민감하게 반응하는 식물의 능력을 발견한 게 아니었다. 그가 발견한 건 어쩌면 그보다 훨씬 더 놀라운 것, 즉 식물의 세포 안에 숨겨져, 해가 뜨고 지는 것과는 무관하게 조용히 제 시간을 가리키는 '시계'였다. 장내 미생물부

터 곰팡이와 식물은 물론이고 물고기와 동물 그리고 인간까지
모든 생물에게는 이런 생물학적 시계가 존재한다. 몸속 깊이 내
장된 이 시계들은 외부 환경과 상관없이 스스로 작동한다. 동시
에 다양한 환경 요인에 매우 민감하게 반응한다.

햇빛을 받는 식물들은 대부분 일주기 리듬을 따른다. (다만 미
모사는 24시간보다 조금 짧은, 약 22~23시간의 리듬을 따른다.) 주된 조
율 신호는 온도와 빛이지만, 그 외에도 여러 요인에 영향을 받
는다. 어떤 해양 생물은 달의 주기에 맞춰 알을 낳고, 해변에 사
는 새들은 조수 간만의 차에 맞춰 먹이를 찾는다. 이처럼 내생
적 리듬과 환경 신호가 정밀하게 맞물릴 때, 생물마다 고유한
‘내부 생체 시계’가 형성된다. 이 시계는 생명 주기를 조율하며
언제 이동하고, 언제 꽃을 피우고, 언제 번식할지를 결정짓는다.

마랑이 관찰한 내용에는 사실 혁명적인 의미가 담겨 있었지
만, 수 세기 동안 그 진가를 제대로 인정받지도 못했고, 과학적
으로 증명되지도 않았다. 그 대신, 세계를 바꾼 건 또 하나의 ‘시
계’였다. 마랑이 실험했던 바로 다음 해, 영국 링컨셔 출신의 시
계제작자 존 해리슨John Harrison이 런던을 찾았다. 그의 손에는
원고가 하나 들려 있었다. 해리슨은 당시 과학계가 직면한 가장
절박한 난제에 대한 해답이 그 원고 안에 담겨 있을지도 모른다
고 믿고 있었다.

데이바 소벨Dava Sobel의 《경도Longitude》를 읽어본 사람이라면,
해리슨의 해상시계 이야기를 잘 알 것이다. 지구가 자전하는 탓

에, 선원이 바다에서 자신의 위치를 정확히 파악하려면, 지금 있는 곳의 시간과 기준 경도의 시간을 비교해 그 차이를 계산해야 했다. 하지만 온도가 계속 변하고 거센 파도에 배가 끊임없이 흔들리는 해상 환경에서도, 오차 없이 작동하는 시계는 누구도 만들지 못했다. 시계에 오차가 생기면, 배는 방향을 잃었고 수많은 선박이 그렇게 바다에서 사라졌다. 심지어 당대 최고의 과학자였던 아이작 뉴턴Isaac Newton마저도 경도 문제는 풀 수 없는 문제라고 여겼다.

이 문제를 풀기 위해, 해리슨은 진자 대신 양쪽에 연결된 황동 무게추 장치로 바다의 흔들림을 상쇄하는 구조를 고안했다. 이후 몇십 년에 걸쳐, 해리슨이 만든 해상시계는 점점 더 정밀해졌다. 지름 10센티미터 정도의 주머니 크기로 줄인 네 번째 모델 H4는 1761년 대서양을 건널 때 오차가 1분도 되지 않았다. 마침내, 경도 문제는 해결되었다. 해리슨은 이 난제를 어떻게 해결했을까?

우선 시간을 고립시켰다. 어두운 찬장 속에서도 잎을 펼치고 오므리던 마랑의 미모사처럼, 해리슨의 시계 역시 어떤 외부의 신호에도 흔들리지 않았다. 마치 진공 속에서 작동하듯, 온도 변화와 선체 흔들림에 아랑곳하지 않았다. 그 시계는 어디에 있든, 런던 화이트홀 해군본부의 시계와 정확히 연결되어 있었다. 하지만 해리슨의 시계는 시간에 생물의 리듬 대신 숫자와 기계의 질서를 부여했고, 이로써 시간은 나누고 팔 수 있는 자원이 되었다. 시간이 고정되자, 산업가들은 시간을 잘게 나눠 교대 근무 체계를 만들었고, 제국주의 국가는 전 세계로 이 시간 체계를 퍼뜨리며 지배 질서를 구축해나갔다.

1851년, 런던 그리니치 천문대에 본초자오선prime meridian*이 세워졌다. 이제 시간은 움직이지 않는 하나의 좌표에서 측정되었고, 머나먼 식민지를 체계적으로 정복하고 통제하는 기반이 되었다. 시간을 조작하는 능력은 인류가 '인간 행성'을 만드는 토대가 되었다. 해리슨의 해상시계가 없었다면, 산업혁명도, 유럽의 식민지 확장도, 세계 무역도, 해양 생태계 파괴도, 침입종의 전 지구적 확산도 불가능했을 것이다.

20세기 초, 꿀벌과 초파리는 물론이고 자연광을 차단한 동물원 동물들까지 다양한 생물에서 일주기 리듬이 관찰되었다. 이후 우주비행이 시작되면서, 지구상의 모든 환경 신호에서 완전히 벗어난 우주비행사들 역시 몸속에 시간 감각이 이미 새겨져 있음을 다시 한번 보여주었다. 생명은 자신만의 리듬을 유지한다. 시간을 알리는 건 시계만이 아니다. 몸도 시간을 느낀다. 하지만 그 무렵이 되자, 사람들은 오직 벽에 걸린 시계가 가리키는 시간만 중요하게 여겼다.

---

* 영국 그리니치 천문대를 지나는 경도 0°의 기준 자오선. 1884년 국제 자오선 회의에서 국제 기준으로 채택되었으며, 이를 바탕으로 전 세계 표준시간대가 설정되었다. 이를 바탕으로 지구는 15° 간격으로 24개의 표준시간대로 나뉘었고, 같은 시간대에서는 동일한 시간을 사용하며 인접한 시간대와는 1시간의 시차를 두게 되었다. 경도 180° 부근에서는 반대 방향에서 계산된 시간이 하루 차이를 보이게 되는 문제를 해결하기 위해 날짜변경선도 정해졌다.

― 시곗바늘을 자연에 맞춘다면

바버라가 보낸 이메일에는 '07시 17분'이라는 시각이 표시되어 있었다.

> 안녕하세요, 데이비드.
>
> 이번 일은 시간에 대한 정의를 다시 생각하게 만드는 전형적인 사례인 것 같아요. GMT 기준으로 시간을 정해주셨던데, 지금은 서머타임 중이라서요. 당신이 있는 곳은 오전 11시, 스위스는 정오가 되는 거죠, 맞죠?
>
> 곧 이야기 나눠요!

바버라 헬름Barbara Helm은 스위스조류학연구소에 소속된 생체 시계학자로, 생물의 생애 주기를 연구하는 전문가다. 스위스가 정밀한 기계식 시계로 유명하긴 하지만, 바버라가 연구하는 건 생명이 각자의 방식으로 자연과 호흡하며 시간을 맞춰가는 능력, 즉 '자연의 생체 시계'다. 그날 아침, 나는 바버라와 영상 통화를 하기로 약속했지만, 서머타임으로 시간이 바뀌었다는 걸 잊고 있었다. 내 시간 감각은 본초자오선에 고정된 채, 계절이 이미 바뀌었는데도 여전히 지난 계절에 머물러 있었다. 위기를 이해하려면, 지금 우리가 어느 시간 속에 있는지를 알아야 한다. 더 정확히 말하자면, 서로 다른 시간들이 어떻게 겹쳐 흐르고 있는지를 알아야 한다.

우리가 겪고 있는 생태 위기는 단순한 환경 문제가 아니다.

서로 다른 시간의 질서들이 갑작스럽고 격렬하게 충돌하면서 리듬은 무너지고, 지금이 '언제'인지조차 혼란스러워지고 있다. 현대의 삶은 시간이 몸 밖 어딘가에서 따로 흘러가는 것이라고, 해리슨의 해상시계처럼 생명과 무관하게 독립적으로 흘러가는 것이라고 믿게 만든다. 하지만 하루 24시간 돌아가는 뉴스와 5년 주기 선거처럼 우리에게 익숙한 시간 리듬과 나란히, 전혀 다른 속도를 지닌 수많은 시간의 척도와 박자들이 동시에 존재한다. 그런데 기후는 너무나 빠르게 변하고 있고, 많은 종이 그 속도를 따라잡을 만큼 충분히 빠르게 진화하지 못하고 있다.

자연의 수많은 생체 시계가 제시간을 잃고, 어떤 것은 너무 빠르게, 어떤 것은 너무 느리게 흐르고, 어떤 것은 이제 완전히 멈춰버리려 하고 있다. 벽에 걸린 시계만을 기준으로 시간을 판단하려고 고집하는 한, 우리는 이 세계와 시간을 맞춰가는 다른 수많은 길을 놓치고 만다. 하지만 자연의 생체 시계에 귀 기울이는 법을 다시 배운다면, 우리가 정말로 지금 어느 시간 속에 살고 있는지 깨닫게 될지도 모른다.

몇 시간 뒤, 바버라의 얼굴이 화면에 나타났다. 그녀는 활짝 웃으며 인사를 건넸고, 내가 사과하자 가볍게 웃어넘겼다. 뒤쪽 벽에 걸린 그림에는 습지에 사는 다리가 긴 새 한 마리가 그려져 있었다. 어떤 새냐고 묻자, 바버라는 다시 한번 활짝 웃으며 대답했다. "흰눈썹뜸부기예요. 집 안에 흰눈썹뜸부기 천지예요!"

바버라는 조류가 생체 시계를 통해 어떻게 자연의 시간과 호흡을 맞추는지를 연구한다. 그녀는 이런 새들을 '생물학적 증인'이라 부른다. 모든 생물은 고유한 '시간 형질'을 가지고 있다. 이는 생명체마다 고유한 방식으로 시간을 살아내는 리듬, 즉 '시간 표현형'이라 할 수 있다. 바버라에 따르면, 시간 형질은 세 가지 요소로 구성되어 있다. 첫째는 '몸의 시간'이다. 마랑이 민감 식물에서 관찰한 일주기 리듬처럼, 몸의 시간은 신체 조직에 내장된 시간 감각이다. 마랑의 미모사처럼, 일부 생물은 태양 빛에 의존하지 않고도 몸의 시간을 맞출 수 있다. 하지만 대부분의 생물은 '차이트게버zeitgeber'라는 두 번째 요소와 함께 시간을 조율한다.

독일어 차이트게버는 '시간 기여자'라는 뜻으로, 생체 시계에 영향을 미치는 외부의 신호와 자극을 의미한다. 빛이나 온도 같은 자극은 몸의 시간에 고유한 리듬을 불어넣고, 그 리듬이 세상과 어긋나지 않도록 조율해준다. 예컨대, 북극에서 번식하는 새들은 과거 몇 년간 눈이 녹은 시기를 기억하고, 낮의 길이 변화나 다른 철새들의 행동을 관찰하면서 북쪽으로 향하는 긴 여정을 언제 시작할지 결정한다.

바버라가 말했다. "생물이 일정한 리듬으로 움직이는 걸 처음 관찰했을 때, 사람들이 가장 먼저 떠올린 건 벽에 걸린 시계였어요. 그래서 '시계는 오직 하나일 거고, 아마 뇌 속 어딘가에 있겠지'라고 생각했죠. 그걸 부르던 용어도 정말 끔찍했어요. '마스터 시계'라고 불렀다니까요."

하지만 시간을 조율하는 과정은 생각보다 훨씬 더 정교하고 복잡하다. 하나의 동물 안에도 장기마다 서로 다른 목적에 맞춰 작동하는 시계가 따로 있다. 피부에는 체온을 조절하는 시계가 있고, 간에는 식사 신호를 조절하는 시계가 있다. 곤충도 마찬가지다. 예컨대 나비는 태양을 기준으로 방향을 잡지만, 따로 '더듬이 시계antennae clocks'를 작동시켜 이동 중 위도 변화에 맞춰 방향을 조정한다. 몸속의 모든 세포에는 각자 고유한 시간 조율 장치가 들어 있고, 그 시계는 각 기능에 꼭 맞게 정밀하게 작동한다. "그래서 여기서 질문이 생기는 거죠." 바버라가 말을 이었다. "수십억 개나 되는 시계 속에서, 어떻게 의미 있는 '하나의 시간'을 읽어낼 수 있을까요?"

그 해답은 조율에 있다. 시간 감각은 몸속에서 생기기도 하지만, 서로 다른 생명체들이 리듬을 맞추며 함께 조율하기도 한다. 시간 형질의 세 번째 요소는 바로 '생명체 간의 상호작용'이다. "벌집에서는 벌들이 함께 시간을 맞춰갑니다." 바버라가 말했다. 분업 구조가 확실한 꿀벌 사회는 각기 다른 역할을 맡은 벌들이 '사회적 시계'를 적절히 조절한다. 유충을 돌보는 벌은 꿀벌 유전자에 새겨진 리듬에 따라 주기를 유지하고, 바깥에서 꿀을 모으는 벌은 일주기에 맞춰 주기적으로 활성화되는 시계 유전자와 식물 고유의 시간 형질의 관계를 조율한다. 그렇게 서서히 자신의 시간을 꾸려간다.

시간 감각은 종과 종 사이에서뿐만 아니라, 같은 종 내부에서도 끊임없이 조율하며 맞춰가는 것이다. 북극 툰드라 지역에서 장기간 진행한 한 연구에 따르면, 하나의 식물 종 안에서도 서로 다른 시간 조절 메커니즘이 진화해왔다. 꽃을 피우는 리듬은 수분자(곤충)와 함께 진화했고, 잎이 돋아나는 리듬은 초식동물과 함께 진화했다. 이 생식 시계와 생장 시계는 서로 다른 동물의 시간에 맞춰 반응하고, 같은 생물 안에서도 서로 다른 속도로 작동한다.

자연의 생체 시계는 스위스 시계처럼 일정한 박자로 째깍거리며 움직이지 않는다. 생체 시계는 흔들리고 요동친다. 그 무수한 시계들이 어우러지면, 서로 엇갈리는 박자와 리듬이 겹겹이 쌓인 거대한 다성부 푸가fugue가 펼쳐진다. 엇갈리는 박자와 포개지는 리듬, 층층이 쌓인 템포가 한데 어우러져 생명을 매일, 매해, 매 계절 앞으로 이끌어간다. 이처럼 정교한 시간이 수없이 얽혀 생체 시계를 이루기 때문에 "한 동물에게 진짜로 중요한 '그 시간'은 도대체 어느 시간일까?" 하는 의문이 생긴다고 바버라는 말했다.

이렇게 복잡한 리듬 구조는 생물에게 오히려 큰 이점이 되기도 한다. 생리적 조절 능력을 충분히 갖춘 생물이라면, 전체 생명의 악보 안에서 자신만의 새로운 리듬을 찾아낼 수 있다. 기온이 오르고 계절의 리듬이 흐트러지는 시대, 생명은 삶의 중요한 순간들을 다시 조율할 수 있다. 바로 그것이 이 복잡한 리듬 구조가 생명에게 주는 선물이다. 때로는 여럿이 함께 시간을 맞춰가는 그 과정에서 새로운 종이 태어나기도 한다. 랠프 월도 에머슨은 사과를 두고 미국의 '국민 과일'이라 불렀지만, 사실 사과는 유럽 출신 정착민들이 북아메리카에 들여온 외래종이다. 19세기 초, 한 종의 사과가 도입되면서 '영양 단계 연쇄 효과'라 불리는 생태적 반응이 시작되었다. 불과 150년 만에, 토착 초파리였던 사과좀파리apple maggot와 그 유충에 기생하는 말벌이 유전적으로 분리된 여러 계통으로 진화한 것이다.

식민지화 이전, 사과좀파리는 주로 산사나무에 기생했다. 하지만 에머슨을 비롯한 수많은 미국인이 사과에 빠졌듯, 사과좀파리 일부도 외래 사과의 맛에 눈을 떴다. 그 결과, 산사나무에 붙는 무리와 사과를 찾는 무리가 갈라져 서로 섞이지도, 교배하지도 않는 두 무리로 나뉘었다. 이 분화는 곧 사과좀파리 유충에 알을 낳아 기생하는 말벌에게도 영향을 미쳤다. 말벌 역시 숙주의 변화에 따라 분화되어, 각기 다른 계통으로 갈라지게 된 것이다. 종 분화를 이끈 주체는 사과좀파리나 말벌이 아니라, 산사나무와 사과나무의 DNA에 새겨진 생체 시계였다. (물론, 그 뒤에는 바다 한가운데서도 항해자가 자신의 위치를 가늠할 수 있게 해준 해리슨의 해상시계가 여느 때처럼 조용히 똑딱이고 있었다.)

유럽 식민자들이 사과나무를 북미에 들여오면서, 사과는 산사나무와는 전혀 다른 시기에 열매를 맺는 숙주가 되었다. 이 시간의 차이에 맞춰 사과좀파리 유충과 그 유충에 기생하는 말벌도 각자의 생체 시계를 조율하게 되었고, 결국 산사나무를 따르던 친척들과는 전혀 다른 시간 형질 속으로 들어가게 되었다. 그렇게 사과나무와 곤충들이 함께 시간을 맞춰가며 이루어낸 리듬 속에서, 자연은 마치 저절로 하나의 새로운 종을 불러낸 듯했다. 그런데 지금, 많은 생체 시계가 제때를 놓치고 있다. 박자가 어긋나기 시작하고, 당김음은 이제 불협화음으로 번지고 있다. 세계에서 가장 오랜 기상 기록인 잉글랜드 중부 기온CET 기록은 17세기 중반부터 수집된 데이터를 통해 지구온난화로 식물의 계절 리듬이 크게 어긋나고 있다는 사실을 보여준다.

계절은 더 이상 예전의 계절이 아니다. 북반구에 서식하는 200여 종을 조사한 연구에 따르면, 기온이 오르면서 많은 생물이 봄을 맞이하는 시기가 10년마다 평균 2.8일씩 앞당겨지고 있다. 하지만 무엇보다 중요한 건 모든 종이 같은 속도로 반응하지 않는다는 점이다. 예컨대, 양서류는 나무, 새, 나비보다 두 배 빠르게 계절 변화를 따라가고 있고, 풀과 관목류보다는 무려 여덟 배 가까운 속도로 반응하고 있다. 수백만 년에 걸쳐 정교하게 맞춰온 생체 시계들이 제각기 어긋나기 시작했으며, 이는 시간 속에서 맺은 생명체들의 관계를 흔들고 있다. 이를 두고 생체시계학자들은 '생물계절 불일치'라 부른다. 먹이와 포식자, 풀과 초식동물, 꽃과 수분자의 시간이 엇갈리고 있으며, 그 결과는 때로 치명적이다.

호주의 산악피그미주머니쥐mountain pygmy possum는 겨울잠에서 깨어났지만, 주요 먹이인 보공나방bogong moth이 아직 나타나지 않아 굶주림에 시달리고 있다. 또한, 기후 변화로 애벌레가 예년보다 일찍 늘어나자, 노랑배박새의 산란 시기가 그 리듬을 따라가지 못했다. 그 결과, 새끼들이 자라는 때에는 이미 애벌레 철이 지나 먹이를 충분히 얻지 못했다. 한 연구는 해양 온난화가 계속되면 식물성 플랑크톤의 대량 증식 기간이 짧아질 수 있다고 경고한다. 이는 해양 먹이사슬의 가장 아래층에서 생기는 심각한 엇갈림으로, 생태계 전체를 뒤흔드는 재앙으로 이어질 수 있다.

문제는 먹이만이 아니다. 캐나다에서는 눈이 적게 내려서 눈덧신토끼snowshoe hare가 겨울에 털색을 흰색으로 바꿔도 더는 위장 효과를 얻지 못하고 포식자에게 노출되고 있다. 식물과 수분자의 시간도 어긋나기 시작했다. 일본에서는 봄철 기온이 평년보다 일찍 오르면서, 봄에 잠깐 피는 식물들이 꿀벌이 활동을 시작하기도 전에 꽃을 피우고 있다. 이처럼 달라진 시간의 리듬에 따라 생태계 전체의 구성이 변하고 있다. 지구 곳곳의 동식물들이 더 시원한 곳을 찾아 북쪽으로 이동하고 있으며, 그 이동 속도는 10년에 16킬로미터를 넘는다. 장거리 철새에게는 시기를 놓치지 않는 것이 생존과 직결된다. 철새의 이동은 몸속의 시계와 외부 환경 조건이 정밀하게 맞물릴 때만 가능하다. 이 까다로운 조건을 맞추기 위해, 철새는 시간을 정밀하게 조율하는 생체 시스템을 진화시켜 왔다. 하루 주기를 조절하는 일주기 시계뿐 아니라, 이동 충동에 맞춘 야간 생체 시계도 따로 지니고 있다. 이 충동은 엄청나게 강력하다. 이동 시기가 되면, 새장에 갇힌 철새조차 몸속에서 들끓는 본능을 이기지 못하고 번식지를 향해 안절부절 뛰어다닌다. 이 본능은 유전자 깊숙이 각인되어 있어 험준한 산조차 그 길을 막지 못했다.

줄기러기는 히말라야산맥이 솟아오르기 전부터 인도 아삼에서 중앙아시아 평원으로 날아가 번식해왔다. 히말라야가 융기하는 동안에도, 그들의 핏속을 흐르던 충동은 시간도 경로도 바꾸지 않았고, 오늘날 줄기러기는 해발 6천 미터의 봉우리를 넘고, 1천 6백 킬로미터를 날아가는 철새로 살아남았다. 철새의 생체 시계는 아직 알 수 없는 미래까지도 미리 맞춰야 한다. 멀리까지 이동하는 철새는 도착한 그곳에 어떤 환경이 펼쳐질지 알 수 없어도 시간을 놓치지 않고 떠나야 한다.

붉은갯도요는 독일과 덴마크의 바덴 해안에서 겨울을 나지만, 번식은 약 4천 8백 킬로미터 떨어진 캐나다 북부와 그린란드에서 한다. 6월 초에 맞춰 알을 낳으려면, 5월 첫 주에는 출발해야 하고, 가는 길에 아이슬란드에 들러 체력도 보충해야 한다. 붉은갯도요는 그 여정을 위해 몇 주 전부터 차근차근 준비한다. 두 달 뒤, 캐나다에 봄이 와 있을지 예보해줄 '새 전용 기상청' 같은 건 없으니, 붉은갯도요는 오직 수천 년에 걸쳐 미세하게 조율된 생체 시계만을 믿고 길을 떠난다.

기후 붕괴는 그동안 정교하게 맞춰져 있던 시간의 균형을 깨뜨리고 있다. 어떤 새들은 산란 시기를 앞당기고 있지만, 이동 시기는 그대로라 번식 기간이 짧아지고 있다. 역시나 핵심은 가소성이다. 어떤 종은 이때, 새로운 경로를 발견하기도 한다. 기온이 오르면서, 검은머리휘파람새는 이제 이베리아반도를 거치지 않고 아프리카에서 곧장 영국으로 날아가게 되었다. 붉은갯도요처럼 장거리를 이동하는 철새는 공중에서 기온 변화를 감지해 속도를 늦추거나 산란을 미루는 방식으로 자신의 일정을 조정할 수 있다. 하지만 햇빛에만 의존해 이동 시기를 정하고, 온도 변화에 민감하지 않은 종들은 그만큼 적응하기가 더 어렵다. 생체 시계를 흐트러뜨리는 또 하나의 중요한 요인은 도시화다. 오랜 진화의 시간 동안, 생명체는 무엇보다 낮의 길이에 의존해 시간을 읽어왔다. 하지만 인공조명이 발명되면서 태양의 경쟁자가 등장했다. 명금류는 밤에도 전기 조명 아래에서 노래를 부르고, 붉은발도요는 석유화학 공장에서 새어 나오는 불빛 때문에 밤에도 환해진 갯벌에서 촉각 대신 시각에 의존해 먹이를 찾는다. 도시의 불빛은 곤충의 이동을 교란하고, 수분자의 일주기 리듬을 바꾸며, 신경계를 겨냥한 일부 살충제는 곤충의 생체 시계를 어지럽힌다. 그리고 빛이 있는 곳에는 언제나 열도 따라온다. 도시 열섬 현상은 다른 종들이 시간을 감지하는 방식에도 영향을 미친다. 도시의 검은지빠귀는 시골 개체보다 한 달 빨리 성숙하고, 영국과 유럽, 중국의 도시 나무들은 시골 나무보다 4~17일 정도 일찍 잎을 틔운다. 위성에서도 일찍 움튼 초록잎이 관측될 정도다.

그렇다면 시계에 둘러싸인 우리는 어쩌면, 자연의 시간에서 벗어난 존재일까? 아니다. 인간 역시 빛이나 계절 같은 외부 자극을 통해 시간의 흐름을 감지하며 살아간다. "우리는 시간을 몸에 지니고 있어요." 바버라는 그렇게 말했다. 시차 적응이 힘든 것도 바로 그 때문이다. 실제로 사람 100명 중 3명 정도는 계절성 정동장애를 겪는다. "인간도 계절을 따라 살아가는 동물이죠." 바버라는 이렇게 덧붙였다. "교회 묘지나 옛 출생 기록을 보면, 과거에는 출산에도 아주 뚜렷한 계절적 리듬이 있었어요. 산업혁명으로 이 리듬이 약해졌지만, 완전히 사라지지는 않았죠." 오늘날에도 인간의 생식 리듬은 계절과 맞물려 있다. 미국에서는 8월과 9월, 해가 길고 햇살이 풍부한 시기에 출산이 집중되고, 낮이 짧고 어두운 2월에는 출생률이 가장 낮다.

모든 생명체 안에는 무수한 리듬이 고동치고 있다. 그중 어떤 리듬은 유연하게 변화에 적응해나가지만, 어떤 리듬은 그러지 못한다. 기후 변화가 갈수록 거세지는 지금, 어떤 종은 생체 시계를 조정해 적응할 것이고, 어떤 종은 끝내 시간을 맞추지 못한 채 뒤처질 것이다. 나는 바버라에게 물었다. "이제 야생의 시계로 시간을 읽는 법을 배워야 하지 않을까요?" "맞아요." 그녀가 답했다. "하지만 그렇게 할 수 있는 시간도 얼마 안 남은 것 같아요. 너무 많은 것이 파괴되고 있죠. 그럼에도 이 세계에는 무언가를 창조하고 바꿔낼 가능성도 있어요. 어떨 땐 이 세상이 망가진 것처럼 보이지만, 또 어떨 땐 정말 창조적인 세상처럼 느껴지거든요."

우리가 아는 '시계 시간'은 한 줄기의 불빛이 좌우로 부드럽게 흔들리며 시작되었다. 16세기 말 무렵, 갈릴레오 갈릴레이Galileo Galilei는 피사 대성당 천장에 매달린 등불이 일정한 리듬으로 앞뒤로 흔들리는 모습을 관찰했다. 그는 이 현상에 흥미를 느껴 실험을 시작했다. 흔들리는 각도를 바꿔보기도 하고, 줄 길이를 달리하거나 무게를 더해보며 진자의 움직임을 측정했다. 그 결과, 진자는 거의 등시성isochronous을 가진다는 사실을 밝혀냈다. 어깨 높이에서 힘껏 밀든, 손가락으로 살짝 건드리든, 진자는 같은 주기로 흔들렸다. (여기서 '주기'란 균형점에서 출발해 다시 돌아오는 한 번의 진동을 뜻한다.) 진자는 한동안 자신의 시간을 유지한다. 물론, 움직임에 투입된 에너지가 사라질 때까지지만 말이다. 약 반세기 뒤, 네덜란드의 수학자 크리스티안 하위헌스Christiaan Huygens는 갈릴레오가 발견한 내용을 바탕으로 하루에 오차가 단 15초밖에 나지 않는 최초의 진자시계를 만들어냈다.

갈릴레오가 깨달은 것은 인류의 오랜 역사 내내 자연의 리듬과 힘에 따라 자유롭게 흐르던 시간이 이제는 인간이 조절할 수 있는 대상으로 바뀌었다는 사실이었다. 기계식 시계가 등장하기 전까지는 하루나 한 시간의 길이조차 고정된 게 아니었다. 지구가 태양 주위를 도는 궤도에 따라, 여름이면 낮이 길어지고 겨울이면 낮이 짧아진다.

이런 계절의 리듬은 사람들에게 위안을 주고 위로를 건넸다. 작고 일상적인 우리의 삶이 더 크고 오래된 질서 안에서 움직이고 있다는 사실을 순간순간 깨닫게 해주었기 때문이다. 셰익스피어는 열두 번째 소네트에서 '시간을 말해주는 시계'를 '한창때를 지난 제비꽃'과 '수확되어 묶인 여름의 푸름' 속에서 발견했다. 시간은 지역마다 공유된 지리적 감각에 기반해 흘러갔다. 광장에서 바라본 태양의 위치에 따라 마을마다 각자 다른 시간을 살아갔다. 하지만 진자는 흘러가던 시간을 멈춰 세우고 손에 쥘 수 있게 만들었다. 태양의 손아귀에서 시간을 빼앗아, 변하지 않는 보편적 리듬에 고정한 것이다. 그리고 마침내, 세상은 그 진자의 흔들림에 발맞추기 시작했다.

산업 사회에서는 모든 것이 상품으로 취급되었다. 시간도 예외가 아니었다. 철도를 제때 운행하려면 하나의 표준화된 시간이 필요했다. 영국에서는 1848년, 철도 운행표를 그리니치평균시GMT에 맞추면서 각 지역에서 따로 쓰던 고유한 시간이 서서히 자취를 감추기 시작했다. 미국도 1883년, 수많은 지역·지방 시간을 대신해 네 개의 표준 시간대를 도입했다. 카를 마르크스Karl Marx의 말대로, 화약과 나침반, 인쇄기에 이어 산업 사회를 움직이는 가장 본질적인 장치는 시계와 공장이었다.

이 이야기는 시계 시간이 마치 저항 없이 세계의 중심이 된 것처럼 전개된다. 시계가 불현듯 새로운 태양처럼 떠올라, 생물들이 시간을 조율하던 옛 방식들을 전부 가려버리기라도 한 듯이 말이다. 하지만 미국에서는 인류가 달에 첫발을 딛기 불과 2년 전인 1967년까지도, 지역마다 예전의 시간을 계속 따를 수 있었다. 사실 갈릴레오의 시대로 거슬러 올라가 보면, 다른 리듬들 역시 시간의 질서를 세우는 데 중요한 역할을 했다. 진자의 흔들림을 측정하려면 정확한 시간 기준이 필요했지만, 당시에는 그런 장치가 없었다.

그래서 갈릴레오는 자신의 맥박을 기준 삼아 시간을 쟀다. 어쩌면 지금까지 만들어진 모든 시계는 갈릴레오의 심장 박동에 맞춰 조율된 셈인지도 모른다. 대부분의 사람들에게 시간은 곧 시계 시간을 의미한다. 하지만 그렇게 굳어진 인식은 시간이 지닌 수많은 얼굴을 우리 눈앞에서 가려버린다. 시계 중심의 사고는 시간을 질서와 규칙을 강요하는 장치 안에 가두고, 우리가 시계를 이해하는 방식마저 단순하고 납작하게 만든다.

시간철학자 미셸 배스천Michelle Bastian에 따르면, 시계는 단지 벽에 걸린 기계 장치가 아니다. 우리가 일상적으로 의존하는 시계는 시간 측정 이상의 목적, 즉 행동을 조직하고 조정하기 위한 정치적 장치로 설계되었다. 단지 그 익숙한 방식만으로는 놓치는 것들이 많다. "시계나 달력을 보면, 우리가 어떤 일상 리듬에서 벗어나고 있는지는 금세 알 수 있다. 반면에 더 깊은 차원의 어긋남은 전혀 감지하지 못한다"라고 미셸은 지적한다. 시계 시간에 갇힌 이런 시선은 때때로 치명적인 결과를 낳는다. 시계는 우리가 회사에 늦었는지 안 늦었는지는 알려주지만, "기후 붕괴를 막기에 늦었는지 아닌지는 끝내 말해주지 않는다."

우리가 의식적으로 자신을 어떤 대상과 조율할 수 있다면, 그게 무엇이든 시계가 될 수 있다고 미셸은 말한다. 표준화된 시계 시간이 주도권을 쥐게 되었지만, 오랫동안 우리는 다른 생명체들을 통해 시간을 감지했다. 바버라에게 들은 인도네시아 농업 달력 이야기가 떠오른다. 그곳 사람들은 철새의 도래 시기에 맞춰 어떤 작물을 심을지를 정한다. 사람과 새, 식물의 시간이 그렇게 서로 맞물려 있었다. 1751년, 스웨덴 식물학자 칼 린네Carl Linnaeus는 '식물 시계'를 소개했다. 태양을 따라 피고 지는 '태양 꽃'들이 하루 중 언제 피고 언제 닫히는지를 하나의 원으로 그려낸 것이다. 린네는 이렇게 말했다. "시계의 도움을 받거나 해를 보지 않아도, 이 꽃들을 보면 하루의 어디쯤 와 있는지를 알 수 있었다."

기계식이든 디지털식이든, 우리는 시계가 알려주는 시간이 유일한 '진짜 시간'이라 믿으며 살아왔다. 하지만 시계란, 애초에 우리가 만든 하나의 틀에 지나지 않는다는 사실도 잊지 말아야 한다. 미셸의 말대로, "시계는 설계된 인공물이다. 그러니, 다시 설계할 수 있는 것이다." 이 진실을 가장 깊이 이해한 인물이 헨리 데이비드 소로Henry David Thoreau가 아니었을까. 소로는 자신의 시대에 표준화된 시간이 점점 일상을 잠식해 들어오는 현실을 예리하게 의식했다. 그는 《월든Walden》에 이렇게 적었다. "이제 마을의 하루는 기차의 출발과 도착이 기준이 되었다."

이웃들 대부분은 현대적 기계에 시간을 맞추는 삶을 선택했고 기차는 정해진 시각에 정확하게 출발하고 도착했다. "농부들은 규칙적이고 정확한 그 시간에 맞춰 시계를 조정했다." 하지만 소로에게 시간은 살아 있는 모든 존재와 함께 만들어가는 것이었다. 그는 1850년, 월든 호숫가에서 자연의 계절 변화를 기록하는 일기를 쓰기 시작했고, 그렇게 쌓인 기록은 1천 8백 쪽이 넘는 생물계절의 연대기가 되었다. 1851년 8월 21일, 그는 버베나 하스타타blue vervain의 섬세한 별 모양 꽃이 줄기 아래에서부터 꼭대기까지, 둥근 원을 그리며 차례로 터져나오는 모습을 지켜보았다. "의기양양하게 만개한 둥근 원은 위로 이동하며, 남아 있던 봉오리들을 바깥 자리로 밀어냈다."

그는 7월 16일, 처음 봉오리가 터지는 모습을 관찰했고, 이후 이어지는 개화 과정을 차근차근 추적하며 이렇게 말했다. "이런 식물 시계를 따라 계절의 걸음을 헤아리는 일은 참으로 즐겁다." 이런 식의 세밀한 관찰은 어느새 강박에 가까운 습관이 되었다. 1856년 12월, 그는 이렇게 썼다. "꽃이 정확히 언제 피는지 알기 위해, 6~8킬로미터나 떨어진 곳을 이삼일에 한 번씩, 보름 사이에 여섯 번이나 찾아갔다." 랠프 월도 에머슨은 소로를 추모하며, 그가 이런 말을 했다고 전한다. "만약 내가 언제 어떻게 갔는지 기억도 못 한 채 늪 한가운데서 깨어난다 해도, 그곳의 식물들만 봐도 지금이 계절 중 어느 무렵인지 이틀 이내에 알아맞힐 수 있을 거예요."

그렇게 오랜 시간 자연의 리듬에 몸을 맡긴 끝에, 소로는 자연의 시간을 곧 자신의 시간으로 받아들이게 되었다. 1857년

10월, 그는 이렇게 기록했다. "계절이 보여주는 이런 규칙적인 현상들은 결국, 그냥 내 삶의 한 장면, 한 국면이 된다. 계절과 그 모든 변화는 내 안에 있다." 말년에, 그는 자신이 오랫동안 관찰하며 쌓아온 기록을 계절과 함께 흐르는 시간의 틀로 엮기 시작했다. 하나의 캘린더를 만들었는데, 이는 계절마다 달라지는 자연의 리듬을 따라 써 내려간, 하나의 시간 일지였다.

그는 월든 호수의 얼음이 언제 얼고 녹았는지, 특정 꽃이 어느 날 처음 피었는지만 기록하지 않았다. 자기 몸이 계절을 어떻게 받아들이는지도 함께 기록했다. 예컨대, "이제 코트를 입는 게 당연해졌다" "이제 바깥에 나와 있어도 불을 피우지 않게 되었다" 같은 몸의 변화들도, 꽃이 피고 잎이 지고, 동물들이 이동하는 계절의 흐름 속에 조용히 스며들었다. 그에게 시간은 몸으로 '느끼는' 것이었다. 월든 호숫가의 수많은 야생 시계가 그의 몸속에서도 째깍거리고 있었다.

소로는 야생의 시계들과 리듬을 맞추는 순간, 시간을 느끼는 방식이 완전히 달라진다는 사실을 우리에게 보여주었다. 미셸도 우리가 다른 생명체들과 함께 시간을 맞춰 살아갈 때, 표준 시계가 강요하는 사회적이고 개념적인 틀에서 벗어날 수 있다고 말한다. 물론, 오늘날에는 자연의 시간에 맞춰 살기가 소로의 시대보다 훨씬 더 어렵다. 그가 알던 야생 시계들도 이제 그때와 같은 리듬으로 움직이지 않는다. 월든 호숫가의 식물들은 19세기 중반에 기록한 시기보다 평균 일주일 정도 일찍 꽃을 피운다. 바로 이런 어긋남을 통해 야생 시계는 기후 붕괴의 시대에 시간이 얼마나 자주 미끄러지고 흔들리는지를 우리에게 일깨운다.

미국 전역에서 라일락의 개화 시기를 수십 년간 관측해온, 세계에서 가장 오래된 생물계절 기록 가운데 하나는 1950년대 이후 대기 중 인간 유래 탄소가 늘면서 개화 시기 역시 앞당겨졌음을 보여준다. 유엔 산하에 있는 기후 변화에 관한 정부간협의체IPCC도 생물계절의 변화가 기후 붕괴를 추적하는 핵심 지표가 될 수 있다고 밝혔다.

명금류의 생체 시계를 허리케인 예측에 활용할 수 있다는 연구도 있다. 북아메리카에서 남아메리카로 이동하는 개똥지빠귀과 철새인 비리veery는 카리브해 폭풍이 집중되는 시기에 멕시코만을 지나간다. 그래서 날씨가 극심한 해에는 둥지에 오래 머무르지 않고 더 일찍 길을 떠난다. 덕분에 남쪽으로 가는 길에서 가장 거센 폭풍을 피할 수 있다. 따라서 이들의 번식 행동을 관찰하면, 다가오는 대서양 폭풍의 강도를 예측할 수도 있었다.

물론, 이 작은 철새의 생체 리듬이 기상 과학의 정밀한 예보를 대신할 수는 없다. 그럼에도 불구하고, 기후 붕괴로 열대 폭풍이 점점 더 거세지는 이때, 그 거센 바람을 뚫고 수만 킬로미터를 날아가는 작은 새들과 우리의 시간을 맞추는 건, 우리가 다른 생명과 함께 시간을 조율한다는 것이 어떤 의미인지 스스로 되묻는 일이기도 하다. 세상의 리듬에서 밀려난 생명들과 시간을 다시 맞출 수 있다면, 그들이 느끼는 고립감도 조금은 덜

해질 것이다. 시간은 시계의 똑딱임이 아니다. 혈관을 흐르는 맥박으로 몸속에 살아 있다. 시간은 신경과 잎, 유전자 깊숙이 새겨진 하나의 사유다. 야생 시계는 우리가 흔들리는 세계를 인식하고 그 변화에 맞춰 모든 생명이 함께 살아갈 수 있는 리듬을 다시 회복하도록 도와줄 것이다.

― 마땅히 조율해야 할 것

또다시, 시간 감각이 나를 배신했다. 충분히 여유 있다고 생각했다. 아침 일찍 일어나 오슬로 도심을 천천히 걸으며 커피를 살 만한 곳을 찾고, 노트를 읽으며 아침 햇살도 잠시 즐길 수 있으리라 기대했다. 함께할 동행자를 만나러 기차역에 가기까지 시간이 넉넉하다고 생각했다. 하지만 대성당 시계탑 앞에 이르렀을 때, 그 착각은 단번에 깨졌다. 고개를 들어 시곗바늘을 보는 순간, 심장이 철렁 내려앉았다. 내가 기대한 건 단정한 아홉 시의 직각이었지만, 시침과 분침은 이미 10시를 향해 날카롭게 기울어 있었다.

전날 오슬로에 도착했을 때 휴대전화의 시간대가 자동으로 바뀐 줄 알았는데, 나중에 보니 그 기능이 꺼져 있었다. 내 시간은 이 도시의 시간과 한 시간이나 어긋나 있었고, 그걸 깨달았을 때는 이미 늦어버린 뒤였다. 나는 100년 동안 봉인될 책들이 자라고 있는 숲을 만나기 위해 노르웨이에 왔다. 미래도서관은

298

스코틀랜드 예술가 케이티 패터슨Katie Paterson이 기획한 프로젝트다. 매년 작가 한 명에게 집필을 맡기고, 그 글은 2114년까지 봉인된다.

예정된 날이 도래하면, 한 세기 동안 모인 글들이 오슬로 외곽에 위치한 노르드마르카 숲에 미리 심어둔 나무로 만든 종이에 인쇄된다. 이 프로젝트를 위해 숲에는 소나무와 자작나무, 가문비나무가 가득 심어졌다. 매년 여름, 이 숲의 공터에서는 그해의 작가가 완성된 원고를 직접 전달하는 조용한 기념식이 열린다. 2014년, 처음 이 프로젝트에 참여한 작가는 마거릿 애트우드였다. 그녀는 당시 이렇게 적었다. "100년이 지나, 오랫동안 침묵 속에 있던 내 목소리가 갑자기 깨어난다고 생각하니 기분이 묘하다." 두 번째로 참여한 데이비드 미첼David Mitchell은 미래도서관 프로젝트가 "미래를 향한 믿음의 선언" 같다고 말했고, 다섯 번째 작가 한강은 "한 세기 동안 이어지는 기도"에 비유했다. 미래도서관은 일종의 시간 조율 실험이다. 불확실한 미래를 향해 불안한 현재의 감각을 미세하게 맞춰나가는 섬세한 시도인 것이다.

그러나 이토록 긴 시간을 내다보는 프로젝트조차 코로나19의 충격을 비껴가지 못했다. 최근에 선정된 세 작가, 카를 오베 크네우스고르드Karl Ove Knausgaard, 오션 브엉Ocean Vuong, 치치 당가렘브와Tsitsi Dangarembga의 기고가 예정보다 늦어졌다. 세상이 갑작스럽게 '바이러스의 시간'에 발맞춰 움직이기 시작한 탓이었다. 2025년은 바이러스 발생 이후 처음으로 기념식이 열리는 해였고, 세 작가 모두 참석할 예정이었다.

게다가 이번 기념식에는 새로운 풍경이 하나 더해졌다. 미래의 독자들을 위해 집필된 이 작품들을 안전하게 보관할 특별한 방이 오슬로 중앙도서관 한가운데 새롭게 마련된 것이다. 미래도서관 프로젝트 이야기를 처음 들었을 때부터, 나는 책들이 자라나는 그 숲속 공터를 언젠가 꼭 찾아가보고 싶었다. 매년 새로운 작가의 이름이 발표될 때마다, 그들이 다음 세기를 향해 어떤 메시지를 남길지, 그리고 그런 역할을 떠맡는 건 어떤 기분일지 상상하곤 했다.

바로 그 기념식을 며칠 앞두고, 아네 빅토리아 볼스네스Ane Victoria Vollsnes를 만나러 가는 길이었다. 오슬로대학교 식물학자인 그녀와 함께 기차를 타고 미래도서관이 자리한 숲으로 향할 예정이었다. 나는 약속 시간보다 15분 늦게 도착했다. 봄비는 기차역 광장에서 아네가 차분히 나를 기다리는 모습을 보고 안도의 숨을 내쉬었다. 단정하고 말수가 적은 그녀는 내가 헐레벌떡 던진 "우리의 생물계절이 어긋났어요"라는 농담에 정중하게 웃어 보였다. 그리고 곧장 플랫폼 쪽으로 걸음을 옮겼다.

기차에 올라탄 뒤, 나는 그녀의 연구에 대해 물었다. 아네는 북극 생태계가 얼마나 빠르게 변하고 있는지를 추적하고 있다고 했다. 특히 노르웨이 최북단 핀마르크 지역에서 대기 오염과 기후 붕괴가 식물 종에 미치는 이중 효과를 연구 중이라고 했다. "북극은 지구 어느 곳보다 세 배 빠르게 따뜻해지고 있어요."

그녀가 말했다. 이곳의 시간 균열은 그 어느 곳보다도 거세고 갑작스럽다. 하지만 북쪽의 빛과 공간을 이야기하는 순간, 그녀의 얼굴에는 처음으로 따뜻한 기운이 돌았다.

기차가 종착역에 도착하자, 우리는 숲으로 난 여러 오솔길 중 하나를 따라 걷기 시작했다. "사람들은 대부분 식물에 눈이 멀어 있어요." 아네가 말했다. 사람들은 그저 초록빛만 볼 뿐이다. 하지만 조금만 주의를 기울이면, 숲에 흐르는 시간을 느낄 수 있다. 그녀는 왼쪽 비탈에서 걸음을 멈췄다. 작고 잎이 촘촘한 블루베리 덤불들이 낮게 자라고 있었고, 그 사이사이로 타다 남은 것처럼 시든 가지들이 초록빛 숲 위에 붉그스름한 갈고리 모양으로 불쑥불쑥 솟아 있었다. "블루베리는 눈 속에서 겨울을 나도록 진화해왔어요." 아네는 그렇게 말하며, 눈이라는 절연 담요 덕분에 혹독한 겨울을 견딜 수 있다고 덧붙였다.

그러나 최근 몇 년 사이 겨울은 예년보다 따뜻해졌다. 눈이 더 늦게 올 거라 믿고 위로 자란 가지들은 설선 밖으로 뻗어나가 결국 얼어 죽고 말았다. 나는 숲에서 또 어떤 야생 시계를 찾을 수 있을지 물었다. 조금 더 걷다가 우리는 키 큰 가문비나무 곁에 멈춰 섰다. "이 나무들은 온도 변화에 민감하게 반응해서 12월처럼 너무 춥고 어두울 때는 싹을 틔우지 않도록 스스로 생체 리듬을 조율해요." 아네가 설명했다. 새로운 침엽은 5월부터 자라기 시작했고, 당시에는 짙은 갈색 가지 끝마다 살이 오른 연둣빛 새순이 깃털처럼 달려 있었다.

기후가 변하면 가문비나무의 생물계절도 달라질 수 있고, 어쩌면 너도밤나무처럼 북쪽으로 영역을 넓혀오는 나무들과 이웃하게 될지도 모른다고 아네는 덧붙였다. 그녀는 숲이 사라지는 건 아니라고 나를 안심시켰다. "숲의 시간으로 보면, 100년은 그리 긴 시간이 아니에요. 그래도 그 시간 동안, 많은 게 달라질 수 있어요." 대기 중 이산화탄소 농도가 높아지면, 그걸 잘 활용하는 식물들은 더 빠르게 자랄 수 있다고 아네는 덧붙였다. 그런데 토양 속 질소량은 변하지 않는다. 그 말은 식물 속 전분은 늘어날 수 있어도, 단백질은 그렇지 않다는 뜻이다.

번식기에 접어드는 초식동물들에게 이것은 치명적인 문제가 될 수 있다. 그린란드에서는 카리부의 번식기가 봄과 정확히 맞물려 있다. 기후가 따뜻해지면서 새끼 출산 시기와 식물의 생물계절이 함께 앞당겨지고 있지만, 그 속도가 서로 다르다. 카리부 새끼는 30년 전보다 평균 4일 정도 일찍 태어나고 있지만, 식물들의 생장기는 거의 5일 앞당겨졌다. 고작 하루 차이라 대수롭지 않게 들릴지도 모르지만, 평균보다 늦게 태어난 새끼들에게는 그 하루 차이가 굶주림으로 이어질 수도 있다. 그리고 이 차이는 매년 조금씩 더 벌어지고 있다.

노르웨이 북부의 순록도 비슷한 압력을 받고 있다. 겨울 동안 순록은 주로 이끼류에 의존해 살아간다. 그런데 따뜻한 겨울에는 눈 사이에 비가 섞여 얼음층이 생기면서 이끼가 얼음 아래에 갇히고, 순록은 더 이상 이끼를 먹을 수 없게 된다.

미래도서관 숲은 큰 오솔길에서 조금 벗어난, 가파르고 헐벗은 비탈에 자리하고 있었다. 키 큰 가문비나무들이 병풍처럼 둘러서 있고, 그 안에는 아직 가슴 부근에 머무는 어린나무들이 자라고 있었다. 위쪽 가지마다 분홍 리본이 달려 있었고, 그 끝에는 연둣빛 새순이 돋아 있었는데, 보송한 잔털을 두른 녹색 애벌레 같았다. 묘목이 심긴 뒤 몇 해 사이, 이 벌거숭이 비탈에는 블루베리, 산딸기 덤불, 마가목이 함께 자리를 잡았다. 아네는 겨울에 눈 위로 삐져나왔던 마가목 가지 끝을 가리키며 말코손바닥사슴이 뜯어 먹었다고 말했다. 우리는 공터 한가운데 놓인 투박한 나무 벤치에 나란히 앉아, 아네가 보온병에 담아온 커피를 나눠 마셨다. 그리고 조용히 귀를 기울였다. 언젠가 도서관이 될 수백 그루의 나무들이 조용히 숨을 고르고 있었다.

나는 아네에게 물었다. "책을 인쇄하게 될 때쯤, 이 숲은 어떻게 달라져 있을까요?" 잠시 뜸을 들이다가 아네가 답했다. "100년 전만 해도 이 숲에서 소가 풀을 뜯었어요. 앞으로는 스웨덴에서 멧돼지가 국경을 넘어 이쪽에 와 정착할지도 모르죠. 북쪽으로 분포지를 넓혀가는 너도밤나무에 또 다른 이웃이 생기는 셈이죠." 숙주가 되는 나무와 해충 사이에 힘의 균형이 깨질 수도 있다. 소나무좀은 살아 있는 나무 안에 파고들어 껍질을 갉아먹고, 그 속에 알을 낳으며 일생을 보낸다. 특히 묘목과 어린나무를 좋아해서, 내버려두면 어린나무 절반 가까이가 이 해충에 껍질을 갉혀 말라 죽는다.

아내는 어린 가문비나무를 보호하기 위해 소나무좀을 막는 왁스 코팅을 개발하는 연구에 참여했다. 하지만 앞으로 기후가 더 따뜻해져 이 해충들이 한 해에 여러 번 번식하게 되면, 미래도서관 숲의 어미나무들이 남긴 씨앗에서 자라난 어린나무들은 지금처럼 보호받기 어려울지도 모른다.

그렇게 되면, 숲은 초록빛 사이사이로 병든 기운이 퍼져 어딘가 불온한 색들로 얼룩질 것이다. 해충이 파고든 자리에 생긴 흰색 송진 덩어리가 줄기에 박히고, 잎은 붉게 변하다가 떨어져 나가고, 결국에는 회색 뼈대만 남게 된다. 숲에 스며드는 색은 그뿐만이 아니다. 캐나다 브리티시컬럼비아주처럼 기온이 오르면서 겨울이 점점 짧아지는 지역에서는 산소나무딱정벌레mountain pine beetle가 더 빨리 성장하고, 더 넓은 지역으로 번져나가고 있다. 이 딱정벌레는 푸른곰팡이와 공생 관계다. 푸른곰팡이는 소나무의 영양분을 애벌레가 먹을 수 있는 형태로 바꿔주고, 딱정벌레가 나무줄기를 파고들면 그 틈을 따라 푸른곰팡이도 나무 깊숙이 스며든다. 그러면 안쪽부터 푸르게 물들면서 곰팡이 무늬가 서서히 번져간다. 이 곰팡이를 품은 딱정벌레가 노르드마르카 숲까지 퍼진다면, 쓰러진 나무들 속살에는 하늘빛 문신 같은 무늬가 은밀하게 번져 있을지도 모른다.

지금은 미래도서관 숲의 나무들이 무사하지만, 해충들은 느긋하게 기회를 엿보고 있다. 아내의 말에 따르면, 소나무좀은 베어진 가문비나무 냄새를 특히 좋아한다. 2114년에 이 나무들을 베는 시기가 소나무좀의 번식 철과 겹친다면, 미래도서관 숲은 번식처를 찾아 몰려든 해충들로 들끓을지도 모른다. 책을 만들기 위한 그 시작이 오히려 숲 전체에 들이닥칠 재앙의 서막이 될 수도 있는 것이다.

나는 미래도서관을 위해 조성된 그 숲이 세상과 분리된 특별한 공간일 거라고 생각했다. 하지만 전혀 그렇지 않았다. 마치 시간에서 분리된 성소 같을 줄 알았지만, 오히려 그 안은 시간의 흐름과 변화로 가득 차 있었다. 숲의 시간으로 100년은 그리 긴 세월이 아닐 수 있지만, 아네의 말처럼 그 시간 동안 변화는 분명 일어난다. 아마도 아주 많고도 깊은 변화가 생길 것이다. 이 숲은 수많은 생명들이 각자의 속도로 살아가는 복잡한 리듬 속에 잠겨 있다. 박자가 바뀌면, 그에 맞춰 풍경도 소리도 달라질 것이다. 어쩌면 냄새도 달라질 것이다(불현듯 멧돼지가 떠올랐다). 우리는 그때 하나의 거대한 야생 시계 속에 앉아 있었다. 규칙적이지 않은 그 박동이 이 숲의 진화를 조용히 기록하고 있었다.

며칠 뒤, 나는 다시 그 숲을 찾았다. 기념식에 참석하기 위해서였다. 도시에서 온 수백 명의 사람들이 숲길을 따라 행렬을 이루고 있었다. 잔뜩 흐린 하늘과는 대조적으로, 숲속은 왠지 모를 들뜬 축제 분위기가 가득했다. 아이들과 반려동물은 나무 사이를 분주히 뛰놀았고, 어른들은 야외 화로로 끓인 진한 블랙커피를 마시며 담소를 나눴다. 아네와 내가 앉았던 벤치 옆에는 마이크가 설치되어 있었고, 그 자리에는 케이티 패터슨과 오늘 원고를 전달할 작가들이 앉아 있었다. 기대에 찬 정적이 숲을 휘감자, 키 큰 나무 사이로 바람이 부드럽게 휘파람 소리를 내며 지나갔다.

"지금 우리가 서 있는 이곳은 평범한 숲입니다." 케이티가 사람들에게 환영사를 건넸다. "하지만 이 숲은 약속으로 가득한 곳이에요." 이곳에서는 시계가 세운 질서가 더 이상 의미가 없었다. 코로나19 확진으로 참석하지 못한 오션 브엉은 대리자가 낭독한 메시지를 통해 2114년의 독자들에게 인사를 건넸다. "불교 신자로서, 저는 죽음이 저를 여러분에게 데려다주리라 믿습니다. 이 원고가 공개될 때, 제가 그 자리에 함께할 수 있도록요." 치치 당가렘브와는 이렇게 말했다. "10억 명의 사람들은 시간이 거꾸로 흐른다고 믿습니다." 많은 아프리카 문화에서는 시간을 자마니Zamani(과거)와 사사Sasa(현재와 가까운 미래)로 나누어 인식한다. "현재란, 과거로 잘 돌아가기 위해 존재하는 것입니다."

"예술에는 과거도 미래도 없다." 피카소는 그렇게 말했다. 하지만 예술은 우리가 시간과 맺어가는 관계를 언제나 비추어왔다. 가장 오래된 동굴 벽화들(붉은 황토로 찍힌 손자국)을 보면, 조상들이 시간을 '흐름'으로 받아들이기 시작한 순간을 마주할 수 있다. "내가 여기 있다"에서 "내가 여기 있었다"로, 존재의 감각이 바뀐 것이다. 이 봉인된 도서관이 우리에게 건네는 선물 중 하나는, 시간 속 존재를 기록하는 예술의 힘이 얼마나 먼 미래까지 뻗어나갈 수 있는지를 보여준다는 점이다. 나는 언젠가 작가인 내 친구 제임스 브래들리James Bradley에게 미래 세대에게 남기고 싶은 말이 있다면 무엇이냐고 물었다. 그는 이렇게 대답했다. "우리는 당신이 거기에 있다는 걸 압니다." 미래도서관이 전하는 메시지도 같다. "우리가 이곳에 머무는 동안, 우리는 당신이 거기 있다는 걸 알고 있었다."

미래도서관은 아직 오지 않은 미래를 향한 약속인 동시에, 지금의 우리는 들어설 수 없는 닫힌 공간이다. 우리는 그 책에 무엇이 담겨 있는지도, 그 시간에 어떤 삶이 흐르고 있을지도 알 수 없다. 그럼에도 이 도서관은 지금의 우리와 아직 태어나지 않은 이들 그리고 그들의 미래 세대까지 시간을 넘어 하나로 이어주고 있다.

"어떤 시제 속에서 살고 싶은가?" 러시아의 시인 오시프 만델슈탐Osip Mandelstam은 일기장에 그렇게 적은 뒤, 스스로 이렇게 답했다. "나는 미래형 수동태의 명령법 속에 살고 싶다. '마땅히 그래야 할 것'이라는 시간 속에서."

우리는 서로 다른 시간 속에서 하나의 시간을 함께 조율해가고 있다. 미래도서관이 전하려는 메시지가 바로 여기에 있다는 걸 나는 순간적으로 깨달았다. 그 시간 속에는 숲의 시간도, 나무의 시간도 담겨 있다. 100년을 기다려야만 읽히게 될 이 책들은 아직 태어나지 않은 이들과 우리를 이어줄 뿐 아니라, 책이 되기를 기다리고 있는 나무들에게 우리가 그들의 시간에 맞춰가겠다는 은근한 속삭임을 건넨다. 그 숲을 돌보는 사람이 마이크 앞으로 걸어 나왔다.

그의 목소리에는 갓 태어난 아이를 소개하는 부모처럼 수줍은 자부심이 묻어 있었다. "나무들 조심하세요!" 그가 사람들을 향해 익살스럽게 말했다. 가문비나무는 이제 뿌리를 튼튼히 내렸고, 건강하게 자리 잡았다고 그가 덧붙였다. 마가목과 자작나무 같은 다른 나무들도 하나둘씩 자라나기 시작했다. "이제 이 숲을 어떤 모습으로 자라게 할지 결정해야 할 때입니다. 이 자생 나무들을 없애야 할까요, 아니면 그대로 두는 게 좋을까요?" 만약 제거한다면, 오직 가문비나무만 빽빽하게 들어차 빛이 거의 들지 않는 어두운 숲이 조성될 것이다. 반면, 마가목과 자작나무 같은 나무들을 그대로 두면 숲이 덜 빽빽해져서 자라나는 나무 사이로 빛이 스며들 수 있다. 어느 쪽을 선택하느냐에 따라 앞으로 이 기념식의 형태도 달라질 것이다. 숲 관리인이 고개를 돌려 케이티에게 물었다. "어떻게 해야 할까요?"

의례는 우리가 살아가는 세계와 우리를 이어주는 다리다. 따라서 그 세계가 변하면, 의례 역시 그 변화에 맞춰 진화하게 마련이다. 세월의 흐름 속에서 해마다 숲의 리듬에 발맞춰 열리는 이 기념식은 숲이 변하는 모습에 따라 조금씩 다른 얼굴을 하게 될 것이다.

숲이 자라남에 따라, 그 안에 해마다 새로운 원고를 쌓아 올리는 방식도 함께 달라질 것이다. 어린나무들이 자라면 공간도 점차 좁아지고 시야도 가려져서 기념식에 참석할 수 있는 인원도 줄어들 것이다. 지금은 수백 명이 모이지만, 나중에는 소수의 사람만 참석하게 될 수도 있다. 혹은, 작가에서 나무로, 모임의 중심추가 바뀔지도 모른다. 미래에는 이 나무들이 기념식의 형태를 결정하게 될 것이다. 의례를 이어가는 이들에게 '마땅히 그래야 할 것'이 무엇인지를 이 나무들이 알려주게 될 것이다.

― 시간의 고요를 다시 배우는 일

오슬로를 떠나기 전, 꼭 보고 싶은 게 하나 더 있었다. 이번에는 늦지 않도록 시간을 꼼꼼히 확인했다. 2016년 2월, 잘린 순록 머리 200개가 핀마르크 지방법원 앞에 산처럼 쌓였다. 갓 잘린 상처에서 피가 마르기도 전에 눈이 내렸다. 법원 안에서는 순록을 방목하는 사미족 요브셋 안테 사라Jovsset Ánte Sara가 노르웨이 정부를 상대로 소송을 제기했다. 정부가 그에게 순록을 75마리 이하로 줄이라고 명령했기 때문이다. 2013년, 노르웨이 농림식품부는 사미족 순록 떼를 '강제 감축'하는 조치를 도입하겠다고 발표했다. 수십 년 동안 남부 정치인들은 과도한 순록 방목이 툰드라의 목초지를 망치고, 생태계 전체를 무너뜨릴 수 있다고 우려했다. 하지만 요브셋과 같은 목축가들은 그렇게 작은 무리로는 순록이 살아남기 어렵고, 사미족의 '순록 방목 문화reindrift' 전체가 위태로워질 수 있다고 반박했다.

그 처참한 광경은 요브셋의 누이이자 사미족 예술가인 마렛 안네 사라Máret Ánne Sara의 작품이었다. 그녀는 이 작업에 〈사프미의 무더기Pile o'Sápmi〉라는 이름을 붙였다. 1892년, 미시간주 루주빌에서 찍힌, 들소 해골이 약 9미터 높이로 쌓인 악명 높은 사진을 떠올리게 하는 제목이었다. 그 사진에는 북아메리카 들소 학살의 참상이 담겨 있었다. 무자비한 상황 속에서, 6천만 마리였던 들소는 수십 년 만에 500마리 이하로 줄어들었다.

마렛의 이 작업은 요브셋의 재판이 이어지는 동안 여러 차례 모습을 바꾸며, 노르웨이 법원 앞을 유령처럼 떠돌았다. 마지막 작품은 순록 해골 400개로 만든 커튼이었다. 풍화로 얼룩진 해골과 햇빛에 바래 눈처럼 하얘진 해골이 번갈아 걸린 그 커튼은 사미족의 깃발 문양을 본뜬 패턴으로 배열되었다. 〈사프미의 마지막 무더기Pile o'Sápmi Supreme〉라는 제목의 이 작업은 2017년 12월, 강제 감축 재판에서 요브셋이 끝내 패소한 날, 노르웨이 국회의사당 앞에 세워졌다.

나는 〈사프미의 마지막 무더기〉를 직접 보고 싶어서 아침 일찍 오슬로 국립박물관으로 향했다. 햇살이 내리쬐는 넓은 광장 끝에, 회색 석재로 지은 거대한 직육면체 건물이 육중하게 자리 잡고 있었다. 불과 며칠 전에 새로 개관한 박물관은 입장 시간대가 엄격하게 나뉘어 있었다. 내가 도착했을 때는 이미 수많은 사람이 입장을 기다리며 길게 줄을 서 있었다. 줄은 천천히 앞으로 움직였다. 실내의 어둑한 빛에 눈이 익숙해지기까지 잠시 시간이 걸렸다. 그리고 마침내, 그것이 보였다. 거대한 로비 저편 벽에 걸린 순록 해골 커튼. 그것은 서늘한 빛을 발하며 말없이 공중에 매달려 있었다. 가장 먼저 크기에 압도당했다. 바로 앞에서 실제로 마주하니, 경이로울 만큼 거대했고, 순록 400마리의 무게를 고스란히 짊어진 듯했지만, 동시에 금방이라도 사라질 듯 유령 같은 기운이 감돌았다.

하얗게 바랜 해골의 빈 눈구멍은 바라보는 사람을 도리어 꿰뚫어 보는 듯했다. 해골 하나하나에는 마치 제3의 눈처럼 정수리에 총알 자국이 선명하게 뚫려 있었다. 가까이 다가가자, 해골들은 놀랍도록 서로 다른 얼굴을 하고 있었다. 생전에 순록은 각기 다른 성격과 기질을 지닌 존재로 목자에게 기억되었고, 죽음 이후에도 그 고유함이 뼛속에까지 남아 있는 듯했다. 해골들은 코끝이 아래를 향한 채 벽을 따라 줄지어 흘러내렸고, 맨 끝단은 찢긴 천 조각처럼 들쭉날쭉했다.

몇 분이 흘렀다. 한동안 눈을 뗄 수 없었다. 툰드라 위에 빽빽이 몰려 있는 순록 떼의 체온과 냄새가 고스란히 느껴질 만큼 생생한 풍경이었다. 하지만 이상하게도, 소리만은 들리지 않았다. 해골들은 침묵 속에 잠겨 있었다. W. H. 오든w. H. Auden의 시 〈로마의 몰락The Fall of Rome〉에서는 한 제국이 무너져 내린다. 시계 시간은 무너지고, 기차 객차는 텅 빈 들판에 버려지고, 전염병이 쓸고 간 도시는 고요 속에 멈춰 선다. 하지만 그 속에서도, 삶과 시간은 여전히 이어진다고 시인은 말한다.

아주 다른 어딘가에서는
거대한 순록 떼가

끝없이 펼쳐진 황금빛 이끼 위를
조용히, 아주 빠르게 가로지른다.

해골을 감싸고 있는 침묵에는 그들이 살아 있던 시간의 흔적이 아직 남아 있었다. 툰드라를 가득 메우며 내달리던 순록 떼의 기운은 지금도 해골 안에 조용히 살아 있었다. 이 해골들이 걸려 있는, 오슬로 한복판의 박물관 벽은 시간이 단절된 또 하나의 흔적이기도 하다. 제국은 시간까지도 지배하려 했다. 그 결과, 우리는 더 이상 야생의 시계에 귀 기울이지 못하게 되었고, 제국의 질서에 맞지 않던 토착의 시간 감각들은 하나둘, 천천히 사라져갔다.

오리건주 시레츠 인디언 연합 부족의 일원이자 문화인류학자인 사만다 치점 해트필드Samantha Chisholm Hatfield에 따르면, 토착 문화권의 시간 개념은 매우 다양하지만, 대부분은 사람들이 살아가는 땅과 깊이 연결되어 있다. 알래스카와 캐나다 북부의 '이누이트 전통 지식'에서는 얼음이 얼고 녹는 시기, 사냥과 이동의 흐름에 따라 한 해를 다섯에서 여섯 개의 계절로 나눈다.

한편, 어나시나아베 연합 부족의 달력은 열세 번의 보름달을 기준 삼아 자연의 리듬에 맞춰 시간을 짚어나간다. 많은 토착 문화는 미래로 곧장 뻗어가는 서구의 시간 개념과는 전혀 다른 감각으로 시간을 이해한다. 예컨대, 남아메리카의 아이마라족과 태평양의 투발루 사람들은 미래를 '등 뒤 어딘가, 아직 보이지 않는 곳'에 있다고 여긴다. 어떤 문화에서는 과거와 현재의 경계

자체가 무너진다. 오지브웨어에는 '아니쿠비지간aanikoobijigan'이라는 단어가 있는데, 조상과 후손을 동시에 아우르는 말로, 시간을 선형이 아니라 관계로 인식하는 사고를 보여준다.

노르웨이 정부는 '최적 방목 규모'라는 경직된 기준에 따라 순록의 개체 수를 통제하려 했다. 하지만 정부가 내세우는 그런 획일적 시간 개념은 해마다 계절이 얼굴을 달리한다는 사미족 고유의 시간 감각과 충돌한다. 북사미어로 '야흐코닷jahkodat'이라 불리는 사미족 고유의 시간 개념을 잘 보여주는 속담이 있다. "이 해는 다음 해의 형제가 아니다."

사미족은 매년 봄, 순록 떼를 내륙 고원의 눈 덮인 겨울 터전에서 바닷바람 부는 해안의 푸른 초지로 옮긴다. 계절이 늘 같지 않기 때문에 그 시기는 해마다 다르다. 사미족은 날씨와 땅이 해마다 다르게 보내는 미묘한 징후를 읽어내며, 순록과 함께 이동 시점을 정한다. 하지만 최근에는 기후 붕괴로 계절의 리듬을 예측하기가 훨씬 더 어려워졌다. 그런데도 정부는 순록의 수를 억지로 줄이려 했고, 그 탓에 순록 떼는 아주 작은 계절 변화에도 생존 자체가 위태로워졌다. 그럼에도 '야흐코닷'은 여전히 흐르고 있었다. 시간이 멈춘 듯한 미술관, 그 벽에 걸린 해골들이 조용히 증언한다. 시간이란 결국, 사람과 동물 그리고 땅이 함께 호흡하며 조율해가는 것임을.

포타와토미족 학자 카일 포위스 화이트Kyle Powys Whyte는 이를 '친족 시간'이라 부른다. 다른 생명들과 맺는 관계를 통해 시간을 느끼고 이해하는 방식을 말한다. 화이트에 따르면, 기후를 선형적인 시간 개념으로만 이해하면, 기후 시계가 똑딱일수록 불안은 점점 더 커진다. 그러면 결국 순록 강제 감축과 같이 사미족의 삶까지 위협하는 극단적인 조치를 부르게 된다. 반대로 시간을 관계 속에서 인식하면, 조급하게 똑딱이던 시계 소리가 잦아들며 사뭇 다른 흐름으로 진행된다.

그때, 시간은 전혀 다른 얼굴을 한다. 이어지는 시간도, 지나온 역사도, 아직 오지 않은 미래도 다른 존재들과의 관계가 얼마나 깊고 건강한지에 따라 다르게 다가오는 것이다. '친족 시간'은 기후 붕괴의 긴박함을 결코 가볍게 여기는 개념이 아니라고, 화이트는 말한다. 친족 시간은 오히려 "지금 우리가 겪는 위기의 뿌리가 서로의 안녕을 책임지지 않으려는 태도에 있음을 잘 드러내준다"고 그는 강조한다.

나는 사미족 순록 목동이 아니다. 순록과 사람 그리고 그들이 함께 사는 땅이 빚어내는 시간 '야흐코닷'은 내가 속해 있는 시간이 아니다. 서구 사회가 잃어버린 풍부한 시간 감각은 다른 문화의 역사를 베끼거나 약탈해서 되살릴 수 있는 게 아니다. 하지만 어쩌면 비리처럼, 자연의 리듬을 따라 움직이는 생명들과 호흡을 맞춰가며 나만의 친족 시간을 새로 배워갈 수 있을지도 모른다. 그런 시간 감각은 스코틀랜드에서의 나의 일상과 훨씬 더 거칠고 빠르게 벌어지는 북극의 기후 변화를 이어주는 또 하나의 '시계'가 될 것이다. 그렇게 만들어진 시간 감각이라면,

포타와토미족의 친족 시간이나 사미족의 야흐코닷과도 어딘가에서 분명 닿아 있을 것 같다.

미래도서관의 숲처럼 야생의 시계에 맞춰 시간을 조율한다면, 현대 문명을 떠받치는 시스템과 기반 시설을 새롭게 설계할 수 있을지도 모른다. 지금 우리는 끝없는 소비의 굴레에 갇혀 있다. 그런 소비는 시간이 무한하고 어떤 행동도 불행한 결과를 불러오지 않는다는 위험한 환상 위에서 이루어진다. 그러는 사이 '영원히 사라지지 않는 화학물질'과 썩지 않는 플라스틱이 강과 흙, 지하수를 오염시키고 있다. 하지만 숲에는 낭비라는 개념이 없다. 숲은 하나의 순환이다. 죽은 것은 흙으로 돌아가고, 그 흙은 미래를 키우며, 미래는 다시 과거가 된다. 순환 경제를 세운다는 건 단순히 자원을 사용하는 방식을 바꾸는 게 아니라, 시간을 바라보는 방식을 완전히 뒤집는다는 뜻이다. 숲은 시간을 함께 나누지만, 우리는 시간을 쌓아두려 한다. 광물과 석유, 영양분을 있는 대로 끌어내려는 우리의 욕망은 결국, 시간을 비축해야만 안심할 수 있다는 믿음에서 비롯된 것이 아닐까?

흙을 들여다보는 것은 숲의 시간을 체감하는 한 가지 방법이 된다. 흙은 그 자체로 시간으로 이루어져 있기 때문이다. 풍화와 분해 같은 매우 느린 과정을 거쳐 만들어지기에, 지질학자들은 '흙의 시간'이라는 독립적인 시간 범주를 말하곤 한다. 흙 1센티미터를 만드는 데만 수백 년, 길게는 1천 년이 걸리기도 한다.

하지만 동시에 단 1그램 안에서 살아가는 미생물 수십억 개의 시간이 흙을 이루고 있기도 하다. 우리는 이 미생물의 시간으로부터 배울 것이 많다. 그들은 아주 느린 시간과 아주 빠른 시간을 동시에 살아간다.

변화에 민감하면서도, 놀랄 만큼 생존력이 강하다. 흙의 시간을 제대로 이해하고 존중하지 않은 대가는 절대 가볍지 않다. 전 세계 토양의 16퍼센트는 산업형 농업 탓에 앞으로 100년 안에 고갈될 위기에 처해 있다. 반면 잘 관리된 흙은 최대 1만 년 동안 경작이 가능하다. 흙은 탄소저장고이기도 하지만, 기온이 올라가면 흙의 호흡이 활발해지면서 대기로 다시 내뿜는 탄소량이 증가한다. 흙의 요구에 맞춰 우리의 시간을 조율한다는 건 탄소를 흡수하고 토양의 건강을 지키는 방향으로 농업 방식을 바꾼다는 뜻이다.

작물을 돌려 심고, 농약 사용을 피하며, 쟁기가 필요 없는 파종법을 쓰고, 탄소를 땅속에 붙잡아 두는 균근 네트워크를 기르는 것 등이 대표적인 예다. 그리고 이는 단지 농법의 문제가 아니라, 회복력과 변화 수용성을 함께 갖춘 새로운 시간 감각을 기르는 일이기도 하다. 어쩌면 정치의 시간까지 새롭게 설계할 수 있을지도 모른다. 선거 주기가 아니라, 제트기류의 불안정한 흐름이나 나비의 위태로운 이동에 시간을 맞추는 정치 달력을 상상해본다.

로만 크르즈나릭Roman Krznaric은《좋은 조상The Good Ancestor》에서 장기적 사고가 가능한 정치 문화를 만들기 위한 네 가지 설계 원칙을 제안한다. 미래 세대의 이익을 보호하는 정치 제도, 장기 정책을 설계할 수 있는 시민의회, 세대 간 권리를 보장하는 법적 장치 그리고 단기적 사고를 줄이기 위한 국가에서 도시로의 권한 이양까지. 이러한 구상은 미래도서관을 떠올리게 한다. 실제로 일본의 '미래 디자인' 운동은 이 원칙들을 실천에 옮기고 있다. 도쿄, 교토 등 여러 도시에서 시민들은 현재 세대를 대표하는 집단과 2060년의 미래 세대를 대표하는 집단으로 나누어 함께 정책을 논의한다. 대개는 미래 세대를 대표하는 집단이 훨씬 더 급진적인 해법을 내놓는다. 그리고 2019년, 시마네현에 위치한 하마다시는 이 방식을 도시 계획에 공식적으로 반영하기로 했다.

이렇게 정치 시스템을 다시 설계하는 일은, 우리가 먼저 살아 있는 자연계의 시간에 우리의 시간을 맞춰갈 수 있을 때 훨씬 더 수월해질 것이다. 얼핏 보면 도시는 시계가 가장 강한 지배력을 행사하는 곳처럼 보인다. 하지만 사실 도시야말로 가장 다양한 야생의 시계들이 살아 있는 곳이다. 도시의 새들이 전등 불빛 탓에 밤을 새벽으로 착각하고 지저귀듯, 이들 야생의 시계 중 일부는 인간이 만든 외부 자극에 짓눌려 있다. 그럼에도 도시에는 여전히, 인간의 시간과는 전혀 다른 리듬이 살아 숨 쉰다.

다른 생명들의 시간과 조율하는 감각 없이, 지금과 미래를 잇는 상상은 불가능하다. 지역 생태계의 시간 리듬과 조화를 이루고, 미래 세대를 위해 숙의하는 시민의회가 있는 자율 도시라면, 기계식 시계가 지배하는 사고방식에서 벗어나 서로 다른 시간이 어우러지는 세계로 나아갈 수 있을지도 모른다. 그리고 그런 전환이 현실이 되려면, 우리는 시간을 사유하고 살아가는 새로운 방식을 함께 익혀야 한다.

그 전환은 의례 속에서 구체적인 얼굴을 드러낸다. 크르즈나릭에 따르면, '미래 디자인' 운동에서 2060년의 미래 세대를 대표하는 이들은 시간 너머를 상상하는 역할에 몰입하기 위해 상징적인 의례복을 입는다. 의례는 일상의 시간을 잠시 멈추고, 비켜선 시간 속으로 들어가는 일이다. 야생의 시계가 자연의 리듬에서 벗어나는 순간, 시간은 현실의 현재에서 '그래야만 하는' 미래로 바뀐다. '그래야만 하는' 시간에는 아직 도달하지 못한 것에 대한 상실감이 담겨 있다. 하지만 그 시간은 우리가 도달하길 갈망하는 희망의 시간이며, 의례는 그 희망을 미리 살아보는 행위다.

의례는 잃어버린 것을 애도하고, 다가올 것을 불러낸다. 시인 C. A. 콘래드c. A. Conrad는 의례는 "모든 시간이 한순간에 겹쳐 있는 자리"로 우리를 이끈다고 썼다. '마땅히 그래야 할' 미래를 상상하며 행하는 의례는 과거의 기억과 다가올 미래를 위태로운 현재와 포개어 놓는다. 그렇게 겹친 시간 속에서, 상실을 기억하고 희망을 되살리는 축제가 열린다.

'마땅히 그래야 할' 미래를 위한 의례는 사회 제도와 구조 속에 친족 시간을 뿌리내리게 하는 하나의 방식이 될 수 있다. 유엔기후변화협약 회의에는 이미 '젊은 세대와 미래 세대를 위한 날'이 지정되어 있다. 아직 태어나지 않았지만, 우리가 남긴 흔적 속에서 뒤늦게 세상에 나올 아이들을 잊지 않기 위해서다. 기후 위기에 책임이 있는 이들에게, 자신들의 선택이 아직 태어나지 않은 이들에게도 영향을 미친다는 사실을 상기시키기 위한 상징적 장치다. 하지만 우리에게 더 깊이 다가오는 건 국제기구가 마련한 제도보다 미래도서관처럼 한 장소의 상실과 관계성을 품은 지역적 의례들이다. 의식하든 못하든, 지금 우리는 어긋나는 시간을 살아가고 있다. 관계성을 품은 지역 의례는 그 시간을 건너갈 길을 조심스레 건네준다. 설령 그 의례가 불러내는 기억이 어떤 동물이 시간과 장소에서 완전히 지워진 순간을 담고 있더라도 말이다.

18세기 말, 내가 사는 강 하구에는 굴이 너무 많아 세 사람이 타는 통나무 보트 한 척이 해마다 3천만 마리를 잡아 올리곤 했다. 두 사람은 노를 젓고, 한 사람은 바닥을 긁는 그물로 굴을 채취했다. 바닥을 따라 그물을 제대로 펼치려면, 보트가 일정한 속도로 움직여야 했다. 너무 빠르면 그물이 바닥에서 들려 헛돌고, 너무 느리면 그물 입구가 오므라들어 굴을 퍼 올릴 수 없었다. 어부들은 딱 맞는 속도를 유지하기 위해 '그물 노래'를 불렀다. 선창자가 다섯 음절을 부르면, 노 젓는 이들이 세 음절로 응답하는 비대칭 구조였다.

이 리듬은 물속에서 힘껏 노를 젓는 동작과 공중에서 가볍게 노를 되돌리는 동작에 맞춰져 있었다. 어부들은 이 엇박자 노래가 해저의 굴을 스르르 꾀어낸다고 믿었다. 어떤 노래는 이렇게 시작한다. "굴은 유순한 친족이라네, 노래를 부르면 다가오지." 굴을 불러낸 그 노래는 끝내 파국을 부르고 말았다. 19세기 중반에 이르자, 연간 굴 어획량은 99퍼센트 이상 줄어들었다. 1957년, 포스만에서는 굴이 멸종되었다는 공식 선언이 내려졌다. 그 무렵에는 그물 노래도 이미 수십 년째 사라진 상태였다.

포스만 해안에서 '마땅히 그래야 할' 시간을 기리는 의례가 열린다면, 그 의례는 한때 그물 노래가 덮어버린 리듬뿐 아니라, 그 노래 아래 묻혀 있던 더 오래된 생명의 리듬까지 되살려낼 것이다. 굴은 강 하구의 다른 생명들에게 깨끗한 물과 서식지를 제공하는 생태계 핵심종이었다. 마치 생태계 전체 리듬을 받쳐주는 묵직한 베이스 리듬 같았다. 최근 연구에 따르면, 굴 역시 비리처럼 기후 시계다. 온도 및 영양 흐름 변화에 민감하게 반응하는 굴은 기후 변화의 조짐을 알려주는 감시자였다. 하지만 포스만에서 그 경고 체계가 사라졌다. 굴이 최근 들어 조심스럽게 다시 모습을 드러내고 있지만, 한때 하구 바닥 약 260제곱킬로미터를 가득 메우던 거대한 서식지에 비하면, 지금의 존재는 너무 작고, 너무 위태롭다. 조심스럽게 맞춰져 있던 리듬이 어긋나는 순간, 생명은 서서히 멸종을 향해 나아가기 시작한다. 호주의 산악피그미주머니쥐, 그린란드의 순록, 오슬로의 숲처럼, 내가 사는 이 강도 이제 어긋난 계절과 흐트러진 리듬 속을 따라 흘러가고 있다.

미래도서관 숲에서 열린 기념식에서 케이티는 이렇게 말했다. "이 도서관은 수많은 이들의 손길로 지어졌습니다." 도서관은 지식이 사라지지 않도록 지켜내는 기억의 공간이다. 그래서 도서관에는 미래에도 누군가가 예술과 과학의 목소리에 귀 기울일 거라는 믿음이 담겨 있다.

숲의 시계에 맞춰 시간을 조율한다면, 우리는 자연 전체와 리듬을 맞춰 살아갈 수 있을 것이다. 우리의 하루는 숲의 시간, 굴의 시간, 북극의 봄이 앞당겨지는 속도 그리고 생명들이 서로 시간을 맞춰가는 그 느슨한 유대로 기록되어야 한다. 오슬로 국립박물관에서, 조용히 흐르던 시간이 다시 똑딱이며 나를 불러냈다. 떠날 시간이 되었다. 빛나는 순록 해골 커튼을 마지막으로 돌아보고, 조용히 가방을 들고 문을 나섰다.

노르웨이에 도착한 날, 나는 케이티와 함께 아직 읽히지 않은 원고들이 보관될 방을 보러 갔다. 미래도서관 총괄 프로듀서 안네 베아테 호빈Anne Beate Hovind이 기차역에서 우리를 기다리고 있었다. 그녀는 환하게 웃으며 우리를 맞이했고, 반가운 소식도 들려 주었다. 며칠 전, 오슬로시와 공식 협약을 맺어, 이제 시에서 향후 92년간 미래도서관을 함께 돌보기로 했다는 것이다. 안네 베아테는 그 이야기를 들려주며 눈물을 글썽였다. "정치인들이 이렇게 먼 미래를 생각할 줄은 정말 몰랐어요."

'침묵의 방'은 오슬로 도심 한복판, 사람들로 북적이는 공공도서관 꼭대기 층에 있다. 안네 베아테의 안내에 따라 우리는 조

미래도서관에 자리한 침묵의 방

투명한 유리 서랍 속에 작가들의 원고가 봉인되어 있다.

용히 신발을 벗고, 어둠 속으로 걸음을 옮겼다. 부드럽게 구부러진 좁고 짧은 복도를 지나니, 세 사람이 겨우 설 수 있을 만큼 작은 둥근 방이 나왔다. 벽과 천장은 모두 소나무 판재를 가로결로 겹겹이 쌓아 만든 마감재로 덮여 있었다. 은은한 나무 향이 실내를 가득 메웠다. 마치 거대한 벌집 혹은 나무 속에 들어온 듯한 기분이었다.

방 안과 복도 곳곳에는 얼음 조각처럼 보이는 투명한 조형물들이 박혀 있었다. 그 사이로는 바닥에서 천장까지, 수작업으로 만든 유리 서랍 100개가 불규칙하게 배열된 채 미래도서관의 원고를 묵묵히 기다리고 있었다. 유리 서랍 뒤편에서 스며 나온 은은한 빛이 방 안 전체를 가만히 감싸며 어딘가 비현실적인 분위기를 자아냈다.

예전에, 오크니제도에서 신석기시대 무덤을 방문한 적이 있다. 기어서 좁은 통로를 지나자 어두운 방이 나왔는데, 그 구조가 침묵의 방과 꽤 비슷했다. 다만 밝은 나무 대신 무거운 돌이 층층이 쌓여 있었고, 빛 대신 깊은 어둠이 방 안을 채우고 있었다. 그 공간을 지나갈 때, 나는 마치 태어나기 전으로 되돌아가는 듯한 기분이었다. 자궁처럼 둥근 그 방은 일상의 시간 리듬에서 잠시 비켜선 다른 시간 세계처럼 느껴졌다.

침묵의 방 안에서도 비슷한 기분이 들었다. 시계의 규칙에서 풀려난 시간은 더 느긋하고, 더 넓게 느껴졌다. 그리고 그 시간은 완전히 우리 것이 아니었다. 우리가 조종하는 게 아니라, 우리가 함께 살고 함께 일하며 조금씩 맞춰가는 시간 같았다.

도시를 벗어난 조용한 숲속에서는 미래도서관의 야생 시계들이 여전히 자신만의 리듬으로 조용히 시간을 맞춰가고 있다. 나는 안네 베아테에게 물었다. "아직 태어나지도 않은 사람들이 미래도서관을 맡게 될 텐데, 기분이 어떠세요?" 그녀는 활짝 웃으며 말했다. "노르웨이에는 이런 말이 있어요. 아마 영어에도 있을 거예요. '그냥 흘러가는 대로.' 그게 맞지 않을까요?"

그녀는 등을 기대고 앉아 미소를 지으며 그 말을 다시 되뇌었다. 나도 따라 웃으며 답했다. 언어는 달랐지만, 우리가 건넨 마음은 같은 자리에 닿아 있었다.

그냥 흘러가는 대로Ta det som det kommer.
그냥 흘러가는 대로Take it as it comes.

The Lion-Man's Leap

7

우리의
상상이
생명을 구한다

사자 인간, 상상의 시작

약 4만 년 전 어느 날, 누군가가 매머드 상아 조각을 집어 들었다. 그리고 세상에 없던 존재를 상상하며 상아를 깎기 시작했다. 아래쪽은 인간의 몸과 다리를 지녔지만, 머리와 앞다리는 동굴사자cave lion의 우아함과 힘을 지녔다. 언제부터인지 알 수는 없지만, 이 토템은 어느 순간 사용하지 않게 되었고, 긴 세월 동안 어둠 속에 묻혀 있었다. 그러다 1939년 8월, 제2차세계대전이 발발하기 며칠 전, 남독일 지역에 있는 동굴 깊숙한 곳에서 조각난 채로 발견되었다. 이후 수십 년에 걸쳐 추가 발굴이 진행되었고, 마지막 빙하기 이전에 사라졌던 호렌슈타인-슈타델 동굴의 사자 머리 인간상이 세상에 다시 모습을 드러냈다.

높이는 31센티미터가 조금 넘는다. 세월의 얼룩이 스며든 상아 피부는 여전히 따스한 빛을 머금고 있지만, 콜라겐이 분해되며 성장 결을 따라 금이 가, 벗겨지다 만 나뭇가지를 닮았다. 이 사자 머리 인간상의 성별을 두고는 다소 논쟁이 있었다. 수컷 동굴사자는 갈기가 없다. 하지만 조각상에 갈기가 없다고 수컷으로 단정하기는 어렵다. 하체에 새겨진 삼각형 모양 역시 남성을 상징하는지 여성을 상징하는지 모호하다.

일부 고고학자들은 이 조각상이 사자-여인일 가능성이 있다고 주장했지만, 오늘날 대부분의 연구는 그를 남성으로 지칭한다. 그는 고고학에서 '테리안스로프therianthrope'라 불린다. 동물과 인간이 뒤섞인 이 형상은 구석기시대 인간의 상상력이 만들어낸 존재다.

동물은 우리 조상들의 세계를 지배했다. 조상들은 포식자나 먹잇감의 기척을 날카롭게 감지했고, 그 긴장감은 꿈속에서도 그들을 놓아주지 않았다. 사자의 힘과 새의 날렵함을 매일 곁에서 지켜보다 보면, 언젠가는 자신도 그런 능력을 갖추고 싶다는 갈망이 생겼을 것이다. 어쩌면 그것이 사자 머리 인간상을 탄생시킨 상상력의 뿌리였는지도 모른다. 그 조각에는 갈망과 관찰의 정밀함이 절묘하게 어우러져 있다. 고개는 약간 기울어져 있고, 주둥이는 왼쪽을 향하지만, 귀는 오른쪽을 향하고 있다. 어떤 소리에 신경을 집중하는 듯한 모습이다. 오른쪽 귀 뒤에는 주름이 하나 잡혀 있는데, 집중할 때 미세한 근육이 움찔거리며 만든 흔적처럼 보인다. 어깨뼈는 안쪽으로 모여 있고, 발끝에 힘을 주고 선 듯한 자세는 금방이라도 튀어 오를 듯하다. 그렇다면 그는 과연 어디로 도약하려는 걸까?

사자 머리 인간상은 우리가 현실에 없는 생명체를 아주 오래전부터 상상했다는 사실을 보여준다. 실제로 인간은 동물을 가축으로 길들이기 훨씬 전부터, 상상 속에서 서로 다른 존재를

호렌슈타인–슈타델 동굴에서 발견된 사자 머리 인간상

결합해보려는 시도를 이미 하고 있었다. 그리고 이제는 진화의 무작위성을 넘어, 서로 다른 생명체의 형질을 인위적으로 조합할 수 있는 새로운 시대를 눈앞에 두고 있다. 유전자 편집 기술은 이미 1970년대부터 존재했고, 그동안 합성생물학은 의학과 농업 분야에서 놀라운 발전을 이루었다. 그리고 이제 이 기술이 멸종 위기에 처한 생명들을 구해낼 마지막 열쇠다.

인간이 일으킨 변화는 대부분 의도된 게 아니다. 도시가 진화의 엔진이 된 건 의도된 설계가 아니라, 수많은 선택과 우연이 뒤엉킨 끝에 나타난 뜻밖의 결과다. 고래의 노래를 바꿀 의도로 바다를 소음으로 채운 것도 아니고, 자연의 생체 시계를 깨뜨릴 작정으로 대기를 탄소로 뒤덮은 것도 아니다.

그러나 생물학자 베스 셔피로Beth Shapiro의 말대로, 진화에 영향을 끼쳐온 수많은 우연조차도 결국에는 인간의 의지를 통해 통제할 수 있다. 가축화의 결과로 독특한 표현형이 나타나 개, 소, 말이 지금의 모습으로 바뀐 것처럼, 가축화는 인간의 정체성에도 큰 영향을 미쳤다. 그리고 이제 합성생물학이라는 새로운 도구를 통해, 우리 스스로 초래한 파괴적 결과를 되돌릴 기회가 우리 손에 주어졌다.

셔피로가 보기에, 오늘날 실험실에서 이뤄지는 유전자조작은 수천 년 전에 시작한 가축화에 그 뿌리를 두고 있다. 그럼에도 그녀는 선택교배에는 분명한 한계가 있다고 말한다. 너무 복잡하고 낭비가 많기 때문이다. "진화라는 이름의 편집실 바닥에는 잘려나간 DNA 조각들이 늘 수북이 쌓여 있죠." 미국 캘리포니아 자택에서 진행한 화상 통화에서 셔피로는 이렇게 말했다. "합성생물학은 우리가 수 세기 동안 해온 일과 본질적으로 같지만, 훨씬 더 의도적이고 정밀한 방식을 제안해요." 이러한 유전자 편집이 가능해진 건 크리스퍼-캐스9 CRISPR-Cas9 기술이 등장하면서부터다. 크리스퍼는 단세포생물에 침투하는 바이러스를 식별하기 위해 진화한 반복적인 DNA 염기서열이다.

2012년, 제니퍼 다우드나 Jennifer Doudna 와 에마뉘엘 샤르팡티에 Emmanuelle Charpentier 는 이러한 반복 서열에 캐스9 단백질과 RNA를 결합하면 새로운 DNA를 유전체 안으로 운반할 수 있다는 사실을 밝혀냈다. 크리스퍼는 흔히 '분자 가위'라 불린다. 그만큼 정밀해서 DNA 염기의 '한 글자'만 바꾸는 것도 가능하다. RNA는 가위를 쥔 손이 한 치도 흔들리지 않도록 방향을 잡아주고, 캐스9 단백질은 정확히 그 지점을 잘라낸다. 크리스퍼의 가이드 RNA 서열은 유전체 어디서든 유전자를 편집할 수 있도록 설계할 수 있어, 이를 통해 개별 유전자의 스위치를 켜거나 끄는 일이 가능해졌다. 하지만 실제 상황은 그리 단순하지 않다.

우리는 유전형이 어떻게 표현형으로 이어지는지 아직 알지 못한다. 그래서 어떤 생물학적 변화를 일으키려면, 구체적으로 어느 유전자, 혹은 어떤 조합을 편집해야 하는지조차 파악하기가 어렵다고 셔피로는 말한다. 하지만 어떤 유전자가 어떤 형질을 만들어내는지 안다면, 가능성은 실로 무궁무진하다. 한때 미국 동부 전역을 뒤덮었던 미국밤나무American chestnut는 20세기 초 일본에서 관상용 밤나무가 수입되면서 함께 들어온 곰팡이에 의해 큰 피해를 보았다. 수십억 그루가 죽었고, 20세기 중반이 되자 미국밤나무는 사실상 자취를 감췄다. 태평양 북서부 몇몇 지역에 뿌리가 손상되지 않은 소수의 개체가 살아남아 있지만, 땅 위로 새순이 조금만 올라와도 어김없이 곰팡이의 공격을 받고 있다. 중국밤나무Chinese chestnut와 교배해서 병원균에 강한 밤나무 품종을 만들긴 했지만, 이 과정에서 미국밤나무 고유 유전체의 약 15퍼센트가 사라졌다.

그런데 과학자들이 미국밤나무의 유전체에 단 하나의 유전자를 삽입해, 곰팡이와 나무 사이의 치명적인 악순환을 끊어냈다. 놀랍게도, 그 병원균을 억제한 유전자는 다른 나무가 아니라 밀에서 가져온 유전자였다. 밀 유전자는 곰팡이의 활동을 억제하는 효소를 만들어냈고, 그 결과 병원균과 나무가 공존할 수 있는 환경이 마련되었다. 2019년 이후, 이렇게 유전자가 변형된 미국밤나무는 원래 자생하던 숲 곳곳에 다시 심기고 있다. 덕분에 흑곰과 흰꼬리사슴white-tailed deer 같은 숲속 야생동물들에게는 한때 사라졌던 소중한 먹이원이 다시 돌아왔다.

정밀한 유전자 편집 기술을 활용하면, 외래종을 새로운 서식지에 도입하면서 생긴 생태계의 불균형을 바로잡을 수 있다. 멸종 위기종을 구하거나, 기후 변화로 인해 시간 감각이 흐트러진 야생동물들의 생체 시계를 되돌려놓는 데에도 도움이 될지 모른다. 미생물에게는 오염을 감지하고 독소를 분해하는 능력을

부여할 수 있고, 농작물의 광합성 효율을 높이거나 가축의 DNA
에 고온에도 버틸 수 있는 생리적 특성을 부여해 기후 붕괴 시
대에 식량 안보를 지켜낼 수도 있다.

더 나아가 유전자 편집 박테리아에서 얻은 단백질로, 우유 없
이도 단백질을 충분히 얻을 수 있는 새로운 길도 열고 있다. 유
전자 편집 기술은 그만큼 강력하다. 우리는 그 기술을 활용해
생명의 설계도를 들여다보고, 그 일부를 고쳐 쓰거나, 수천만 년
동안 서로 멀어진 유전자들을 다시 이어 붙일 수도 있다. 가능
성은 실로 무궁무진하다. 하지만 이 기술들이 자연의 미래를 바
꿀 잠재력을 가진 만큼, 그 기술을 사용하는 우리 자신 또한 깊
이 변화할 것이다. 도구는 늘 그것을 손에 쥔 사람부터 바꿔놓
는다. 돌칼부터 인터넷에 이르기까지, 인류가 발명한 모든 도구
는 세상에 무엇이 가능하고 무엇이 불가능한가에 대한 우리의
인식 자체를 바꾸어왔다. 내가 이 주제에 관해 묻자, 셔피로는
스튜어트 브랜드Stewart Brand의 유명한 문장을 인용했다.

우리는 신이나 다름없다.
그렇다면 신 노릇을 잘 해내는 법을
배워야 하지 않겠는가.

그녀는 이렇게 설명했다. "우리는 수많은 생명체가 더는 살아
갈 수 없는 환경을 만들어버렸어요. 우리 책임이죠. 생물다양성
이 풍부하면서도 사람이 함께 살아갈 수 있는 세상을 원한다면,

우리는 이 일을 훨씬 더 잘 해내야 해요." 그런데 신 노릇을 더 잘 해낸다는 건 과연 무슨 뜻일까?

신은 때로 자비롭지만, 신화가 보여주듯이 변덕스럽고 고집스럽게 자기 뜻을 관철하려 하고, 자신의 실수를 고치지도, 실수에서 배우지도 않는 존재다. 합성생물학을 통해 우리는 우리가 지금껏 저지른 수많은 파괴 행위를 되돌릴 수 있을지도 모른다. 하지만 스스로를 신처럼 여기는 오만한 생각이 아무런 반성도 없이 계속 이어진다면, 우리는 결국 같은 잘못을 되풀이하게 될 것이다. 유전자조작으로 만들어진 육계의 몸에 특허를 내고, 그 존재 전체를 지식재산으로 등록하며, 그 유전체마저 변호사와 투자자의 자산으로 삼는 현실은 우리가 끝내 조물주 노릇을 놓지 못하고 있다는 방증이다.

그런 미래를 원하지 않는다면, 우리는 사자 머리 인간상 앞에서 다시 물어야 한다. 생명이란 무엇이며, 우리는 어디까지 손댈 수 있는가. 생명을 새로운 형태로 빚어낼 수 있지 않을까 상상하기 시작한, 우리 조상들의 첫 흔적이 그 안에 담겨 있기 때문이다. 이 조각상은 구석기시대의 신을 형상화한 것인지도 모른다. 혹은 사자의 머리를 뒤집어쓴 주술사나 신의 형상을 흉내내는 인간의 모습일 수도 있다. 사자 머리 인간상을 만든 이들은 그 안에서 신을 보았을 수도 있고, 인간이나 짐승을 보았을 수도 있다.

아니면, 혹시 셋이 뒤섞인 형상을 함께 본 것일까? 신은 보통 창조 세계 바깥에 머물지만, 사자 머리 인간상은 인간과 동물이 맞닿는 접점, 그 경계에서 일어난 결합을 보여준다. 그 공명 속에서, 더 깊은 무언가, 신성을 향한 감각이 자라났다. 그렇기에 우리가 다른 종에 어떤 변화를 가하든, 그 순간마다 우리 자신을 다시 들여다볼 준비가 되어 있어야 한다. 신은 대개 지배하려 하지만, 자연은 함께 살아가는 쪽을 택한다. 상아로 사자 머리 인간상을 깎아내는 데는 400시간이 넘게 걸렸을 것으로 추정된다. 대부분의 고고학 연구는 그 조각상이 한 사람의 손에서 탄생했다고 본다.

그러나 나는 여러 사람이 함께 힘을 합쳐 만들었다고 믿고 싶다. 수많은 사람의 손을 거치며, 세상에 없던 형상이 마음속에 떠오르고, 그 낯선 곡선을 손끝으로 더듬는 동안 '가능한 것'에 대한 생각이 조금씩 달라졌을지도 모른다. 이렇듯 사자 머리 인간상은 상상력의 경계를 뛰어넘는 작업이었다. 나는 그 도약을 혼자가 아니라 여럿이 함께 이루었다고 생각한다.

― 공생의 세계를 건너는 법

사자 머리 인간상이 들려주는 첫 번째 교훈은 단순하면서도 근본적이다. 우리가 사는 세상은 상처 입은 존재들로 이루어진, 본래부터 불완전한 세계이며 생명이란 언제나 혼자가 아닌 함께, 관계 속에서 태어난다. 자연 속에서 이질적인 존재들이 어울려 살아가는 가장 인상적인 사례는 아마 바다에서 찾을 수 있을 것이다. 산호는 겉모습만 봐도 식물과 광물의 경계에 걸쳐 있는 듯하다. 건강한 산호초는 물빛 아래 피어난 형형색색의 정원처럼 생명력이 넘치지만, 그 돌 같은 가지와 잎은 피부를 벨 만큼 날카롭다. 산호의 생물학적 특성 역시 마찬가지다. 산호는 동물과 미생물이 오랜 시간에 걸쳐 맺어온 공생의 결실이다.

산호초를 이루는 것은 '폴립polyp'이라 불리는 아주 작고 연약한 해양 동물인데, 이들이 분비하는 탄산칼슘이 산호의 뼈대를 만든다. 하지만 이들은 스스로 에너지를 만들어내지 못하고, 대신 '황록공생조류'라는 미세조류microscopic algae에 의존한다. 이 조류들은 폴립에게 양분과 에너지를 공급하고, 동시에 산호 도시에 환각처럼 찬란한 색을 입혀주는 광합성 색소를 만든다. 이 공생 관계는 몹시 섬세하고 무엇보다 수온 변화에 민감하다. 기후 위기로 바닷물의 온도가 높아지면서, 산호와 조류 사이의 연대는 조금씩 흔들리고 있다. 바다가 뜨거워지면, 폴립은 일종의 몸살을 앓는다.

미세조류가 지나치게 많은 산소를 만들어내고, 참지 못한 폴립은 마치 속을 비우듯 조류들을 내던진다. 결국 산호는 형형색색의 생기를 잃고 메마른 껍데기만 남는다. 그리고 산호가 사라지면, 산호에 의지해 살아가는 수많은 해양 생물들과 바다 생명의 최대 4분의 1에 이르는 존재들이 서식처와 먹이를 잃고 함께 무너진다.

지금 우리는 전 세계 열대 해역의 산호에게 치명적인 단절을 강요하고 있다. 수온이 급격히 상승하면서, 산호초를 순식간에 무너뜨리는 백화현상의 발생 빈도가 1980년대 이후 두 배로 늘었다. 2075년쯤이면 백화현상이 해마다 반복될 것으로 예측된다. 더 큰 문제는 열파熱波가 몰려올 때마다 백화가 한층 더 심해진다는 점이다. 마치 앓던 열이 채 가라앉기도 전에 다시 도지는 병처럼, 간신히 몸을 추스른 산호는 그다음 열파에 더 심하게 탈색된다. 2024년에 발생한 백화현상은 관측 사상 최악의 열 스트레스에 의한 것이었다. 지금 바다는 빠른 속도로 뜨거워지고 있고, 이 급격한 온도 상승은 산호에게 적응하지 않으면 살아남을 수 없는 극한의 생존 조건을 강요하고 있다.

소수의 산호는 변화의 속도에 발맞출 만큼의 적응력을 발휘해 살아남을 수도 있다. 하지만 대부분의 산호는 희망마저 허옇게 바랜 미래를 향해 떠밀리고 있다. 환경의 변화 속도와 생명체가 적응할 수 있는 속도 사이의 간극이 너무나 크다. 하지만 인간이 도와주면, 산호는 그 불가능한 도약을 해낼 수 있을지도 모른다. 2012년, 생태유전학자 매들린 반 오펜Madeleine van Oppen과 해양생물학자 루스 게이츠Ruth Gates는 산호가 살아남으려면 인간이 진화에 개입해야 한다는 사실을 깨달았다.

두 사람은 '보조 진화'라 불리는 도전적인 접근법을 제안했다. 선별 교배, 인위적 유전자 교환, 유전자 편집 등 다양한 기법을 통해 산호의 진화 능력을 강화하여, 점점 더 뜨거워지는 바다에 적응할 수 있게 만들려는 시도였다. "자연을 통제하고 싶은 건 아니에요." 매들린은 화상 통화에서 이렇게 말했다. "그저, 자연이 그 문턱을 넘을 수 있게 도와주고 싶을 뿐이죠." 폴립과 미세조류 사이 금이 간 연대를 임시로라도 붙여두는 것이 두 사람의 목표다. 공생 관계가 완전히 무너지기 전에, 온실가스 배출을 줄이고 바다의 열기를 낮출 시간을 벌려는 것이다. 마치 농부가 더 크고 단단한 토마토를 만들기 위해 선별 교배를 하듯, 산호 역시 고온에 대한 내성을 기준으로 선택하고 교배할 수 있다고 매들린은 설명했다.

가장 심각한 백화현상 속에서도 일부 산호는 놀라운 회복력을 보인다. 내열성은 유전되기 때문에, 그 특성을 지닌 산호를 선별해 기르면 개체군 전체의 회복력이 점차 높아질 수 있다. 이미 내열성이 생긴 산호를 그렇지 못한 산호초에 옮겨 심는 방법도 있다. 그렇게 하면 해당 유전 집단의 내열성이 전반적으로 높아질 수 있다. 혹은, 다가올 기후 변화에 대비해 산호가 '미리' 적응하도록 도와주는 방법도 있다. "우린 이걸 '컨디셔닝conditioning' 혹은 '하드닝hardening'이라고 불러요." 매들린이 말했다. "산호가 죽지 않을 만큼의 스트레스를 먼저 줘서, 그 환경에 익숙해지게 만드는 거죠." 일종의 산호를 위한 신병 훈련소랄까. 그 과정을 통해 산호 안에 잠들어 있던 내열성이 깨어나고, 고온을 견디는 유전 스위치가 켜지는 것이다.

이 강화 훈련은 실험실에서 먼저 이루어진다. 이후 훈련을 마치면, 야생 바다로 옮겨진다. 이런 기법들은 산호와 공생하는 조류에게도 적용할 수 있다. 예컨대, 미세조류에 가벼운 스트레스를 주거나, 서식지가 다른 계통을 교배해 내열성이 강한 개체를 얻을 수 있다. 하지만 매들린에 따르면, 보조 진화의 기법마다 결과는 제각기 달랐다. 특히 하드닝은 여러 유전자가 동시에 작동해야 하는 정밀한 과정이고, 아직 그 과정을 안정적으로 반복해내는 방법은 찾지 못했다.

'보조 진화'라는 말을 언뜻 들으면, 미켈란젤로가 그린 창조의 순간처럼 신이 손짓 하나로 생명을 창조하는 이야기처럼 들릴지도 모른다. 하지만 현실은 전혀 다르다. 실제로 이 작업 과정에는 끝없는 인내가 필요하다. 매들린은 호주 퀸즐랜드에 있는 국립해양시뮬레이터에서 연구를 수행한다. 국립해양시뮬레이터는 거대한 실험실 안에 세워진 '인공 산호 도시'다. 연구진은 그곳에서 산호의 산란 시기를 맞추고, 그 과정을 세밀하게 관찰하며 조심스럽게 개입한다.

산호는 달이 뜨는 특정 시기, 그레이트배리어리프의 경우 10월과 11월 보름달이 뜨는 날 밤에 맞춰 산란한다. 그 시기 바닷속에서는 축제가 벌어진다. 수백만 개의 정자와 난자가 뭉친 알주머니들이 바닷속을 메우며 천천히 떠오른다. 마치 스노볼을 흔들었을 때처럼, 온 바다에 생명의 눈보라가 소용돌이친다. 수정이 이루어지면, 유충들은 다시 바다 밑으로 내려가 새로운 산호 군락을 이룬다. 그 찰나의 시기를 놓치지 않기 위해, 연구자들은 산호를 수조에서 양동이로, 다시 산란용 쟁반으로 옮긴다. 그리고 피펫과 실험용 플레이트를 손에 든 채, 산란의 축제가 시작되길 조용히 기다린다.

매들린은 실험실에서 배양된 산호 유충과 공생 조류를 조합해 내열성이 더 강한 돌연변이를 얻는 실험을 진행하는 한편, 서로 다른 계통을 짝지어 내열성이 뚜렷하게 발현되는 개체가 나오는지도 살펴보고 있다고 말했다. 시행착오의 연속이었다. 보조 진화는 아직 새로운 영역이고, 우리가 아는 것은 여전히 불완전하다. 내열성에 관여하는 유전자는 한두 개가 아니라 수백 개일 수도 있고, 유전형이 실제 내열성으로 어떻게 발현되는지 그 메커니즘은 아직 제대로 밝혀지지 않았다. 게다가 실험실에서 얻은 형질이 자연에서도 끝내 발현될 수 있을지는 여전히 불확실하다. 심지어 내열성이 높아지면 영양분을 흡수하는 능력이 떨어지는 등 치명적인 대가를 치를 수도 있다. 그리고 마지막에는 늘 '규모'의 문제가 남는다.

그레이트배리어리프는 무려 55만 제곱킬로미터에 걸쳐 펼쳐져 있고, 수십억 마리의 산호 개체와 600여 종의 다양한 산호로 이루어져 있다. 산호의 숙주인 폴립에 선별 교배나 유전자 편집을 시도한다면, 수정란 단계에서 개입하는 것이 가장 바람직하다. 그래야 변이가 군락 전체로 퍼질 수 있기 때문이다. "한번 상상해보세요. 그레이트배리어리프에 풀어놓을 모든 개체에 그 과정을 다 적용하려면, 대체 어떻게 해야 할까요?" 매들린은 자조하듯 웃으며 말했다.

산호를 연구하는 과학자들 대부분은 보조 진화가 가장 효과적으로 작동하려면, 위기에 처한 산호초 근방에서 살아가는 지역 공동체가 주도적인 역할을 해야 한다고 입을 모은다. 산호를 지켜야 할 절실한 이유와 실천에 옮길 기회를 동시에 지닌 사람들이 바로 그들이기 때문이다. 실제로 그레이트배리어리프 일대에서는 오래전부터 이 산호와 함께 살아온 사람들이 지금 그 길을 선두에서 이끌고 있다.

이르간디지 부족은 무려 6만 년이 넘는 시간 동안 퀸즐랜드 북부, 포트더글러스와 케언스 사이의 해안 지역인 다우울우루에서 살아왔다. 이곳은 약 520제곱킬로미터에 이르는 땅으로, 신화 속 무지개뱀rainbow serpent 구주구주가 원초의 대지를 가로지르며 지나간 자국이 이 땅의 지형이 되었다고 한다. 그 거대한 몸짓 하나가 숲과 언덕, 강과 개울을 만들어냈다는 전설이다. 다우울우루는 숲과 개울이 흐르는 풀름파(육지의 땅) 그리고 산호초와 작은 섬들로 이루어진 쿨불(바다의 땅)이라는 두 세계로 나뉘며, 지금의 해안선에서 대륙붕 너머까지, 수십 킬로미터에 걸쳐 펼쳐져 있다.

이 지역의 산호초들은 이르간디지족의 문화와 정체성이 스며든 성스러운 터전이다. 하지만 다우울우루는 그레이트배리어리프 일대에서도 가장 심각한 해를 입은 해역과 바로 인접해 있다. 급속히 사라지는 이 유산을 지키기 위해, 2010년 다우울우루 사람들은 '이르간디지 토지·해양 수호대'를 조직했다. 그리고 그들이 주도하는 대표적인 활동이 바로 '쿨불 프로젝트'다. 원주민 공동체가 중심이 되고 해양 과학자들과 관광업계가 함께하는 산호 복원 시범 사업이다.

2022년, 수호대는 그레이트배리어리프 남쪽에 자리한, 백화 피해가 덜한 궁간디지 해역에서 산호 유충을 들여와 이식하는 데 성공했다. 그리고 이제, 궁간디지에서 들여온 산호 유충 3천 만 마리를 2025년까지 이르간디지 해역에 이식할 계획이다. 이르간디지족은 그레이트배리어리프를 품고 살아온 70여 개 '전통 소유' 원주민 공동체 중 하나로, 수천 년 동안 이곳의 땅과 바다를 지켜왔다. 궁간디지족을 비롯한 여러 부족이 각자의 토지·해양 수호대를 운영하며, 산호와 더불어 사는 전통을 지금도 실천하고 있다. 이런 공동체적 연대는 자신들이 발 딛고 살아가는 산호초의 특성을 가장 잘 아는 이들이 전통 생태 지식과 현대 과학을 함께 엮어낸 결과다.

이런 연대야말로 급변하는 기후의 문턱을 넘을 수 있도록 산호를 도울 수 있다. "그레이트배리어리프는 하나의 문화 경관이다." 이르간디지 수호대를 이끄는 개빈 싱글턴Gavin Singleton은 이렇게 썼다. 이곳은 수많은 창세신화가 문화적으로, 지리적으로 얽혀 있는 장소다. 화상 통화에서 그는 이렇게 덧붙였다. "이런 신화에는 우리가 이 환경에서 어떻게 살아가야 하는지를 알려주는 메시지가 담겨 있어요."

그중 하나는 이렇다. 한 조상이 대륙붕까지 평평하게 펼쳐졌던 옛 땅에 살고 있었다. 지금은 산호초가 자리한 그곳이 그때는 온통 숲과 언덕이었고, 강과 개울이 대륙붕 끝까지 흘러가고 있었다. 그 조상은 그 땅에서 죽이면 안 되는 물고기를 죽이는 잘못을 저질렀고, 그 죄로 인해 바닷물이 솟구쳐 올라 그를 익사시키려 했다. 조상은 목숨을 부지하기 위해 가장 높은 산으로 도망쳤다. 달아나던 중, 짐을 줄이기 위해 들고 있던 과일과 채소를 하나씩 내던졌다. 마침내 산꼭대기에 다다르자, 그는 큰 바위들을 모아 불에 달군 뒤 바다에 던졌다. 그 바위들에 바닷물이 닿아 김이 피어오르자, 물은 더 이상 불어나지 못했다.

그리고 그 바위들이 떨어진 자리가 오늘날 연안 산호초의 시작점이 되었다. 그 조상이 지나온 숲 일부도 바닷물에 잠겨 산호초가 되었고, 그가 내던진 채소들 역시 각각 산호초로 변했다고 개빈은 설명했다. 다우울우루의 북쪽 경계는 만딩갈바이 이딘지 부족의 땅과 맞닿아 있다. 이딘지족의 창세신화에도 산호초의 기원에 관한 비슷한 이야기가 전해진다. 지구를 창조한 신, 비랄은 바다의 땅에서 모든 생명이 조화를 이루며 살아갈 수 있도록 특별한 물고기를 만들고, 아무도 그것을 잡아서는 안 된다고 금기를 내렸다. 하지만 두 형제가 경고를 무시한 채 그 물고기를 창으로 찔러 잡았고, 신의 분노를 산 이들은 불벼락처럼 쏟아진 용암을 맞게 되었다. 절체절명의 순간, 그들은 불타는 바위를 집어 들어 바다에 던졌다.

바위는 차가운 바닷물 속에서 서서히 식어 거대한 장벽이 되었고, 그것이 곧 산호초의 시작이 되었다. 비랄의 이야기는 생태계의 조화가 깨질 때 그 끝은 언제나 파괴로 이어지고, 욕망이 절제되지 않으면 세상은 무너질 수밖에 없다는 교훈을 전한다.

창세신화와 그 신화에 뿌리를 내리고 사는 사람들은 마치 바닷속 산호와 미세조류처럼 서로 공생 관계를 맺고 있다. 신화는 만딩갈바이 이딘지족이 자기 땅과 이어져 살아갈 수 있게 해주고, 이르간디지족이 다우울우루를 삶의 터전으로 지켜갈 수 있게 도와준다. 산호초는 여러 작은 생명들이 서로 도우며 살아가는 하나의 공동체다. 그 연대가 산호초를 오랫동안 지켜왔다. 하지만 이런 연대에도 균형이 필요하다. 자연적 균형이 깨져 수온이 지나치게 오르면 산호는 병들고, 사회적 균형이 깨져 원주민 공동체의 역할을 외면하면 산호를 보호한다는 명분으로 또 다른 파괴를 반복하게 된다.

레드리버 메티스족 출신 학자 조이 토드Zoe Todd의 말처럼, "원주민 전통 지식을 양념처럼 슬쩍 얹어놓는다고 해서, 진짜 존중하고 협력하는 관계가 되는 건 아니다." 서구 문화는 '개인주의'와 허울 좋은 '객관성'을 앞세워 사람과 자연, 인간과 땅을 자꾸 떼어놓는다. 하지만 원주민의 세계관은 세상 모든 존재가 원래부터 하나로 연결되어 있다는 믿음 위에 세워져 있다.

이제는 이 세계관이 세상을 바라보는 새로운 기준이 되어야 한다. 쿨불 프로젝트의 중심에는 '유르빈 마밍갈Yurrbin Mamingal'이라는 개념이 있다. 이르간디지족 언어로 '우리 산호초를 돌보다'라는 뜻이다. 매들린은 자기가 진행하는 연구 대부분이 바로 이 원주민 공동체들과의 긴밀하고 섬세한 협업을 바탕으로 이루어진다고 말했다. "과정은 복잡해요." 하지만 그녀는 이렇게 덧붙였다. "결국 그게 우리가 해야 할 일이죠." 어느 부분에서든 산호초를 연구하려면 그 지역의 전통을 지키며 살아가는 원주민 공동체의 동의가 꼭 필요하다. '바다의 땅'이 겹칠 때는 관련된 모든 공동체에 의견을 구해야 한다.

폴립과 미생물은 '혼자서는 살 수 없다. 함께해야 살아남는다' 라는 교훈을 품은 채 수천 년간 공생 관계를 이어왔다. 이처럼 보조 진화란, 다른 종들과 동맹을 맺는 일이다. 오랜 세월 함께 살아온 폴립과 미생물의 공생 관계 속에 제3의 존재로 우리가 조심스레 들어가는 일이다. 이 동맹이 오래 이어지지는 않기를 바란다. 산호가 기후 변화에 스스로 적응할 수 있을 때까지만, 잠시 함께하기를 바란다. 하지만 서구 문화와 원주민 문화 사이의 협력이든, 인간과 다른 종 사이의 협력이든, 협력하는 습관은 잠시로 끝나서는 안 된다. 진화에 개입해야 한다면, 지배자가 아닌 '과정의 동반자'로 참여해야 한다. 그때 비로소 우리 자신도 그 변화 속에서 달라질 수 있을 것이다.

어떤 종에게는 보조 진화가 너무 느리고, 너무 미약해 보일 것이다. 그런 종은 오직 신의 힘만이 세상을 구할 수 있다고 믿는다. 하지만 무언가를 소망할 때는, 그에 따르는 대가도 함께 감당할 수 있어야 한다. 만약 그런 힘이 우리 손에 주어진다면, 다시 말해 단 하나의 도구로 종 전체의 운명을 좌우할 수 있다면, 우리는 과연 그 책임을 감당할 수 있을까?

▬ 진화를 돕거나, 혹은 흔들거나

2013년 어느 날, 생물학자 케빈 에스벨트Kevin Esvelt는 크리스퍼를 이용해 유전자 편집을 한 번만 시행하면, 그 결과가 다음 세대에도 계속 이어지게 만드는 게 가능하다는 사실을 깨달았다. 보통 짝짓기를 통해 번식하는 생물은 부모 양쪽에게서 각각 절반의 유전자를 물려받는다. 이때 각각의 유전자는 다음 세대에 전달될 확률이 50퍼센트로 같다.

그러나 예외가 있다. 바로 유전자 드라이브다. 유전자 드라이브는 일부 유전자가 유전의 규칙을 비껴가, 다음 세대에 더 자주 전해지도록 만드는 유전적 메커니즘이다. 케빈은 여기에서 착안해, 크리스퍼 편집 도구를 유전체에 삽입할 때 그 안에 '합성' 유전자 드라이브를 함께 설계할 수 있다는 사실을 깨달았다. 생식세포의 한쪽 유전자를 편집하면, 크리스퍼 도구가 나머지 한쪽 유전자까지 똑같이 편집하는 것이다. 이렇게 되면 그 유전자는 거의 확실하게 후세에 전해진다. 이 기술이 실현되면, 유전체가 우리의 명령에 따라 스스로를 편집하게 된다. 예컨대, 개체 집단 전체의 내열성을 높일 수도 있고, 병원체와 숙주 간의 연결고리를 끊거나, 외래종의 생식을 막아 멸종에 이르게 할 수도 있다. 그야말로 인류가 만든 기술 가운데 가장 강력하고 중대한 기술 중 하나다.

그것은 신화에나 나올 법한 도구였다. 케빈은 자신이 엄청난 잠재력을 지닌 기술을 발견했음을 직감했다. "그다음 날, 식은땀을 흘리며 깼어요." 그 기술을 두고 이야기를 나누던 중, 그는 내게 이렇게 말했다. 유전자 드라이브는 말라리아의 원인인 플라스모디움plasmodium 기생충을 제거하는 기적 같은 일을 가능하게 만들 수도 있다. 하지만 동시에, 끔찍한 무기가 될 수도 있다. 어떤 불량 국가가 질병을 치료하는 용도가 아니라 적국에 말라리아를 퍼뜨리는 용도로 이 기술을 쓴다면 어떻게 될까? 혹은 적국의 농작물이 자라거나 열매를 맺지 못하게 만드는 데 쓴다면? 유전자 드라이브가 통제 없이 사용된다면, 그것은 생물학적 전쟁의 수단이 될 수도 있다.

표준형 합성 유전자 드라이브는 이론적으로 무한히 퍼질 수 있는 성질을 갖고 있다. 원래는 농작물을 갉아먹는 딱정벌레를 잡으려고 들여왔지만, 생태계를 뒤흔들며 오히려 골칫거리가 된 외래종 수수두꺼비처럼, 선의로 시작된 유전자 드라이브도 결국 통제할 수 없는 파괴적인 결과를 낳을 수 있다는 뜻이다. 유전자 드라이브는 멸종을 초래하는 기계다. 그 힘을 누가, 어떤 의도로 쓰느냐에 따라, 한 종의 생존과 소멸이 갈릴 수도 있다.

처음에 케빈은 이 아이디어를 혼자 품은 채, 어떻게 하면 이 기술을 안전하게 사용할 수 있을지 고민했다. 그래서 유전자 드라이브의 확산을 중단시킬 수 있는 일종의 '킬 스위치'를 설계에 포함시키는 방법을 고안했다. 그 해답 중 하나가 바로 '데이지-체인 드라이브daisy-chain drive'였다. 이 방식은 유전자 드라이브의 구성 요소를 유전체 곳곳에 나누어 배치함으로써, 연결고리를 여러 개 만들어낸다. 각 요소는 서로 맞물려야만 작동하며,

연결이 끊기면 변화가 더 이상 일어나지 않는다. 예컨대 어떤 개체는 유전자 편집 도구인 분자 가위는 물려받지만, 이를 안내하는 분자 지침은 함께 받지 못할 수도 있다.

이렇게 연결이 끊기기 시작하면, 처음에는 빠르게 퍼져나가던 유전자 편집의 흐름도 점차 느려지고, 결국에는 사그라지게 된다. 데이지-체인 드라이브는 드라이브의 폭주를 막고, 한정된 영역에서만 작동하다가 스스로 사라지게 만드는 장치다. 하지만 케빈은 단순히 기술의 구조만 고치는 것으로는 충분하지 않다는 사실을 깨달았다. 이 기술이 실제로 도입될 환경과 그 영향을 감당하며 살아가야 할 사람들까지도 함께 고려해야 했다. 결국, 그가 내린 결론은 하나였다. 이 기술이 진정으로 해를 끼치지 않는 기술이 되려면, 이제는 사람들의 목소리에 귀를 기울여야 한다.

미국 매사추세츠주에 있는 낸터킷섬과 마서스빈야드섬에서는 전체 가구의 40퍼센트 가까이가 라임병에 시달리거나 그 위험 속에 살아가고 있다. 이 세균성 질병은 검정다리진드기blacklegged tick를 통해 전염되며, 치료하지 않으면 심장 질환이나 만성 통증으로 이어질 수 있다. 진드기의 주요 숙주는 사슴이지만, 흰발쥐도 병원균을 몸속에 지닌 채 살아가며 전파의 매개체이자 병원소 역할을 한다. 그 때문에 박테리아는 쥐에게서 사슴에게로, 그리고 사슴에게서 사람에게로 전파될 가능성이 커진다. 그래서 과학자들은 병원균의 확산 고리를 끊기 위해, 이 쥐들에게 면역을 심어주는 유전자 드라이브를 제안했다. 그렇게 하면 병원균의 공급원이 차단된다.

2016년에 이 아이디어가 처음 제안됐을 때, 기술의 이점은 분명해 보였다. 하지만 지역 주민들은 그렇게 강력한 기술을 실제로 자연에 풀어놓아도 될지 불안해했다. "사람들의 삶에 영향을 미치는 결정이라면, 그 당사자에게 선택권이 주어져야 합니다." 케빈은 그렇게 말했다. 낸터킷섬과 마서스빈야드섬의 사람들은 위험을 이해하면서도, '진드기 없는 쥐' 프로젝트에 찬성했다. 그 결과, 이 실험은 지역 공동체가 직접 방향을 결정하는 과학 모델을 만드는 데 큰 역할을 했다. 이후 이 모델은 다른 지역의 해충 문제에도 적용되었다. 부르키나파소에서는 말라리아를 억제하거나 근절하기 위해 유전자 드라이브 기술을 도입할지를 두고 마을 주민들이 과학자들과 직접 협의했다. 그리고 아오테아로아(뉴질랜드를 뜻하는 마오리어)에서는 외래 포식자들로 파괴된 생태계를 복원하기 위해 합성 유전자 드라이브를 도입할지 논의하고 있다.

한때 아오테아로아에는 설치류나 족제빗과 동물이 없었다. 토착 조류들은 땅 위에 둥지를 틀고도, 알을 빼앗길 걱정 없이 새끼를 키웠다. 그러다 동폴리네시아에서 키오레(폴리네시아쥐)라는 쥐가 첫 이주민들과 함께 섬에 들어오면서, 스나이프뜸부기snipe-rail와 올빼미쏙독새owlet-nightjar 같은 고유 조류들을 멸종시켰다. 하지만 진짜 재앙은 유럽 선박을 타고 쥐, 생쥐, 토끼가 들어왔을 때부터 시작되었다. 유럽에서 들어온 침입종 앞에 속

수무책으로 내몰린 개구리, 박쥐, 새, 도마뱀 들은 결국 외래종인 쥐와 토끼에 밀려 자취를 감추었다.

키오레 때만 해도 서서히 무너지던 생태계가 유럽에서 침입종이 들어온 이후에는 급속히 붕괴하기 시작했다. 언제나 그렇듯, 외래종 하나가 또 다른 외래종을 불러오는 일도 반복되었다. 토끼를 잡기 위해 들여온 페럿과 족제비는 결국 생태계를 교란하는 유해 종으로 변했다. 8천 5백만 년 동안 다른 대륙과 단절된 채 독자적인 생태계를 지켜왔던 아오테아로아는 이제 지구에서 가장 많은 종이 멸종된 땅이 되었다. 2016년, 아오테아로아 뉴질랜드 정부는 세기 중반까지 유해 종 없는 나라를 만들겠다고 선언했다.

전통적인 퇴치법은 대부분 덫을 사용한다. 하지만 이 방식은 집단 전체에 영향을 주기까지 시간이 오래 걸린다. 독성 물질을 사용하는 방식은 또 다른 피해를 낳을 수 있다. 이에 케빈은 '라스트 리터last litter' 방식의 유전자 드라이브를 제안했다. 수컷의 유전자를 편집해 새끼 암컷이 태어나도 번식하지 못하게 만드는 이 기술은 덫을 놓거나 독을 쓸 필요 없이, 단 몇 세대 만에 쥐나 족제비의 개체 수를 줄일 수 있다. 다만, 사람들은 새로운 가능성에 호기심을 보이면서도, 그 가능성이 어떤 결과를 불러올지 모른다는 사실 앞에서 쉽게 마음을 열지 못했다. 아오테아로아에서 케빈은 오랜 시간 마오리족의 목소리에 귀를 기울였다.

유전자 드라이브는 단순히 '얼마나 효과적인 기술을 설계할 것인가'의 문제가 아니라는 것, 그것이 케빈이 마오리족과 대화하면서 깨달은 가장 큰 교훈이었다. 어디에서나 똑같이 작동하도록 보편적으로 설계하면 기술의 위력은 더 세질 수 있다. 하지만 그렇게 하면, 그 기술이 닿을 삶의 자리와 환경을 무시하게 될 수도 있다. 유전자 드라이브를 오로지 기술의 문제로만 바라보는 순간, 그 땅과 맺어온 관계에서 길어 올릴 수 있는 통찰은 사라지고 만다.

케빈은 어디까지나 외부인에 불과했다. 그래서 그 기술이 마오리 공동체에 어떤 의미를 지니는지, 그 깊은 뜻까지는 자신이 결코 온전히 이해할 수 없음을 받아들이게 되었다. 그래서 마오리족 공동체를 찾아가 말했다. "수십 년을 함께해야 겨우 이해할 수 있는 일이란 걸 저희도 압니다. 그래서 우리는 결국 여러분의 지혜를 믿고 따를 수밖에 없습니다."

타메 맬컴Tame Malcolm은 마오리족 출신의 자연보호 활동가다. 그는 어릴 때부터 마오리 고유의 방식으로 토착 유해 종을 관리하는 법을 배웠고, 학교를 마치자마자 키오레 같은 외래종을 포획하여 생태계를 지키는 일을 시작했다. 그는 마오리족의 세계관이 마타우랑아Mātauranga에 기반을 두고 있다고 설명했다. 마타우랑아란, 아오테아로아 생태계에 맞춰 수백 년에 걸쳐 진화해온 마오리족의 전통 지식과 가치 체계를 말한다. "저에게는 모든 게 다 하나였어요. 과학이 곧 마타우랑아였고, 마타우랑아가 곧 과학이었죠." 타메와 이야기 나누던 그 시각, 뉴질랜드는 새벽 5시였다. "집에 어린아이들이 있다 보니, 이 시간이 유일하게 조용한 시간이에요." 그는 그렇게 말하며 활짝 웃었다.

이른 아침에도 유쾌함을 잃지 않는 태도가 무척 인상 깊었다. 한참 대화를 나누던 중, 그가 이렇게 외쳤다. "와, 아침부터 꽤 무거운 질문이네요! 이건 진지하게 생각해봐야 할 주제예요." 마오리족 중심의 생태학이란, 인간이 생태계 바깥에 있는 존재가 아니라, 생태계 일부임을 인정하는 세계관이라고 타메는 설명했다. 이 철학을 이루는 가치와 원칙은 매우 다양하지만, 그중에서도 특히 두 가지가 중요하다고 했다.

첫 번째는 바로 파카파나웅아탕아whakawhanaungatanga다. 다른 마오리 전통 개념들과 마찬가지로, 파카파나웅아탕아도 영어로는 딱 떨어지게 옮기기 어렵다. 굳이 설명하자면, 좋은 관계를 맺고 그 관계를 오래 유지해나가는 과정이라고 할 수 있다. 타메는 이렇게 말했다. "그게 바로 마오리 철학이에요. 세상 모든 게 서로 연결되어 있다는 생각이죠." 파카파나웅아탕아는 개인을 가족과 공동체에 연결하는 신뢰의 철학이며, 인간이 생명의 거대한 관계망 속에 놓여 있다는 인식을 품게 한다. "우리 부족이 타히티에서 뉴질랜드로 건너올 때, 배에 탄 사람들 모두 서로를 위해, 공동체 전체를 위해 움직여야 했어요. '우리는 하나다'라는 사고방식이 필요했죠. 그게 우리 DNA에 새겨져 있어요."

두 번째 개념은 파카파파whakapapa다. 파카파파는 마오리 사회를 움직이는 중심축이고, 파카파나웅아탕아는 파카파파를 통해 가장 온전하게 실현된다. 이 개념 역시 영어로 딱 떨어지게 옮기기 어렵다. 타메는 '계보genealogy'가 아마 가장 비슷한 단어일 거라고 말했다. 다만, 파카파파는 서구에서 말하는 '가계도' 이상의 의미를 담고 있다. 파카파파는 이라Ira, 즉 마오리족 각자가 타고나는 생명력과 유전적 흐름을 설명하는 개념이다. 이 유전은 생물학적 차원뿐 아니라, 영적 차원까지 아우른다. 마오리족은 모두 랑이누이(하늘의 신)와 파파투아누쿠(대지의 신)의 후손이기 때문이다.

마오리족 출신의 유해 종 관리 전문가 마커스 샤드볼트Marcus Shadbolt는 이렇게 말했다. "사람이 전부가 아니에요. 자연 전체가 파카파파에 함께 들어 있어요." 그 역시 타메처럼 마오리 전통 생태관을 바탕으로 자연을 지키는 일을 하고 있다. 그가 일하는 단체 테티라파카마타키Te Tira Whakamātaki는 '지켜보는 이들'이라는 뜻으로, 마오리족 전통에 뿌리를 둔 자연보호 철학을 전파하는 일을 한다. 마커스는 파카파파의 깊이와 넓이에 대해 이런 설명을 덧붙였다. "뿌리를 계속 거슬러 올라가다 보면, 결국 새와 나무, 자연을 이루는 모든 존재에 이르게 돼요." 파카파파는 물고기부터 숲까지 사람을 길러낸 환경을 모두 포괄한다.

모든 마오리인은 부모에게서, 그리고 자신이 태어난 땅으로부터 파카파파를 물려받는다. "파카파파는 살아 있는 생명체에서 멈추지 않아요. 산과 강도 파카파파의 일부예요." 마커스가 덧붙였다. 타메는 자신이 자란 오카타이나호를 "내 DNA의 일부이자, 나의 조상"이라 부르곤 했다. 몇몇 마오리 장로들은 자신을 소개할 때, 자신의 뿌리가 '테코레Te Kore', 즉 '창조 이전의 무無’에서부터 시작한다고 말한다.

마커스는 파카파파를 ‘계보’보다는 ‘분류 체계taxonomy’에 가까운 개념으로 본다. “자연 세계를 분류하는 방식이에요.” 단, 서구식 분류 체계와는 다르다. “서구 분류 체계는 유전적 유사성에 따라 새를 묶지만, 파카파파는 같은 환경에서 비슷한 역할을 하는 새끼리 연결합니다.” 마오리족 공동체가 유전자 편집 기술에 던지는 질문의 핵심은 이렇다. 이 기술이 우리 부족의 핵심 가치를 지켜주는가, 아니면 해치는가? 예컨대, 합성생물학을 이용해 특정 종이나 생태계의 회복력을 높이는 일은 마오리족 전통의 생명 수호 원리인 카이티아키탕아kaitiakitanga를 강화할 수 있다. 하지만 케빈이 아무리 안전장치를 세심하게 설계했다 해도, 유전자 드라이브가 통제 불능 상태에 빠질 가능성은 여전히 존재한다.

그렇게 되면 마오리족은 자연을 지켜야 할 본래의 책임을 제대로 감당하지 못하게 될 수도 있다. 또한, 일부 마오리족은 밀 유전자가 들어간 미국밤나무처럼 외래 유전자가 삽입된 생물을 경계한다. 외래 유전자가 들어오면 그 종의 파카파파가 흐려진다고 보기 때문이다. 하지만 단순한 유전자 편집이라면, 그 종의 장기적인 건강과 회복력에 도움이 된다면, 오히려 파카파파를 강화하는 행위로 볼 수도 있다. 단, 여기서 ‘외래foreign’라는 말은 서구의 종 중심 분류 체계에서 말하는 ‘종 간 경계’와는 전혀 다른 개념이다. 최대 50미터까지 자라는 거대한 침엽수 ‘카우리’

와 남방긴수염고래 '토호라'는 한때 형제였고, 땅 위에서 함께 살았다. 하지만 토호라는 바다를 그리워했다. 토호라는 깊은 바닷속의 아름다움에 마음을 빼앗겼다. 그래서 사랑하는 형제 카우리에게 함께 떠나자고 말했다.

그러나 카우리는 흙과 하늘을 사랑했기에 떠날 수 없었다. 대신 그들은 서로 선물을 주고 헤어졌다. 토호라는 비늘 같은 자기 피부를 카우리에게 입혀주었다. 그 피부는 거칠고 단단한 나무껍질이 되었고, 덕분에 카우리는 다른 나무들보다 훨씬 크게 자랄 수 있었다. 토호라는 대신 부드러운 피부를 갖게 되어, 바닷속을 자유롭게 미끄러지듯 헤엄칠 수 있게 되었다. 카우리는 찬 바닷물과 소금기 속에서도 따뜻함을 지킬 수 있도록 토호라에게 기름을 선물했다. 그리고 토호라에게 노래하는 법도 가르쳐주었다. "카우리가 말했어요. '난 여기 남아서 이 땅을 지킬게. 너는 세상을 탐험하고, 새로운 이야기를 나에게 들려줘.'" 마커스가 말했다. 마오리 전승에 따르면, 카우리와 남방긴수염고래는 그 어떤 관계보다 유대가 돈독하다.

1970년대, 카우리 나무들은 뿌리를 공격하는 곰팡이에 감염되어 고통받기 시작했다. 이 병원균은 뿌리의 섬세한 조직을 망가뜨려 나무가 영양분을 흡수하지 못하고 굶주리게 만든다. 이 병에 걸린 나무는 대부분 죽는다. 2000년대에 접어들 무렵에는 매년 수천 그루의 카우리 나무가 죽어갔고, 죽은 카우리 나무의 창백한 몸통이 숲의 초록 임관forest canopy 위로 앙상하게 솟아올랐다. "카우리 고사병이 카우리 나무를 공격했을 때, 마오리족이 가장 먼저 한 일은 남방긴수염고래가 어떻게 지내는지 보러 가는 거였어요." 마커스가 말했다. "카우리 고사병에 처음으로 효험을 보인 게 다름 아닌 고래의 뼈였어요. 만약 누군가 카우리 나무의 유전자를 이용해서 고래를 구할 수 있다고 하면, 마오리족은 반대하지 않을 겁니다. 카우리 나무와 남방긴수염고래는 한 형제니까요. 말하자면 단지 한 세대 위로 거슬러 올라가는 셈이죠."

어떤 이들은 남방긴수염고래가 그렇게 많이 해안으로 밀려온 이유는 슬픔에 겨워 아픈 형제를 도우러 온 것이라고 말했다. 그 뒤, 마오리의 토훙아Tohunga *들은 좌초한 고래의 뼈로 연고를 만들면 곰팡이에 감염된 나무를 치유할 수 있다는 사실을 알아냈다. 파카파파는 서로의 경계로 세상을 나누는 대신, 생태적 관계 속에서 모든 존재를 이어주는 사고방식이다. 이런 관점은 서로 다른 생명의 특성을 조합하고 연결하는 '키메라의 시대'를 이해하는 데 깊은 통찰을 준다. 하지만 타메는 유전자 편집을 바라보는 마오리족의 시각이 다 똑같지는 않다고 말했다. 마오리족 안에서도 이 문제를 바라보는 각 부족의 시각은 다를 수 있고, 심지어 같은 가족이나 세대 안에서도 의견이 갈릴 수 있다.

케빈도 같은 경험을 했다. 그가 가장 긴밀히 교류한 두 부족은 응아푸히족과 응아이타후족이었다. 응아푸히는 인구가 밀집된 북섬에 살고, 응아이타후는 땅이 넓고 인구가 적은 남섬에

* 마오리족 사회에서 전통 지식을 전승하고 영적 의례를 집전하는 전문가로, 치유, 예언, 장례 등 다양한 영역에서 공동체의 삶을 떠받치는 역할을 한다.

산다. 두 부족이 유전자 드라이브를 대하는 태도는 확연히 달랐다. 응아푸히는 전통적인 방식으로 유해 종을 관리하는 쪽을 더 신뢰하는 반면, 응아이타후는 유전자 드라이브를 현실적인 해결책 중 하나로 받아들이는 분위기였다. 두 부족 모두 다음 세대가 자신들이 터 잡고 살아온 땅과의 관계를 계속 이어가길 바랐다. 하지만 그 바람을 실현하는 방식은 서로 달랐다. 북섬의 응아푸히는 예전부터 해오던 방식 그대로, 사람의 손길이 직접 닿는 전통적인 방식을 지키려 했다. 반면 남섬의 응아이타후는 전통 방식만으로는 외래 설치류를 없애기 어렵다고 보고 새로운 해법을 찾고 있었다.

합성생물학은 단순히 기술적인 문제로만 다뤄서도 안 되고, 건조한 윤리의 틀로만 판단해서도 안 된다는 게 마오리족의 공통된 믿음이다. 파카파파와 파카파나응아탕아는 '모든 생명이 서로 연결되어 있다'는 믿음을 삶의 모든 영역에 새기는 마오리족의 세계관이다.

어떤 새로운 기술이나 아이디어가 등장할 때마다 마오리족은 이렇게 묻는다. "모든 생명이 얽혀 있다는 마오리의 세계관과 공동체를 향한 책임 있는 태도가 그 안에 담겨 있는가?" 타메는 이렇게 덧붙였다. "그런 관점이 빠져 있다면, 그 아이디어는 마오리 사회에서 금세 외면받을 거예요. 어떤 일을 시작하기 전에, 먼저 그 일이 어디서 비롯되었고 어떤 관계 위에 놓여 있는지를 살펴야 하죠. 마오리족에게는 그게 파카파파를 이해한다는 뜻이에요." 환경 작가 에마 매리스Emma Marris는 합성생물학의 윤리 문제를 고민할 때 이런 질문을 던져보면 어떻겠느냐고 제안했다. 만약 동물들이 스스로 투표할 수 있다면, 자기 유전체를 편집하는 데 찬성할까?

물론 종 간의 언어를 통역해주는 장치는 없으니, 이는 어디까지나 가정에 불과한 질문이다. 하지만 그 동물의 파카파파를 물을 수는 있다. 모든 생명체는 저마다의 파카파파를 지니기 때문이다. 동물의 경우 파카파파는 진화 속에서 몸과 행동 그리고 살아가는 환경 사이에 형성된 관계로 나타난다. 이 관계 덕분에 동물은 주변 환경은 물론, 함께 살아가거나 의존하는 다른 생물들과도 조화를 이루며 살아간다. 어떤 동물의 파카파파를 제대로 이해하려면, 그 동물이 살아가는 땅을 다스리는 신까지 관계를 따라 올라가야 한다. 마오리 세계관에서는 세상의 모든 장소마다 그곳을 관장하는 아투아Atua, 즉 신이 존재한다. 그리고 각각의 아투아는 그 장소에서 '어떻게 살아야 하는가'를 알려주는 규범을 세우는데, 이것이 바로 카와kawa다.

예컨대 숲을 다스리는 신이 정한 카와는 숲의 건강을 지키는 방식을 알려준다. 강과 바다를 관장하는 신이 정한 카와는 물의 안녕을 지키는 법을 가르친다. 그래서 어떤 동물의 아투아와 파카파파를 알게 되면, 그 동물에게 무엇은 해도 되고 무엇은 해서는 안 되는지 가늠할 수 있게 된다고 타메는 말했다.

이 관점은 쥐나 주머니쥐처럼 토착종이 아닌 생물에게도 똑같이 적용된다. 마오리족은 두 종류의 생물을 구분한다. 하나는 타옹아taonga라 불리는, 폴리네시아인들이 이 땅에 처음 도착했을 때부터 함께해온 소중한 종이고, 다른 하나는 유럽인 이주자들과 함께 들어온 외래종이다. "어떤 사람들은 이렇게 말할 수도 있어요. '주머니쥐는 토착종이 아니니까 파카파파가 없지 않나?'" 타메가 말했다. 하지만 마오리족은 늘 변화하는 세계에 맞춰 새로운 관계를 만들어온 민족이다. 과거에 어떤 존재였는지가 앞으로 어떤 존재가 될 수 있는지를 결정짓는 것은 아니다. 마오리족이 아오테아로아에 처음 도착했을 때, 이 땅의 거세고 예측할 수 없는 바람은 그들이 태평양의 섬들에서 맞던 바람과는 전혀 달랐다.

기존의 신들만으로는 이 낯선 기후를 설명할 수 없었기에, 마오리족은 스스로 새로운 신을 만들었다. 그 새로 태어난 신이 바로 기상의 신, 타휘리마테아였다. 주머니쥐 같은 외래종도 다르지 않다고 타메는 설명했다. 여러 세대 동안 이 땅에서 살아온 주머니쥐도 이제는 나름의 파카파파를 지니게 된 셈이다. 타메는 주머니쥐 같은 침입종도 호주 원주민에게는 타옹아, 즉 문화적으로 중요한 존재라며, 우리가 우리 조상이 존중받길 바라듯 다른 문화가 소중히 여기는 존재들 또한 마땅히 존중받아야 한다고 덧붙였다.

케빈에게 유전자 드라이브는 인간에게 '신에 가까운 책임'을 부여한 기술이었다. "힘을 갖는 순간, 그에 따른 책임도 함께 지게 됩니다. 그건 결코 피할 수 없어요." 하지만 아무리 의도가 선하더라도, 그 끝에는 언제나 '오만'의 문턱이 있다. 케빈은 "진화만큼이나 아름다운 시스템을 만들고 싶지만, 그 과정에서 그렇게 많은 고통이 따르지 않기를 바란다"고 자조적으로 말했다.

유전자 드라이브가 있다면 우리는 '신이 내린 여덟 가지 재앙'을 길들일 수 있을지도 모른다. 예컨대 사막메뚜기desert locust 떼의 '군집 행동 유전자'를 꺼서 기근을 줄일 수도 있고, 지옥 같은 고통을 유발하는 기생충을 제거할 수도 있는 것이다. 특히 남아메리카의 나사벌레screwworm, 극악한 생애 주기를 갖고 있는 이 기생파리의 유충은 진드기에 물린 자국만큼 작은 상처에도 파고들어 살아 있는 살점을 파먹으며 자란다. 그 과정에서 분비되는 화학물질은 성체 암컷 나사벌레를 불러들이고, 그 상처 위에 또다시 알을 낳게 만든다. 결국에는 나사벌레가 스스로 연출자 겸 무용수가 되어, 숙주 생물을 산 채로 갉아먹는 기이하고 끔찍한 춤판이 벌어지는 것이라고 케빈은 말했다.

케빈에 따르면, 매년 최대 10억 마리의 남아메리카 동물들이 이 나사벌레 때문에 극심한 고통을 겪는다. 유전자 드라이브를 이용해 이 벌레 전체를 불임으로 만들면, 아예 지구상에서 사라지게 할 수도 있다. "이 지구에서 살면서 우리가 다른 생명에게 안겨준 고통이 얼마나 많은지 몰라요. 이제는 그 균형을 조금 바로잡아야 하지 않을까요? 다른 생명의 고통을 덜어주는 일, 그것은 인류 전체가 지은 죄에 대한 작은 속죄가 될 수도 있어요." 물론, 그 대가로 나사벌레는 멸종하게 될 것이다.

마오리족의 세계관은 인간을 만물 위에 군림하는 신적인 존재로 보지 않는다. 오히려 인간도 다른 모든 생명처럼, 신성의 한 줄기를 품고 있음을 일깨운다. 유전자 드라이브를 비롯한 유전자 편집 기술은 우리에게 이렇게 묻는다. 그토록 막강한 힘을 손에 쥔 지금, 인간으로 산다는 건 무엇을 의미하는가? 다른 생명체의 유전체에 인간의 뜻을 새겨 넣는 순간, 우리는 오히려 생명의 질서에서 멀어질 수도 있다.

그러나 마오리족처럼 모든 생명에 깃든 신성을 인식하고 그 감각을 바탕으로 결정을 내린다면, 우리는 생명의 그물망에 더 깊이 연결될 수 있다. 그렇게 세계를 바라보기 시작할 때, 우리의 선택은 지배가 아니라 돌봄의 방향으로 자연스럽게 기울게 될지도 모른다.

— 생명을 닮은 기술이 기회를 만든다

새년 냉글과 닉 리를 만나 바이오플라스틱에 관해 배우기 위해 보스턴을 찾았을 때, 나는 도시 반대편에 있는 터프츠대학교도 들렀다. 그곳에는 마이클 레빈의 실험실이 있다. 그날 마이클은 자리에 없었지만, 미리 약속을 잡은 덕분에 마이클의 동료 더그 블래키스턴Doug Blackiston을 만날 수 있었다. 더그와 마이클은 발달생물학과 로봇공학, 인공지능의 경계를 넘나드는 융합 연구를 함께하고 있다. 이들이 만드는 '생물 로봇'은 그 자체로 공학과 생물학의 경계를 희미하게 만든다.

더그는 아프리카발톱개구리에게서 채취한 세포조직을 손으로 직접 조형하며, 이 생물 로봇에 형태를 불어넣는 역할을 맡고 있다. 처음 만든 생물 로봇 '제노봇Xenobot'은 작고 단순한 유기체로, 전체적인 실루엣은 쉼표를 닮은 곡선형으로, 걸을 수 있게 설계되었다. (아프리카발톱개구리를 뜻하는 영어 단어 '제노퍼스Xenopus'를 따서 명명했는데, 재밌게도 제노퍼스는 '이상한 발'을 뜻한다.) 몸체는 개구리 피부 세포로 만든 거칠고 투박한 정육면체 블록으로 이루어져 있고, 여기에 심장근육 세포로 만든 짧은 다리가 붙어 있어서 수축 운동을 통해 제노봇의 몸을 움직이게 했다. AI가 설계한 도면을 바탕으로, 더그는 세포조직을 하나하나 손으로 조형했다.

초미세 스타일러스 펜으로 세포를 원하는 형태로 다듬으며, 로봇 하나하나를 완성해나갔다. 이 작은 생명체들은 모두 폭이 1밀리미터도 채 되지 않았다. 완성된 제노봇은 실제로 걸을 수 있었을 뿐만 아니라, 연구팀조차 예상하지 못한 여러 가지 행동을 보였다. 이 생물학적 로봇들은 서로 협력해 주변의 입자를 이동시킬 수 있었고, 기계식 로봇과 달리 손상되면 스스로 회복하는 능력까지 갖추고 있었다.

2세대 제노봇에 이르자, 상황은 더욱 기묘해졌다. 제노봇 2.0은 동물극모자, 즉 개구리 배아에서 추출한 줄기세포 덩어리로 만들었다. 이번에는 AI 알고리즘에 의존하지 않고, 세포가 자율적으로 성장하는 방식으로 실험이 이루어졌다. 피부 세포에서 유래한 동물극모자의 특성상 새로운 제노봇들은 몸 전체에 '섬모'라 불리는, 털처럼 생긴 가느다란 돌기를 발달시켰다. 그런데 이 섬모는 단순한 돌기에 그치지 않고, 팔다리처럼 빠르게 움직이며 제노봇이 스스로 물속을 헤엄칠 수 있게 해주었다. 이번 실험에서 연구진은 줄기세포가 올챙이로 성장하도록 유도하지 않았다.

대신, 실험실이라는 낯선 환경 속에서 세포가 스스로 어떤 형태로 자라나는지를 가만히 지켜보았다. 그 결과, 기존의 어떤 생물과도 다른, 마치 살아 움직이는 식물처럼 보이는 독특한 존재가 나타났다. 사막을 떠도는 덩굴식물을 닮은 이 생명체는 마치 개구리알 무더기에서 갑자기 벌 떼가 솟구쳐 오르는 걸 본 듯한, 낯설고 진기한 광경을 만들어냈다.

2세대 제노봇은 마치 의도를 지닌 것처럼 행동했다. 미로를 탐색하거나, 칼슘 이온을 퍼뜨려 서로에게 신호를 보내기도 했다. 무리를 이룬 제노봇들은 주변에 흩어진 입자나 느슨한 세포들을 함께 정리해 가지런한 더미로 모아놓기도 했다. 조립된 세포들이 며칠 안에 스스로 결합하여 새로운 제노봇으로 '출현'하는 데는 그리 오랜 시간이 걸리지 않았다. 더그의 설명에 따르면, 제노봇들이 보여준 이 깔끔한 정리 습성은 사실 서로 협력해 새로운 개체를 만들어내는 일종의 번식 방식이었다. 하지만 제노봇 2.0은 대개 한 세대, 많아야 두 세대까지만 새로운 제노봇을 만들어낸 뒤 서서히 분해되었다.

이에 연구팀은 다시 진화 알고리즘 기반 AI에 새로운 구조를 설계해달라고 요청했다. 그러자 부풀어 오른 C자, 혹은 한 조각이 빠진 피자처럼 생긴 팩맨 형태의 구조가 자가복제에 더 효율적이라는 분석 결과가 나왔다. 더그는 이 새로운 구조를 다시 손으로 직접 조형해 제노봇 3.0을 만들었다. 3세대 제노봇은 이전 세대의 특성을 그대로 유지하면서도, 최대 4세대까지 자가복제가 가능했다. 각 세대의 생명 주기는 제한적이었다. 이 로봇들은 자체 세포 속의 영양분을 에너지원으로 삼았고, 보통 몇 주가 지나 세포 내 영양분이 고갈되면 기능을 멈추었다.

손으로 직접 조형한 이 세포들은 생명이 지닌 놀라운 가소성을 여실히 보여준다. 새로운 환경에 놓인 줄기세포는 예상치 못한 방식으로 반응하며 스스로 전혀 다른 신체 구조를 만들어냈다. 처음에는 그저 피부 세포였던 것이 이내 물속을 헤엄치고, 결국에는 입자를 쫓아다니며 스스로 복제하는 생물 기계 군집이 되었다.

보스턴 북부 교외, 한적한 동네에 마이클 레빈의 연구실이 있었다. 정면이 유리로 된 현대식 건물이, 2층짜리 주차장 뒤편에 몸을 웅크린 듯 자리했고, 주변은 가로수 길과 낮은 목조 주택들로 둘러싸여 있었다. 조용한 그 거리를 노란 통학버스 한 대가 천천히 미끄러지듯 지나갔다. 북쪽으로는 미스틱강이 굽이쳐 흐르며 보스턴항으로 이어진다. 건물 입구에는 길이 3미터쯤 되는 유연한 비닐 튜브가 바람에 흔들리며 천천히 몸을 틀고 있었다. 꼬리는 말뚝에 감겨 있었고, 벌어진 입구는 인도 가장자리를 더듬듯 부드럽게 흔들렸다. 더그 블래키스턴은 키가 크고, 진지함과 편안함이 묘하게 어우러진 인상을 풍겼다.

그를 따라 실험실에 들어갔다. 책상 위에 현미경 하나와 낡은 휴대용 음향 기기가 놓인 작고 소박한 방이었다. 더그가 가장 먼저 보여준 것은 동물극모자를 조형할 때 사용하는 조형 도구였다. 마치 전선 조각처럼 가늘었고, 끝부분에는 필라멘트 두 가닥이 드러나 있었다. 너무 가늘어서 손에 쥐는 것조차 쉽지 않아 보였다. 그처럼 가느다란 걸로 생명체의 형태를 빚는다니, 도저히 상상이 되지 않았다. "자수도 잘하시겠어요." 내가 농담처럼 말하자, 더그는 꽤 고전적인 방식이라 오히려 마음이 편해진다며 수긍했다.

그가 둥근 페트리접시 하나를 집어 들었다. 투명한 액체 위에 까만 씨앗처럼 보이는 아주 작은 점들이 스무 개쯤 흩어져 있었다. "제 학생이 일주일 전에 만든 제노봇들이에요." 페트리접시를 현미경 아래에 밀어 넣으며 더그가 말했다. 나는 몸을 숙여 렌즈를 들여다보았다. 그러자 까맣던 점들이 팝콘처럼 '펑' 하고 터지더니, 솜털처럼 보이는 주황색 구체로 변했다. "우와……." 순간 탄성이 터졌다. 나도 모르게 웃음이 나왔다. 너무 신기했다. 미세하지만, 분명히 살아 있었다. 어떤 것은 미끄러지듯 떠다녔고, 어떤 것은 원을 그리며 빙글빙글 돌았다.

"이건 우리가 사용하는 점토 같은 거예요." 더그가 말했다. "아직은 아무런 변형도 가하지 않았어요. 오늘이 딱, 이 표면에 있는 가느다란 털들이 처음 솟아나는 날이에요. 며칠 지나면 훨씬 더 빠르게 움직일 겁니다." 더그는 또 다른 슬라이드를 꺼냈다. "이쪽은 거의 수명을 다한 제노봇들이에요. 아주 노쇠한 친구들이죠." 처음 본 제노봇들이 진한 주황색이었다면, 이쪽은 색이 훨씬 옅었다. 에너지원을 다 써서 색소가 거의 빠진 상태였다. 그런데도 이쪽이 오히려 더 빨리 움직였다. "제노봇의 주된 에너지원은 지질이에요. 지질은 무겁거든요." 더그가 설명했다. 이 노쇠한 제노봇들은 몸속 에너지를 거의 다 소진해 가벼워진 상태였고, 그래서 작은 자극에도 훨씬 쉽게 움직였다.

제노봇은 사자 머리 인간상이 보여준 그 도약, 곧 '현실 너머의 가능성을 향해 나아가려는 움직임'은 사실, 생명이 오래전부터 실천해온 일임을 보여준다. 2016년, 일본 연구진은 플라스틱병을 재활용하는 오사카의 한 공장 인근 토양에서 PET 플라스틱을 주요한 에너지원이자 탄소원으로 삼는 미생물을 발견했다. '이데오넬라 사카이엔시스*Ideonella sakaiensis*'라는 이 미생물은 길쭉한 알약 모양에 실처럼 가느다란 섬모를 가진 형태였으며, 원래는 잎의 수분 증발을 막는 각피질을 분해하는 기능을 가지고 있었다.

그러나 플라스틱이라는 새로운 먹이원을 마주하자, 이 미생물은 익숙한 생화학 작용을 전혀 다른 방식으로 활용해 플라스틱을 분해하기 시작했다. 플라스틱 표면에 달라붙어 페테이스*PETase*라 불리는 두 가지 효소를 분비하고, 이 효소들은 PET 플라스틱을 테레프탈산과 에틸렌글리콜 같은 무해한 성분으로 분해하는 것이다.

한 연구에서는 토양과 바다에 사는 3만 종 넘는 미생물이 10가지 주요 플라스틱을 분해할 수 있는 능력을 지닌 것으로 밝혀졌다. 이 가운데 이데오넬라 사카이엔시스처럼 진화한 미생물에서 페테이스를 추출하면, 바다를 포함한 전 세계 플라스틱 오염을 정화하는 데 활용할 수 있다. 더그에 따르면, 제노봇은 페테이스와 결합해 환경을 감지하는 생체 필터처럼 작동할 수도 있다. 일부 제노봇은 특정 단백질을 지니고 있어, 특정 파장의 빛 아래에서는 초록색으로 빛나고, 다른 파장에 노출되면 붉게 변하며, 그 반응 상태를 몇 시간 동안 그대로 유지한다.

더 발전된 제노봇은 바닷속 플라스틱에 흡착된 프탈레이트 같은 유해 화학물질을 감지하도록 설계될 수 있다. 그리고 페테이스 같은 효소를 어디에 투입해야 할지를 알려주는 신호를 내보내도록 유전자 편집을 통해 조정할 수 있다. 궁극적으로는 오염이 가장 심한 플라스틱 입자를 탐지하고, 그곳으로 이동한 뒤, 페테이스를 직접 분비해 정화 기능을 수행하는 생체 기계로 발전할 수도 있다. 제노봇은 세포 안의 에너지를 모두 소모하면, 테레프탈산과 에틸렌글리콜 같은 무해한 물질 속에서 서서히 분해되어 사라진다.

제노봇은 다른 형태의 오염이 존재하는 다양한 환경에서도 정화 물질을 운반하는 도구로 활용될 수 있다. 이는 미생물의 진화 가능성을 이용해 인간이 저지른 최악의 오염을 치유할 수 있다는 사실을 보여준다. 예컨대, 흔한 토양 미생물이 만들어내는 단백질인 란모듈린lanmodulin은 핵분열 과정에서 생성되는 아메리슘과 퀴륨 같은 극독성 금속이온에 선택적으로 결합하는 성질을 지니고 있다.

또 2010년 석유시추선 '딥워터 호라이즌' 화재 사고 당시 해양에 유출된 약 3백만 배럴(4억 8천 리터)의 석유 가운데 상당수는 수천 년 동안 탄화수소를 분해해온 미생물들 덕분에 정화되었다. 폴리염화바이페닐 오염토를 분해하는 박테리아 '디할로코코이데스*Dehalococcoides*'는 미국 허드슨강의 침전물 독성을 줄이는 데 사용되었다.

우리는 잠시 아무 말도 하지 않았다. 나는 투명한 배양액 속을 유영하는 제노봇들의 움직임을 가만히 지켜보았다. 뚜렷한 방향 없이 천천히 흘러가며, 제노봇만의 방식으로 세상을 탐색하는 것처럼 보였다. 혼자 제자리에서 빙글빙글 돌기도 했고, 둘이 짝지어 춤추듯 느릿하게 움직이다 이내 부딪히고 튕기며 서로 멀어지기도 했다. "정말 평화롭네요." 내가 말하자, 더그가 고개를 끄덕였다. "맞아요, 되게 고요하고 집중되는 느낌이죠." 우리가 만든 이 복잡한 세상에 적응하고 살아남기 위해, 결국 자연을 편집하거나 설계해야만 할 날이 오고 있다.

사자 머리 인간상의 도약은 이 뒤섞이고 고통받는 세계에서 우리가 붙잡을 수 있는 가장 현실적인 희망일 수 있다. 우리가 익숙하게 받아들여온 세계를 전혀 다른 방식으로 바라볼 수 있다는 가능성을 보여주며, 생명이란 본디 타자와 맺는 관계 속에서 성립한다는 사실을 일깨워준다. 이러한 통찰은 인류가 오랫동안 고민해온 '인간은 창조 세계 전체에 대해 어떤 책임을 지니고 있는가?'라는 질문에 하나의 실마리를 제공해준다. 귀를 세운 채 주의 깊게 주위를 살피는 사자 머리 인간상은 소리를 듣고 그 소리에 따라 나아갈 방향을 정한다. 지금 우리는 인간과 생물, 기술이 뒤섞이는 새로운 키메라의 시대 앞에 서 있다.

미생물의 세계는 유전자를 나누고, 함께 살아가며, 동맹을 맺고 깨뜨리기를 반복하는 역동적인 생명의 장이다. 그 안에서는 사랑과 경쟁, 협력과 배신이 뒤섞이며 현실 정치보다도 더 복잡한 전략이 펼쳐진다. 제노봇은 생명이란 이미 정해진 설계도가 아니라 몸을 통해 드러나는 살아 있는 가능성임을 보여준다. 우리가 지금 어떤 존재인지가 앞으로 어떤 존재가 될 수 있을지를 제한하지는 않는다. 이것이 미생물과 제노봇이 말해주는 가장 본질적인 진실이다.

━ 다시, 생태 감수성으로

2005년 12월 어느 저녁, 쌍둥이 자매 마거릿 워트하임Margaret Wertheim과 크리스틴 워트하임Christine Wertheim은 퀸즐랜드에 있는 크리스틴의 집에서 코바늘 뜨개질을 하며 시간을 보냈다. 어린 시절부터 함께 해오던 취미인데, 그날은 조금 다르게 시작했다. 시험 삼아 몇 가지 변화를 주기로 한 것이다. 과학에는 때때로 뜻밖의 아름다움이 숨어 있다. 코바늘로 'n코 뜨고 1코 늘리기'를 반복하기만 해도, 주름지고 말려드는 곡면이 형성된다. 수학에서는 이런 구조를 쌍곡기하hyperbolic geometry라고 부른다.

평행한 선이 서로 만나기도 하고 멀어지기도 하는 음의 곡률을 지닌 곡면으로, 우리에게 익숙한 평평한 공간과는 전혀 다른 법칙을 따른다. 직관적으로 그려내기는 쉽지 않지만, 자연 속에서는 이 쌍곡기하 구조를 흔하게 볼 수 있다. 끝단이 말려드는 상춧잎 모양, 복잡하게 굽이치는 산호 형상 역시 쌍곡면이다. 산호 폴립과 공생생물 들은 표면을 넓히는 이런 구조 덕분에 더 많은 양의 영양분을 효율적으로 흡수할 수 있다. 놀랍게도, 가장 단순한 생명체에게서도 기하학은 모습을 드러낸다. 작디작은 바다민달팽이sea slug조차 기하학의 원리를 마치 이해하고 있는 듯하다. 나새류의 측면 주름은 음의 곡률을 지닌다.

워트하임 자매는 '세 코 뜨고 한 코 늘리기' 대신 '다섯 코 뜨고 한 코 늘리기' 또는 '일곱 코 뜨고 한 코 늘리기'처럼 비율을 다양하게 변주해보았다. 그렇게 나온 결과물은 수학 교과서 속 모형보다는 살아 있는 무언가에 점점 가까워졌다. 정확히 말하자면, 꼭 산호초처럼 보였다. 당시는 과학자들이 지구온난화로 산호초가 위기에 처했다며 경고하기 시작했을 때였다. 그렇게 워트하임 자매의 식탁 위에서 태어난 작은 털실 산호초는 수많은 손길을 거쳐 지구 곳곳으로 퍼져나갔다.

지금은 전 세계 52개 도시에서 자매의 작업을 이어받은 지역 산호초 공동작품°이 제작되었고, 약 2만 5천 명이 참여한 거의

●　　이 프로젝트에서 영감을 받은 활동이 한국에서도 펼쳐지고 있다. 생태 예술가 정은혜가 시민들과 함께 진행한 '제주산호뜨개'라는 공동체 예술이 대표적이다.

세계 최대 규모의 협업 예술 프로젝트로 성장했다. 대부분이 여성인 프로젝트 참여자들은 지금까지 총 40만~50만 시간을 이 수작업에 쏟아부었다.

공식을 하나 정해두고 다양하게 변주해나가는 이 뜨개 방식은 놀랍도록 단순하지만, 그 결과물은 실로 경이롭다. 사슴뿔산호staghorn coral와 엘크뿔산호elkhorn coral처럼 가지가 뻗은 산호부터 손가락처럼 갈라진 해상자산호fingery sun coral, 깃털처럼 섬세하게 퍼지는 카네이션산호feathery carnation coral까지, 쌍곡기하 산호 프로젝트에는 세상에 존재하는 거의 모든 산호가 다 담겨 있다. 버섯처럼 둥글게 부풀어 오른 버블산호bubble coral나, 미로처럼 구불구불한 무늬가 이어지는 뇌산호brain coral도 있다.

여기에 튜브형, 원반형, 장미꽃 모양 구조물까지 더해지며, 전시된 산호초는 모양과 색감, 크기에서 놀라운 다양성을 보여준다. 어떤 산호초는 손바닥 위에 올려둘 수 있을 만큼 작지만, 어떤 산호초는 수십 평의 전시 공간을 가득 메울 만큼 거대하다. 그 다양한 형태와 색감, 철사를 감아 만든 곡선들과 물감을 뿌린 듯한 색채가 어우러지며, 보는 이의 감각을 전율케 한다.

실제 바닷속 산호초가 하얗게 탈색되어 죽어가는 현실을 떠올리면, 이 인공 산호가 지닌 생명력은 더 강렬하게 느껴진다. 어떤 참여자는 단순한 공식을 자기 스타일로 변주해, 현실에 존재하지 않는 새로운 형태의 산호를 만들어냈다. 털실 대신 면실이나 견사를 쓴 사람도 있고, 비닐봉지나 오래된 비디오테이프 같은 뜻밖의 재료를 활용한 사람도 있다. 그 모든 변주가 각각 전혀 다른 산호 생명체처럼 느껴졌다. "계속하다 보니까, 아……
이게 진화구나, 그런 생각이 들더라고요." 마거릿이 내게 말했
다. "단순한 공식 하나로 시작했지만, 그걸 얼마든지 복잡하게도
만들 수 있고, 다양한 형태로 뻗어나가게 할 수도 있어요. 마치
DNA가 점점 복잡해지면서, 수없이 다양한 생명들을 만들어내
는 것처럼요."

여성이 손으로 빚은 작업은 역사 속에서 늘 가볍게 취급되거
나, 아예 주목도 받지 못한 채 잊히곤 했다. 털실로 산호를 짜는
'코바늘 산호초 프로젝트Crochet Coral Reef'는 자연의 섬세한 창조
물에 대해서도 우리가 얼마나 무심했는지를 되묻는다. 지금까
지 전 세계 곳곳에 전시된 52개의 산호초 가운데, 오늘날까지
남아 있는 건 겨우 3점뿐이라고 마거릿은 씁쓸해하며 말했다.
박물관과 갤러리는 이 작품들을 따로 보관할 공간을 마련할 생
각조차 하지 않았다. 전시가 끝난 뒤, 산호초 대부분은 그 자리
에서 버려졌다.

손끝으로 한 땀 한 땀 떠서 완성한 인공 산호는 과학자들이
실제 산호의 진화를 돕기 위해 하는 정성스러운 작업 과정을 떠
올리게 한다. 산호를 다른 장소에 옮겨 심고, 양동이와 피펫으로
산란을 유도하는 식의 더디고 손이 많이 가는 실험들 말이다.
코바늘로 산호를 만든다는 건 말 그대로 산호가 지닌 감각을 손
끝으로 익혀가는 일이기도 하다. 한 코 한 코 떠갈수록, 산호가
품은 기하학의 정교함에 대한 경외심도 깊어진다. 4만 년 전, 누

군가가 매머드의 상아를 집어 들고 세심하게 사자 머리 인간상을 조각했던 것처럼, 코바늘로 털실 산호를 만드는 이 더디고 고된 작업 역시 상상력을 단련하는 행위다.

우리가 언젠가 다른 생명의 진화에 손을 보태고자 한다면, 먼저 손끝으로 변화의 감각을 익혀야 한다. 만들고, 고치고, 다시 만드는 그 느린 과정에서 상상력 또한 함께 자란다. 코바늘 산호초 프로젝트는 우리를 다시 4만 년 전, 그 어두운 동굴로 데려간다. 손과 마음이 처음으로 함께 움직이며, 세상이 어떻게 달라질 수 있을지를 상상하기 시작했던 바로 그 순간으로.

산호초와 바다 물고기가 어우러져 살아가는 해양 세계

오래된 질서는 무너졌고, 새로운 질서는 아직 형체를 갖추지 못했다. 하지만 우리가 자연의 목소리에 귀 기울일 수 있다면, 모두가 함께 살아갈 길은 아직 열려 있다. 1917년 11월의 어느 저녁, 프란츠 카프카Franz Kafka는 잠들기 전, 노트에 짧은 우화를 남겼다.

표범들이 성전에 침입해 성스러운 제기를 비워버린다.
이 일이 되풀이되다 마침내, 제의의 일부가 된다.

카프카는 왜 표범들이 성전에 들어왔는지를 설명하지 않는다. 가뭄 때문일 수도 있고, 숲이 불타거나 길이 새로 나서일 수도 있다. 진정 중요한 건, 그다음에 벌어지는 일이다. 공존의 절박함 속에서, 모든 생명이 함께 살아갈 수 있는 새로운 삶의 방식이 움트고, 동물들이 그 길을 먼저 보여준다.

자연의 위대함은 그 억누를 수 없는 창조성에 있다. 가장 극한의 조건 속에서도 진화는 끊임없이 새로운 해법을 찾아낸다.

왜곡되고 가로막히기도 하지만, 생명은 결코 멈추지 않는다. 늘 새로운 조건에 맞는 새로운 형태를 향해, 낯선 미래를 향해 스스로를 다시 빚는다.

그 과정에서 자연은 우리에게도 속삭인다. 우리 역시 변할 수 있다고. 아니, 변화하지 않으면 안 된다고. 하지만 진화의 영리함만으로는 충분하지 않다. 극한의 실험은 생명을 잘못된 길로 이끌기도 하고, 그 길은 때때로 치명적일 수 있다. 그런데 우리가 자연을 조심스럽게 설계하고 개입하는 일은 분명 생명을 돕는 하나의 방식이 될 수 있다.

다른 종들을 살리기 위해 정말로 필요한 것은 삶의 방식 전체를 바꾸려는 우리의 의지와 상상력이다. 다행히 그 가능성은 우리 안에 늘 자리해 있었다. 인간은 본래 놀라운 가소성을 지닌 존재다. 우리가 그 힘을 꺼내 쓴다면, 도시를 새롭게 설계하고 일상을 다시 상상하며, 우리가 먹는 음식부터 선택하는 재료, 경제의 구조까지 바꿀 수 있다. 우리는 자연의 리듬에 맞춰 삶을 조율하고, 다른 생명들의 낯선 감각과 세계를 이해할 수 있다. 그리고 그 너머에서 놀라운 친연성을 발견할 준비도 되어 있다. 이 모든 감각은 이미 우리 안에 깃들어 있으며, 그 깊은 자리에는 강인한 생명력이 조용히 꿈틀거린다.

카프카의 우화에서 먼저 움직인 것은 동물들이었다. 하지만 표범들이 살아남은 건, 제사장들이 기꺼이 그릇을 다시 채우는 법을 배웠기 때문이었다. 우리는 언제나, 우리가 아는 것보다 더 크고 다층적인 존재였다. 그건 분명하다. 이제 남은 질문은 하나뿐이다. 우리는 그 가능성을 받아들일 준비가 되어 있는가?

그렇다면, 우리는 앞으로 어떤 존재가 될 수 있을까? 우리가 아직 상상하지 못한 모습으로, 서로를 살리는 방식으로, 다시 태어날 수 있을까?

참고문헌

프롤로그

Eduardo S. Brondízio, et al., "Global Assessment Report on Biodiversity and Ecosystem Services of the Intergovernmental Science-Policy Platform on Biodiversity and Ecosystem Services" (IPBES, 2019)

Charles Brown and Mary Bomberger Brown, "Where Has All the Road Kill Gone?" (Current Biology 23/6, 2013)

Anas Ghadouani and Bernadette Pinel-Alloul, "Phenotypic Plasticity in Daphnia pulicaria" (Journal of Plankton Research 24/10, 2002)

Harvard Medical School, "The Evolution of Bacteria on a Mega-Plate Petri Dish (Kishony Lab)" (⟨https://youtu.be/plVk4NVIUh8?si=lE-f4JPVvm7F-ZQN⟩)

Evelyn Fox Keller, *The Century of the Gene* (Harvard University Press, 2000)

Siddhartha Mukherjee, *The Gene: An Intimate History* (Vintage, 2017)

Vicencio Oostra, et al., "Strong Phenotypic Plasticity Limits Potential for Evolutionary Responses to Climate Change" (Nature Communications 9/1005, 2018)

Sarah Otto, "Adaptation, Speciation, and Extinction in the Anthropocene" (Proceedings of the Royal Society B 285, 2018)

Eric P. Palkovacs, et al., "Fates Beyond Traits: Ecological Consequences of Human-Induced Trait Change" (Evolutionary Applications 5, 2012)

Stephen Palumbi, "Humans as the World's Greatest Evolutionary Force" (Science 293, 2001)

Amanda Rodewald, et al., "Dynamic Selective Environments and Evolutionary Traps in Human-Dominated Landscapes" (Ecology 92/9, 2011)

Katharina Ruthsatz, et al., "Microplastics Ingestion Induces Plasticity in Digestive Morphology in Larvae of Xenopus laevis" (Comparative Biochemistry and Physiology A 269, 2022)

Brett R. Scheffers, et al., "The Broad Footprint of Climate Change from Genes to Biology to People" (Science 354, 2016)

Emily Standen, et al., "Developmental Plasticity and the Origin of Tetrapods" (Nature 513, 2014)

Lochran Traill, et al., "Demography, Not Inheritance, Drives Phenotypic Change in Hunted Bighorn Sheep" (PNAS 111/36, 2014)

D. M. Walsh, *Organism, Agency and Evolution* (Cambridge University Press, 2015)

1장. 최적의 개, 적응의 힘

Beatrix Agnvall, et al., "Is Domestication Driven by Reduced Fear of Humans?" (Biology Letters 11, 2015)

Cary Bennett, et al., "The Broiler Chicken as a Signal of Human Reconfigured Biosphere" (Royal Society Open Science 5, 2015)

Janet Browne, *Charles Darwin* (Pimlico, 2002)

Vahni Capildeo, *Venus as a Bear* (Carcanet, 2018)

Habiba Chirchir, et al., "Recent Origin of Low Trabecular Bone Density in Modern Humans" (PNAS 112/2, 2014)

Andrew Curry, "Archaeology: The Milk Revolution" (Nature 500, 2013)

Charles Darwin, *The Variation of Animals and Plants under Domestication* (John Murray, 1868)

Lee Alan Dugatkin and Lyudmila Trut, *How to Tame a Fox* (University of Chicago Press, 2017)

Kenneth Fish, *Living Factories: Biotechnology and the Unique Nature of Capitalism* (McGill-Queens University Press, 2013)

Edwin Gale, *The Species That Changed Itself* (Penguin, 2020)《창조적 유전자》(문학동네, 노승영 옮김)

Julie Guthman, "The CAFO in the Bioreactor" (Environmental Humanities 14/1, 2022)

Amber Husain, *Meat Love: An Ideology of the Flesh* (Mack, 2023)

Evan Irving-Pease, et al., "Paleogenomics of Animal Domestication" In: Charlotte Lindqvist and Om Rajora, *Paleogenomics* (Springer, 2018)

Kennis & Kennis (⟨http://kenniskennis.com⟩)

Clarice Lispector, *Near to the Wild Heart* (Penguin, 2014)

Daniel MacHugh, et al., "Taming the Past: Ancient DNA and the Study of Animal Domestication" (Annual Review of Animal Biosciences 5, 2017)

Jacob Metcalf, "Meet Shmeat: Food System Ethics, Biotechnology and Re-Worlding Technoscience" (Parallax 19/1, 2013)

George Monbiot, *Regenesis: Feeding the World Without Devouring the Planet* (Allen Lane, 2022)

Amanda Pendleton, et al., "Comparison of Village Dog and Wolf Genomes Highlights the Role of the Neural Crest in Dog Domestication" (BMC Biology 16/64, 2018)

Michael Price, "Early Humans Domesticated Themselves" (Science 4 December, 2019)

Myroslava Protsiv, et al., "Decreasing Human Body Temperature in the US Since the Industrial Revolution" (eLife 9, 2020)

Timothy Ryan and Colin Shaw, "Gracility of the Modern Homo sapiens Skeleton is the Result of Decreased Biochemical Loading" (PNAS 112/2, 2014)

Tony Seba and Catherine Tubb, *Rethinking Food and Agriculture 2020–2030* (ReThinkX, 2020)

Michèle Tixier-Boichard, et al., "Chicken Domestication: From Archaeology to Genomics" (C. R. Biologies 334, 2011)

Richard Wrangham, *The Goodness Paradox* (Pantheon Books, 2019)

2장. 살아 있는 도시

Marina Alberti, et al., "Urban Driven Phenotypic Changes" (Philosophical Transactions of the Royal Society B 372, 2017)

Florian Altermatt and Dieter Ebert, "Reduced Flight-to-Light Behaviour of Moth Populations Exposed to Long-Term Urban Light Pollution" (Biology Letters 12, 2016)

Rachel Armstrong, *Soft Living Architecture* (Bloomsbury, 2018)

Alexander Badyaev, "Evolution on a Local Scale: Developmental, Functional, and Genetic Bases of Divergence in Bill Form and Associated Changes in Song Structure Between Adjacent Habitats" (Evolution 62/8, 2008)

Maan Barua, *Living Cities: Reconfiguring Urban Ecology* (University of Minnesota Press, 2023)

Janine Benyus, "The Generous City" (Architectural Design 85/4, 2015)

Janine Benyus, et al., "Ecological Performance Standards for Regenerative Urban Design" (Sustainability Science 17/6, 2022)

Biomimicry 3.8 (⟨https://biomimicry.net⟩)

Michel de Certeau, *The Practice of Everyday Life* (University of California Press, 1984)

Pierre-Olivier Cheptou, et al., "Adaptation to Fragmentation" (Philosophical Transactions of the Royal Society B 372, 2017)

Crissman, J. R., et al., "Population Genetic Structure of the German Cockroach (Blattodea: Blattellidae) in Apartment Buildings" (Journal of Medical Entomology 47/4, 2010)

Maxime Dahirel, et al., "Urbanization-Driven Changes in Web Building and Body Size in an Orb Web Spider" (Journal of Animal Ecology 88/1, 2019)

Ayona Datta, "India's Ecocity? Environment, Urbanisation and Mobility in the Making of Lavasa" (Environment and Planning C: Politics and Space 30, 2012)

Anthony Davis and Thomas Glick, "Urban Ecosystems and Island Biogeography" (Environmental Conservation 5/4, 1978)

Don DeLillo, *Underworld* (Scribner, 1997)

Robert Dunn, "A Theory of City Biogeography and the Origin of Urban Species" (Frontiers in Conservation Science 3, 2022)

Simone Ferracina, *Ecologies of Inception* (Routledge, 2021)

N. A. Fusco, et al., "Urbanization Reduces Gene Flow but not Genetic Diversity of Stream Salamander Populations in the New York City Metropolitan Area" (Evolutionary Applications 14/1, 2020)

Daniel G. E. Gomes, "Orb-Weaving Spiders are Fewer but Larger and Catch More Prey in Lit Bridge Panels from a Natural Artificial Light Experiment" (PeerJ 17/8, 2020)

Stephen Jay Gould and Elizabeth Vrba, "Exaptation – a Missing Term in the Science of Form" (Paleobiology 8.1, 1982)

Auke-Florian Hiemstra, et al., "Bird Nests Made from Anti-bird Spikes" (Deinsea 21, 2023)

Sarah Ichioka and Michael Pawlyn, *Flourish* (Triarchy Press, 2022)

N. K. Jemisin, *The City We Became* (Little, Brown, 2020) 《우리는 도시가

된다》(황금가지, 박슬라 옮김)

Charles Jencks and Nathan Silver, *Adhocism* (MIT Press, 2013)

Elizabeth M. A. Kern and R. B. Langerhans, "Urbanization Alters Swimming Performance of a Stream Fish" (Frontiers in Ecology and Evolution 6, 2019)

Kerstes, N. A. G., et al., "Snail Shell Colour Evolution in Urban Heat Islands Detected via Citizen Science" (Communications Biology 2/264, 2019)

Emily Lescak, et al., "Evolution of Stickleback in 50 years on Earthquake-uplifted Islands" (PNAS 112/52, 2015)

András Liker, "Adaptive Changes in Urban Populations" (Biologia Futura 71, 2020)

Bethan Littleford-Colquhoun, et al., "Archipelagos of the Anthropocene" (Molecular Ecology 26, 2017)

Alessandro Melis and Telmo Pievani, "Exaptation as a Design Strategy for Resilient Communities" In: N. Rezaei(ed.), *Transdisciplinarity* (Springer, 2022)

J. Munshi-South and K. Kharchenko, "Rapid, Pervasive Genetic Differentiation of Urban White-Footed Mouse(Peromyscus leucopus) Populations in New York City" (Molecular Ecology 1, 2010)

Potvin, Dominique, and Kirsten Parris, "Song Convergence in Multiple Urban Populations of Silvereyes" (Zosterops lateralis) (Ecology and Evolution 2/8, 2012)

Benjamin J. Putman, et al., "Downsizing for Downtown: Limb Lengths, Toe Lengths, and Scale Counts Decrease with Urbanization in Western Fence Lizards (Sceloporus occidentalis)" (Urban Ecosystems 22, 2019)

Michael Symmons Roberts and Paul Farley, *Edgelands* (Random House, 2011)

Menno Schilthuizen, *Darwin Comes to Town* (Quercus, 2018) 《도시에

살기 위해 진화 중입니다》(현암사, 제효영 옮김)

Chloé Schmidt and Colin Garroway, "Systemic Racism Alters Wildlife Genetic Diversity" (PNAS 119/43, 2022)

Sierro, J., et al., "European Blackbirds Exposed to Aircraft Noise Advance Their Chorus, Modify Their Song and Spend More Time Singing" (Frontiers in Ecology and Evolution 5/68, 2017)

Rebecca Solnit, *Whose Story Is This?* (Granta, 2019)

Wouter F. D. van Dongen, et al., "Variation at the DRD4 Locus is Associated with Wariness and Local Site Selection in Urban Black Swans" (BMC Evolutionary Biology 15, 2015)

Gaia Vince, *Nomad Century* (Penguin, 2023)《인류세, 엑소더스》(곰출판, 김명주 옮김)

Paula Watnick and Roberto Kolter, "Biofilm, City of Microbes" (Journal of Bacteriology 182/10, 2000)

Edward O. Wilson, *The Diversity of Life* (Penguin, 1992)

3장. 하나의 손길, 하나의 세계

Ah-King, Malin, and Eva Hayward, "Toxic Sexes: Perverting Pollution and Queering Hormone Disruption" (Technosphere Magazine March 2019)

Walter Benjamin, *One-Way Street* (Penguin, 2009)

Mel Chen, "Toxic Animacies, Inanimate Affections" (GLQ 17/2-3, 2011)

David Crews and John MacLachlan, "Epigenetics, Evolution, Endocrine Disruptors, Health and Disease" (Endocrinology 147/6, 2006)

Jason Daley, "Science Is Falling Woefully Behind in Testing New Chemicals" (Smithsonian Magazine, 3 February 2017).

Giovanna Di Chiro, "Polluted Politics?" In: Catriona Mortimer-Sandilands and Bruce Erickson(eds), *Queer Ecologies* (Indiana University Press, 2010)

Adam Dickinson, *Anatomic* (Coach House Books, 2018)

Adam Dickinson, "Metabolic Pathways" (Jacket2, 21 June 2019) (〈https://jacket2.org/commentary/metabolic-pathways〉)

Claire Goiran, et al., "Industrial Melanism in the Seasnake Emydocephalus annulatus" (Current Biology 27/16, 2017)

Hairston, N., et al., Rapid Evolution "Revealed by Dormant Eggs" (Nature 401, 1999)

Myra Hird, "Animal Transex" (Australian Feminist Studies 21/49, 2006)

Homer, *The Odyssey*, Translated by Emily Wilson (W. W. Norton & Co., 2017)

Eben Kirksey, "Chemosociality in Multispecies Worlds" (Environmental Humanities 12/1, 2020)

Nancy Langston, "Endocrine Disruptors in the Environment" In: Daniel Lee Kleinmann et al.(eds), *Controversies in Science and Technology* (Oxford University Press, 2010)

Jeffrey Meikle, *American Plastic* (Rutgers University Press, 1997)

Michelle Murphy, "Chemical Infrastructure of the St. Clair River" In: Soraya Boudia and Nathalie Jas(eds), *Toxicants, Health and Regulation Since 1945* (Pickering and Chatto, 2013)

Michelle Murphy, "Alterlife and Decolonial Chemical Relations" (Cultural Anthropology 32/4, 2017)

Nikk Ogasa, "Soil Microbe Could Clean Up Nuclear Waste" (Scientific American 325, 2021)

Oxman (〈https://oxman.com〉)

Fernando Pessoa, *The Book of Disquiet* (Profile Books, 2017) 《불안의 서》(봄날의책, 배수아 옮김)

Pradham, S., et al., "Nature-Derived Materials for the Fabrication of Functional Biodevices" (Materials Today Bio 7, 2020)

Paul Preciado, *Can the Monster Speak? Report to an Academy of*

Psychoanalysts (Fitzcarraldo, 2021)

Noah Reid, "The Genomic Landscape of Rapid Repeated Evolutionary Adaptation to Toxic Pollution in Wild Fish" (Science 354, 2016)

Jan-Georg Rosenboom, et al., "Bioplastics for a Circular Economy" (Nature Reviews: Materials 7, 2022)

Reena Shadaan, et al., "Endocrine-Disrupting Chemicals (EDCs) as Industrial and Settler Colonial Structures" (Catalyst 6/1, 2020)

Olga Tokarczuk, *Flights* (Fitzcarraldo, 2007)《방랑자들》(민음사, 최성은 옮김)

Toro-Valdivieso, Constanza, et al., "Heavy Metal Contamination in Pristine Environments: Lessons from the Juan Fernandez Fur Seal (Arctocephalus philippii philippii)" (Royal Society Open Science 10/3, 2023)

Laura Vandenberg, et al., "Plastic Bodies in a Plastic World" (Journal of Cleaner Production 140, 2017)

Van't Hof, A. E., et al., "The Industrial Melanism Mutation in British Peppered Moths is a Transposable Element" (Nature 534, 2016)

Wei Ren, et al., "Possibilities and Limitations of Biotechnical Plastic Degradation and Recycling" (Nature Catalysis 3, 2020)

Isaac Wirgin, "Mechanistic Basis of Resistance to PCBs in Atlantic Tomcod from the Hudson River" (Science 331, 2011)

4장. 자연의 노래

Jenny Allen, et al., "Cultural Revolutions Reduce Complexity in the Songs of Humpback Whales" (Proceedings of the Royal Society B 285, 2018)

Jacob Andreas, et al., "Toward Understanding the Communication of Sperm Whales" (iScience 25, 2022)

Margaret Atwood, *Eating Fire: Selected Poetry 1965–1995* (Virago, 1998)

Philip Ball, "The Challenges of Animal Translation" (New Yorker, 27

April 2021)

Walter Benjamin, *Illuminations* (Harcourt Brace Jovanovich, 1968)

Hannah Blair, et al., "Evidence for Shipping Noise Impacts on Humpback Whale Foraging Behaviour" (Biology Letters 12, 2016)

Lera Boroditsky and Alice Gaby, "Remembrances of Times East: Absolute Spatial Representations of Time in an Australian Aboriginal Community" (Psychological Science 21/11, 2010)

Stephen Budiansky, *If a Lion Could Talk* (Weidenfeld and Nicholson, 1998)

Holly Corfield Carr, *Subsongs* (National Trust, 2018)

Ava Chase, "Music Discriminations by Carp (Cyprinus carpio)" (Animal Learning and Behaviour 29/4, 2001)

Ted Chiang, *Stories of Your Life and Others* (Picador, 2015)《당신 인생의 이야기》(엘리, 김상훈 옮김)

Ross Crates, et al., "Loss of Vocal Culture and Fitness Cost in a Critically Endangered Songbird" (Proceedings of the Royal Society B 288, 2021)

Charlie Daria, et al., "Effects of Anthropogenic Noise on Cognition, Bill Colour, and Growth in the Zebra Finch (Taeniopygia guttata)" (Acta Ecologica 26.3, 2023)

Sebastian Dieguez and Julien Bogousslavsky, "Baudelaire's Aphasia: From Poetry to Cursing" (Frontiers of Neurological Neuroscience 22, 2007)

Rebecca Dunlop, "The Effects of Vessel Noise on the Communication Network of Humpback Whales" (Proceedings of the Royal Society B 6, 2019)

Christine Erbe, et al., "The Effects of Ship Noise on Marine Mammals" (Frontiers in Marine Science 6, 2019)

Fitch, W. Tecumseh, "The Biology and Evolution of Music" (Cognition 100, 2006)

Fitch, W. Tecumseh, "Musical Protolanguage" In: Johan Bolhuis and

Martin Everaert(eds), *Birdsong, Speech and Language* (MIT Press, 2016)

Michelle Fournet, "Humpback Whales Alter Calling Behaviour in Response to Natural Sounds and Vessel Noise" (MEPS 607, 2018)

Robert Frost, *The Collected Poems* (Penguin, 2013)

Ellen Garland, et al., "When Does Cultural Evolution Become Cumulative Culture?" (Philosophical Transactions of the Royal Society B 377, 2021)

Ellen Garland and Peter MacGregor, "Cultural Transmission, Evolution and Revolution in Vocal Displays" (Frontiers in Psychology 11, 2020)

Timothy Gordon, et al., "Habitat Degradation Negatively Effects Auditory Settlement Behaviour in Coral Reef Fishes" (PNAS 115/20, 2018)

Timothy Gordon, et al., "Acoustic Enrichment Can Enhance Fish Community Development on Degraded Coral Reef Habitat" (Nature Communications 10, 2019)

Daniel Heller-Roazen, *Echolalias* (Zone Books, 2005) 《에코랄리아스》 (문학과지성사, 조효원 옮김)

Marisa Hoeschele, et al., "Searching for Origins of Musicality Across Species" (Philosophical Transactions of the Royal Society B 370, 2015)

Henkjan Honing, *The Origins of Musicality* (MIT Press, 2019)

Henkjan Honing, *The Evolving Animal Orchestra* (MIT Press, 2019)

Iván Iniesta, "Tomas Tranströmer's Stroke of Genius" (Progress in Brain Research 206, 2013)

Roselvy Juárez, et al., "House Wrens Troglodytes aedon Reduce Repertoire Size and Change Song Element Frequencies in Response to Anthropogenic Noise" (IBIS 163, 2021)

Koko the Gorilla-Message for Humans (〈https://youtube.com/watch?v=cfj1o9kYgzw〉)

Bernie Krause and Almo Farina, "Using Ecoacoustic Methods to Survey the Impacts of Climate Change on Biodiversity" (Biological Conservation 195, 2018)

Halldór Laxness, *Fish Can Sing* (Penguin, 2022)

Loud Numbers (〈https://loudnumbers.net〉)

Laura Jean McKay, *The Animals in That Country* (Scribe, 2021)

Herman Melville, *Moby-Dick; or, The Whale* (Penguin, 2013)

Julien Meyer, "Environmental Linguistic Typology of Whistled Languages" (Annual Review of Linguistics 7, 2021)

Morrison, C. A., et al., "Bird Population Declines and Species Turnover are Changing the Acoustic Properties of Spring Soundscapes" (Nature Communications 12, 2021)

Rob Mullender, "Divine Agency: Bringing to Light the Voice Figures of Margaret Watts-Hughes" (Sound Effects 8/1, 2019)

Les Murray, *New Collected Poems* (Carcanet, 2003)

Vladimir Nabokov, *Speak, Memory* (Penguin, 2016)《말하라, 기억이여》 (문학동네, 오정미 옮김)

Rachel Nordlinger, et al., "Sentence Planning and Production in Murrinhpatha, an Australian 'Free Word Order' Language" (Linguistic Society of America 98/2, 2022)

Alison Osbrink, et al., "Traffic Noise Inhibits Cognition Performance in a Songbird" (Proceedings of the Royal Society B 288, 2021)

Ken Otter, "Continent-Wide Shifts in Song Dialects of White-throated Sparrows" (Current Biology 30, 2020)

Clare Owen, et al., "Migratory Convergence Facilitates Cultural Transmission of Humpback Whale Song" (Royal Society Open Science 6, 2019)

Debra Porter and Allen Neuringer, "Music Discrimination by Pigeons" (Journal of Experimental Psychology 10/2, 1984)

Dominique Potvin and Scott MacDougal-Shackleton, "Traffic Noise

Affects Embryo Mortality and Nesting Growth Rates in Captive Zebra Finches" (Journal of Experimental Zoology 323, 2015)

Jonathan Prather, et al., "Brains for Birds and Babies" (Neuroscience and Biobehavioral Reviews 81, 2017)

Project CETI (〈https://projectceti.org〉)

Melinda Rekdahl, et al., "Culturally Transmitted Song Exchange Between Humpback Whales in Southeast Atlantic and Southeast Indian Ocean Basin" (Royal Society Open Science 5, 2018)

Denise Risch, et al., "Changes in Humpback Whale Song Occurrence in Response to an Acoustic Source 200 Kilometres Away" (PLOS One 7.1, 2012)

Martin Rohrmeier, et al., "Principles of Structure Building in Music, Language and Animal Song" (Philosophical Transactions of the Royal Society B 370, 2015)

Christian Rutz, et al., "Using Machine Learning to Decode Animal Communication" (Science 381, 2023)

Oliver Sacks, *Musicophilia* (Picador, 2011) 《뮤지코필리아》 (알마, 장호연 옮김)

Josephine Schulze, et al., "Humpback Whale Song Revolutions Continue to Spread from the Central to the Eastern South Pacific" (Royal Society Open Science 9, 2022)

Anne Simonis, et al., "Co-occurrence of Beaked Whale Strandings and Naval Sonar in the Mariana Islands, Western Pacific" (Proceedings of the Royal Society B 287, 2020)

Susan Stewart, "Rhyme and Freedom" In: Marjorie Perloff and Craig Dworkin(eds), *The Sound of Poetry/The Poetry of Sound* (Chicago University Press, 2009)

Yoko Tawada, "The Art of Being Nonsynchronous" In: Marjorie Perloff and Craig Dworkin(eds), *The Sound of Poetry/The Poetry of Sound* (Chicago University Press, 2009)

James Thomas and Simon Kirkby, "Self-Domestication and the Evolution of Language" (Biological Philosophy 33/9, 2018)

Kirsten Thompson, et al., "Urgent Assessment Needed to Evaluate Potential Impacts on Cetaceans from Deep Seabed Mining" (Frontiers in Marine Science 10, 2023)

Tomas Tranströmer, *New Selected Poems* (Bloodaxe, 2011)

Stephen Trumble, et al., "Baleen Whale Cortisol Levels Reveal a Physiological Response to Twentieth Century Whaling" (Nature Communications 9, 2018)

Koki Tsujii, et al., "Change in Singing Behaviour of Humpback Whales Caused by Shipping Noise" (PLOS One 13/10, 2018)

Jakob von Uexküll, *A Foray into the Worlds of Animals and Men* (Minnesota University Press, 2010)

Victoria Warren, et al., "Migratory Insights from Singing Humpback Whales Recorded Around Central New Zealand" (Royal Society Open Science 7, 2020)

Gerraint Wiggins, et al., "The Evolutionary Role of Creativity" (Philosophical Transactions of the Royal Society B 370, 2015)

Heather Williams, "Cumulative Cultural Evolution and Mechanisms for Cultural Selection in Wild Bird Songs" (Nature Communications 13, 2022)

Andrew Wolfenden, et al., "Aircraft Sound Exposure Leads to Song Frequency Decline and Elevated Aggression in Wild Chiffchaffs" (Journal of Animal Ecology 88, 2019)

Ed Yong, *An Immense World* (The Bodley Head, 2022)

Lies Zandberg, et al., "Global Cultural Evolution Model of Humpback Whale Song" (Philosophical Transactions of the Royal Society B 376, 2021)

5장. 기묘한 지성들

Anil Ananthaswamy, "Heavy Metal Poisoning may be Changing Birds' Personalities" (New Scientist, 22 March 2018)

Molly Ashur, et al., "Impacts of Ocean Acidification on Sensory Function in Marine Organisms" (Integrative and Comparative Biology 57/1, 2017)

Chris Baraniuk, "Birds 'Dream Sing' by Moving their Vocal Muscles in their Sleep" (New Scientist, 9 February 2018)

Sean J. Blamires and W. I. Sellers, "Modelling Temperature and Humidity Effects on Web Performance" (Conservation Physiology 7, 2019)

David Bollier and Silke Helfrich, *Free, Fair and Alive* (New Society Publishers, 2019)

Jorge Luis Borges, *The Book of Imaginary Beings* (Penguin, 1974) 《상상 동물 이야기》 (민음사, 남진희 옮김)

Adam Brumm, et al., "Oldest Cave Art Found in Sulawesi" (Science Advances 7/3, 2021)

Joy Buolamwini, "When the Robot Doesn't See Dark Skin" (New York Times, 21 June 2018)

Joy Buolamwini, "Artificial Intelligence Has a Problem with Gender and Racial Bias" (Time, 7 February 2019)

Paco Calvo, et al., "Plants are Intelligent, Here's How" (Annals of Botany 125, 2020)

Andy Clark and David Chalmers, "The Extended Mind" (Analysis 58, 1998)

Kate Crawford and Trevor Paglen, Excavating AI (⟨https://excavating.ai⟩)

Candace Croney and Sarah Boysen, "Acquisition of a Joystick-Operated Video Task by Pigs (Sus scrofa)" (Frontiers in Psychology 12, 2021)

Janya DeVore, et al., "The Evolution of Targeted Cannibalism and Cannibal-induced Defences in Invasive Populations of Cane Toads" (PNAS 118/35, 2021)

Annie Dillard, *Teaching a Stone to Talk* (Canongate, 2017)

Ziv Epstein, et al., "Interpolating GANs to Scaffold Autotelic Creativity" (Joint Proceedings of the ICCC 2020 Workshops, September 7–11 2020)

Marco Facchin and Giulia Leonetta, "Extended Animal Cognition" (Synthese 203/5, 2024)

Nancy Fraser, *Cannibal Capitalism* (Verso, 2022)《좌파의 길》(서해문집, 장석준 옮김)

Peter Godfrey-Smith, *Other Minds: The Octopus, the Sea, and the Deep Origins of Consciousness* (William Collins, 2017)

Peter Godfrey-Smith, *Metazoa: Animal Minds and the Birth of Consciousness* (William Collins, 2020)

Andrea Grunst, et al., "Variation in Personality Traits Across a Metal Pollution Gradient in a Free-Living Songbird" (Science of the Total Environment 630, 2018)

Jason Hickel, "What Does DeGrowth Mean? A Few Points of Clarification" (Globalisation 18/7, 2015)

Jason Hickel, et al., "Degrowth Can Work – Here's How Science Can Help" (Nature 615, 2022)

Daisy Hildyard, *The Second Body* (Fitzcarraldo, 2017)

Erik Hoel, "The Overfitted Brain: Dreams Evolved to Assist Generalization" (Patterns 2, 2021)

Hilton Japyassú and Kevin Laland, "Extended Spider Cognition Animal" (Cognition 20, 2017)

Sarah Jelbert, et al., "New Caledonian Crows Infer the Weight of Objects from Observing their Movements in a Breeze" (Proceedings of the Royal Society B 286, 2019)

Jessica Gaitán Johannesson, *The Nerves and Their Endings* (Scribe, 2021)

Eduardo Kohn, *How Forests Think* (University of California Press, 2013) 《숲은 생각한다》(사월의책, 차은정 옮김)

Eduardo Kohn, *Forest Forms and Ethical Life* (Environmental Humanities 14/2, 2022)

Mark Krause, "Is a Murmuration of Birds a Conscious Thing?" (Medium, 25 September 2020)

Jean-Baptiste Leca, et al., "Acquisition of Object-robbing and Object/Food-Bartering Behaviours" (Philosophical Transactions of the Royal Society B 376, 2020)

Michael Levin, "The Computational Boundaries of a 'Self'" (Frontiers in Psychology 10, 2019)

Michael Levin, "Life, Death and the Self" (Biochemical and Biophysical Research Communications 564, 2021)

Alexander Little, et al., "Population Differences in Aggression are Shaped by Tropical Cyclone-Induced Selection" (Nature Ecology and Evolution 3, 2019)

Julie Livingston, *Self-Devouring Growth* (Duke University Press, 2019)

Malinowski, J. E., et al., "Do Animals Dream?" (Consciousness and Cognition 95, 2021)

Joel Milward-Hopkins, et al., "Providing Decent Living with Minimum Energy: A Global Scenario" (Global Environmental Change 65, 2020)

Ivan Nagelkerken and Philip Mundy, "Animal Behaviour Shapes the Ecological Effects of Ocean Acidification and Warming" (Global Change Biology 22, 2016).

Rob Nixon, "The Less Selfish Gene" (Environmental Humanities 13/2, 2021)

Alison Osbrink, et al., "Traffic Noise Inhibits Cognition Performance in a Songbird" (Proceedings of the Royal Society B 288, 2021)

Elinor Ostrom, *Governing the Commons* (Cambridge University Press, 1990)

Megan Owen, et al., "Contextual Influences on Animal Decision-Making" (Integrative Zoology 12, 2017)

André Geremia Parise, et al., "Extended Cognition in Plants: Is It Possible?" (Plant Signalling and Behaviour 15/2, 2020)

David Peña-Guzmán, *When Animals Dream* (Princeton University Press, 2022)

Elizabeth Pennis, "How Bighorn Sheep Use Crowdsourcing to Find Food on the Hoof" (Science, 6 September 2018)

Annika Stefanie Reinhold, et al., "Behavioral and Neural Correlates of Hide-and-Seek in Rats" (Science 365, 2019)

Daniela Rößler, et al., "Regularly Occurring Bouts of Retinal Movements Suggest an REM Sleep-like State in Jumping Spiders" (PNAS 119/33, 2022)

Vera Schluessel, et al., "Cichlids and Stingrays can Add and Subtract 'One' in the Number Space from One to Five" (Nature Scientific Reports 12, 2022)

James Scott, *Seeing Like a State* (Yale University Press, 1998)

Rick Shine, *Cane Toad Wars* (University of California Press, 2018)

Ariana Strandburg-Peshkin, et al., "Shared Decision-Making Drives Collective Movement in Wild Baboons" (Science 348, 2015)

Atsushi Tero, et al., "Rules for Biologically Inspired Adaptive Network Design" (Science 327, 2010)

Frans de Waal, *Are We Smart Enough to Know How Smart Animals Are?* (Granta, 2016)

Derek Wall, *Elinor Olstrom's Rules for Radicals* (Pluto Press, 2017)

Richard Watson and Michael Levin, "The Collective Intelligence of Evolution and Development" (Collective Intelligence 2/2, 2023)

Sally Weintrobe, "Moral Injury, the Culture of Uncare and the Climate Bubble" (Journal of Social Work Practice 34/4, 2020)

Andrew Whiten, et al., "The Emergence of Collective Knowledge and Cumulative Culture in Animals, Humans, and Machines" (Philosophical Transactions of the Royal Society B 377, 2021)

David Sloan Wilson, *Does Altruism Exist?* (Yale University Press, 2015)

Bob Wong and Ulrika Candolin, "Behavioural Responses to Changing Environments" (Behavioural Ecology 26/3, 2015)

Bin Yu, "Different Neural Circuitry is Involved in Physiological and Psychological Stress-Induced PTSD-like 'Nightmares' in Rats" (Scientific Reports 5, 2015)

Rafael Yuste and Michael Levin, "New Clues About the Origins of Biological Intelligence" (Scientific American, 11 September 2021)

6장. 야생의 시계들

Susanne Åkesson, et al., "Timing Avian Long-Distance Migration: From Internal Clock Mechanisms to Global Flights" (Philosophical Transactions of the Royal Society B 372, 2017)

W. H. Auden, *Selected Poems* (Faber, 2010)

Ian Bartky, "The Adoption of Standard Time" (Technology and Culture 30/1, 1989)

Michelle Bastian, "Fatally Confused: Telling the Time in the Midst of Ecological Crises" (Environmental Philosophy 9/1, 2012)

Michelle Bastian, "Liberating Clocks" (New Formations 92, 2017).

Michelle Bastian and Rowan Bayliss Hawitt, "Multi-Species, Ecological and Climate Change Temporalities: Opening a Dialogue with Phenology" (Environment and Planning E: Nature and Space 6/2, 2023)

Michelle Bastian and Larissa Pschetz, "Temporal Designs: Rethinking Time in Design" (Design Studies 56, 2018)

Tor Benjaminsen, et al., "Misreading the Arctic Landscape: A Political Ecology of Reindeer, Carrying Capacities, and Overstocking in Finnmark, Norway" (Norsk Geografisk Tidsskrift 69/4, 2015)

Jonathan Betts, "John Harrison: Inventor of the Precision Time-keeper" (Endeavour 17/4, 1993)

Susan Brantley, "Understanding Soil Time" (Science 321, 2008)

Kristen Case, "Knowing as Neighbouring: Approaching Thoreau's Kalendar" (J19: The Journal of Nineteenth Century Americanists 2/1, 2014)

I-Ching Chen, et al., "Rapid Range Shifts of Species Associated with High Levels of Climate Warming" (Science 333, 2011)

Courtney Collins, et al., "Experimental Warming Differentially Affects Vegetative and Reproductive Phenology of Tundra Plants" (Nature Communications 12, 2012)

CAConrad, *(Soma)tic Poetry Rituals* (⟨https://somaticpoetryex ercises. blogspot.com⟩)

David Denlinger, et al., "Keeping Time Without a Spine" (Philosophical Transactions of the Royal Society B 372, 2017)

Ralph Waldo Emerson, *Emerson's Prose and Poetry* (W. W. Norton & Co., 2001)

Future Library (⟨https://futurelibrary.no⟩)

Paul Glennie and Nigel Thrift, *Shaping the Day: A History of Timekeeping in England and Wales 1300–1800* (Oxford University Press, 2009)

Hanna Horsberg Hansen, "Pile O'Sápmi and the Connection Between Art and Politics" (SYNNYT/Origins, 2019)

Samantha Chisholm Hatfield, et al., "Indian Time: Time, Seasonality, and Culture in Traditional Ecological Knowledge of Climate Change" (Ecological Processes 7/25, 2018)

Christopher Hecksher, "A Nearctic-Neotropical Migratory Songbird's Nesting Phenology and Clutch Size are Predictors of Accumulated Cyclone Energy" (Scientific Reports, 2018)

Barbara Helm, et al., "Annual Rhythms that Underlie Phenology: Biological Time-Keeping Meets Environmental Change" (Proceedings of the Royal Society B 380, 2013)

Barbara Helm, et al., "Two Sides of a Coin: Ecological and Chronobiological Perspectives on Timing in the Wild" (Philosophical Transactions of the Royal Society B 372, 2017)

Intergovernmental Panel on Climate Change, "Climate Change 2022: Impacts, Adaptations and Vulnerability" (IPCC, 2007)

Andre Klarsfeld, "At the Dawn of Chronobiology" (⟨http://www.bibnum.education.fr/sites/default/files/122-mairan-analysis.pdf⟩)

Krokene, P., et al., "Effect of Phenology on Susceptibility of Norway Spruce (Picea abies) to Fungal Pathogens" (Plant Pathology 61, 2012)

Noga Kronfeld-Schor, et al., "Chronobiology of Interspecific Interactions in a Changing World" (Philosophical Transactions of the Royal Society B 372, 2017)

Roman Krznaric, *The Good Ancestor* (Penguin, 2021)

Roger Lewin, *Making Waves* (Penguin, 2005)

R. Ashton Macfarlane, "Wild Laboratories of Climate Change: Plants, Phenology, and Global Warming, 1955-1980" (Journal of the History of Biology 54, 2021)

Osip Mandelstam, *Journey to Armenia* (Notting Hill Editions, 2011)

Abraham Miller-Rushing and Richard Primack, "Global Warming and Flower Times in Thoreau's Concord" (Ecology 89/2, 2008)

Giordano Nanni, *The Colonisation of Time* (Manchester University

Press, 2012)

Nils Oskal, "On Nature and Reindeer Luck" (Rangifer 20/2−3, 1999)

Our World in Data (⟨https://ourworldindata.org⟩)

Ruth Padel, *The Mara Crossing* (Random House, 2012)

Hugo Reinert, et al., "The Skulls and the Dancing Pig: Notes on Apocalyptic Violence" (Terrain 71, 2019)

Alyssa Rosemartin, et al., "Lilac and Honeysuckle Phenology Data 1956−2014" (Scientific Data 38, 2015)

William Schwartz, et al., "Wild Clocks" (Philosophical Transactions of the Royal Society B 372, 2017)

John Severson, et al., "Spring Phenology Drives Range Shifts in a Migratory Arctic Ungulate with Key Implications for the Future" (Global Change Biology 27, 2021)

Henry Thoreau, The Writings of Henry D. Thoreau (⟨https://thoreau.library.ucsb.edu⟩)

Nicholas Tyler, et al., "The Shrinking Resource of Base Pastoralism: Saami Reindeer Husbandry in a Climate of Change" (Frontiers in Sustainable Food Systems 4, 2021)

Robert Young Walser, "Dreg Songs Lost and Found" (Folk Life 53, 2015)

Kyle Powys Whyte, "Time as Kinship" In: Jeffrey Jerome Cohen, Stephanie Foote(eds), *Cambridge Companion to the Environmental Humanities* (Cambridge University Press, 2021)

Ryohei Yamaguchi, et al., "Trophic Levels Decoupling Drives Future Changes in Phytoplankton Bloom Phenology" (Nature Climate Change 12, 2022)

7장. 사자 인간, 상상의 시작

Ken Anthony, et al., "New Interventions are Needed to Save Coral Reefs" (Nature, Ecology and Evolution 1, 2017)

Douglas Blackiston, et al., "A Cellular Platform for the Development of Synthetic Living Machines" (Science Robotics 6, 2021)

Joanna Buchthel, et al., "Mice Against Ticks: An Experimental Community-Guided Effort to Prevent Tick-Borne Disease by Altering the Shared Environment" (Philosophical Transactions of the Royal Society B 374, 2018)

Nikita Chauhan, "Case Studies: Successful Wastewater Treatment through Bioremediation" (Medium, 27 September 2023)

Crochet Coral Reef (〈https://crochetcoralreef.org〉)

Dawul Wuru website (〈https://dawulwuru.com.au〉)

Kevin Esvelt and Neil Gemmell, "Conservation Demands Safe Gene Drive" (PLOS Biology 15/11, 2017)

Karen Filbee-Dexter and Anna Smajdor, "Ethics of Assisted Evolution in Marine Conservation" (Frontiers in Marine Science 6, 2019)

J. B. Garner, "Genomic Selection Improves Heat Tolerance in Dairy Cattle" (Nature Scientific Reports 6, 2016)

Scott Gilbert, "A Symbiotic View of Life: We Have Never Been Individuals" (Quarterly Review of Biology 87/4, 2012)

Harkness, M., et al., "In Situ Stimulation of Aerobic PCB Biodegradation in Hudson River Sediments" (Science 259, 1993)

Wulf Hein, "Tusks and Tools—Experiments in Carving Mammoth Ivory" (L'anthropologie 122, 2018)

Mai Hudson, et al., "Indigenous Perspectives and Gene Editing in Aotearoa New Zealand" (Frontiers in Bioengineering and Biotechnology 7/70, 2019)

ICUN, "Genetic Frontiers for Conservation" (ICUN, 2019)

Claus-Joachim Kind, et al., "The Smile of the Lion-Man" (Quartär 61, 2014)

Natalie Kofler, et al., "Editing Nature: Local Roots of Global Governance" (Science 362, 2018)

Armin Kubis and Arren Bar-Even, "Synthetic Biology Approaches for Improving Photosynthesis" (Journal of Experimental Botany 70/5, 2019)

Tame Malcolm, "Is Poisoning Pests the Māori Way?" (The Spinoff, 14 March 2022)

Emma Marris, *Wild Souls* (Bloomsbury, 2021)

Hirini Moko Mead, *Tikanga Māori: Living by Māori Values* (Huia, 2003)

Symon Palmer, et al., "Gene Drive and RNAi Technologies: A Bio-cultural Review of Next-Generation Tools for Pest Wasp Management in New Zealand" (Journal of the Royal Society of New Zealand 532/5, 2022)

Wolfgang Pirsig and Kurt Wehrberger, "The Ears of the Lion Man" (History of Medicine Otorhinolaryngology 1, 2015)

Christopher Preston, "Ethics, Experts and the Public in the Synthetic Age" (Issues in Science and Technology 36/3, 2020)

Kate Quigley, et al., "The Active Spread of Adaptive Variation for Reef Resilience" (Ecology and Evolution 9, 2019)

Rome Mere Roberts, "Walking Backwards into the Future: Māori Views on Genetically Modified Organisms" (WINHEC 1, 2005)

Sophia Roosth, "Evolutionary Yarns in Seahorse Valley" (differences 23/5, 2012)

Sophia Roosth, *Synthetic: How Life Got Made* (Chicago University Press, 2017)

Mohi Ruatapu, *Ngā Kōrero a Mohi Ruatapu* (Canterbury University Press, 1993)

Elizabeth Rylott and Neil Bruce, "How Synthetic Biology Can Help Bioremediation" (Current Opinion in Chemical Biology 58, 2020)

Ronald Sandler, "The Ethics of Genetic Engineering and Gene Drives in Conservation" (Conservation Biology 34/2, 2019)

Beth Shapiro, *Life as We Made It* (One World, 2021)

Gavin Singleton, "The Great Barrier Reef as a Cultural Landscape" In: Pat Hutchings et al.(eds), *Coral Reefs of Australia* (CSIRO Publishing, 2022)

Michael Spectre, "Rewriting the Code of Life" (New Yorker, 25 December 2016)

Gergely Torda, et al., "Rapid Adaptive Responses to Climate Change in Corals" (Nature Climate Change 7, 2017)

Madeleine van Oppen, et al., "Building Coral Reef Resilience Through Assisted Evolution" (PNAS 112/8 (2015)

Madeleine van Oppen, et al., "Shifting Paradigms in Restoration of the World's Coral Reefs" (Global Change Biology 23, 2017)

Madeleine van Oppen and Linda Blackall, "Coral Microbiome Dynamics, Functions and Design in a Changing World" (Nature Reviews Microbiology 17, 2019)

Robyn Wright, et al., "A Multi-OMIC Characterisation of Bio-degradation and Microbial Community Succession with the PET Plastisphere" (Microbiome 9 , 2021)

Shosuke Yoshida, et al., "A Bacterium that Degrades and Assimilates Poly(ethylene terephthalate)" (Science 351, 2016)

Jan Zrimec, et al., "Plastic-Degrading Potential Across the Global Microbiome Correlates with Recent Pollution Trends" (mBio 12, 2012)

카프카의 표범들

Franz Kafka, *The Blue Octavo Notebooks* (Exact Change, 1991)

클로드 레비-스트로스Claude Lévi-Strauss는 "동물은 생각을 이끄는 데 더없이 좋은 존재"라고 말했다. 나 역시 그렇게 믿는다. 그리고 다양한 방식으로, 사람 또한 사유의 훌륭한 동반자임을 늘 느낀다. 그런 점에서 고마움을 전해야 할 분들이 많다.

우선, 이 책을 함께 만들어준 캐노게이트 출판사의 훌륭한 팀에게 감사드린다. 특히 사이먼 소로그드, 프랜시스 빅모어, 클레어 레이더먼, 제니 프라이, 아마니 반하랄리, 카트리오나 혼, 비키 러더퍼드 그리고 캐노게이트의 반려견 실비에게 특별히 고마움을 전한다. 정확하고 섬세한 손길로 교정을 맡아준 젬마 웨인에게 감사드린다. 표지 디자인을 맡아 강렬하고도 우아한 이미지를 완성해준 스티븐 파커에게 경의를 표한다. (원서 표지에는 예멘 소코트라섬의 벼랑에 매달리듯 뿌리 내린, 강인한 생명력을 상징하는 유향나무가 담겨 있다.) 믿음직한 나의 에이전트 캐리 플릿에게도 감사한다. 이 책의 씨앗이 되어준 BBC 퓨처BBC Future 에세이를 처음 제안해준 리처드 피셔에게도 감사드린다.

오슬로에서 따뜻한 마음을 나눠준 안네 베아테 호빈과 케이티 패터슨, 뉴저지와 뉴욕, 로드아일랜드에서 환대를 베풀어준 수잔 랍 그린, 레베카 알트먼, 카렌 비숍에게도 진심으로 감사드린다. 귀한 시간과 전문 지식을 나눠준 분들께도 깊은 감사의 말을 전하고 싶다. 파르베즈 알람, 레오니 알렉산더, 게지네 아르겐트, 레이철 암스트롱, 덩컨 베이커-브라운, 미셸 배스천, 재닌 베뉴스, 더그 블래키스턴, 애런 브래드쇼, 제인 캘버트, 루이자 캐슨, 홀리 코필드 카, 애덤 디킨슨, 지브 엡스타인, 케빈 에스벨트, 시모네 페라치나, 에릭 피셔, 제시카 가이탄 요하네손, 덩컨 기어, 릴리 그린, 싯다르타 헤이스, 바버라 헬름, 리사 휴스턴, 코라 크라이캄프, 닉 리, 마이클 레빈, 타메 맬컴, 멜라니 마크 셰드볼트, 조지 몽비오, 새넌 냉글, 스티븐 팔룸비, 마이클 폴린, 미리엄 퀵, 캐리 로블, 메노 스힐트하위전, 마커스 샤드볼트, 다브샌드, 베스 셔피로, 개빈 싱글턴, 에리카 시만스키, 크리스 토머스, 피터 타이액, 매들린 반 오펜, 아네 빅토리아 볼스네스, 팀 빈센트 스미스(이 인연을 맺어준 해나 키친커비), 마거릿 워트하임, 앤드루 화이트헤드, 아이크 위르긴, 엔 제 린다 종 존슨에게 깊이 감사드린다.

마지막으로, 하늘 아래 누구보다도 사랑하는 레이철과 아이작, 그리고 애니. 그대들은 내 삶의 빛이며, 내가 지닌 모든 가능성의 시작이다.

사진 출처

p. 11   절벽제비 © Glenn Bartley Nature Photography

p. 40   은여우 메치타 © Dugatkin, L.A. The silver fox domestication experiment. Evo Edu Outreach 11, 16 (2018). https://doi.org/10.1186/s12052-018-0090-x Reprinted by permission of the Creative Commons Attribution 4.0 International Licence: https://creativecommons.org/licenses/by/4.0/

p. 76-77   네덜란드 레이던 전경 © JaySi

p. 102   철심으로 만든 까치 둥지 © Auke-Florian Hiemstra

p. 106-107   위카도 어린이공원 © Denis Guzzo

p. 162-163   아구아호하 © Kelly Egorova at Oxman

p. 177   혹등고래 © Jonas Gruhlke

p. 214   메건 와츠 휴스의 아이도폰 실험 © Louis Porter & Cyfarthfa Castle Museum and Art Gallery

p. 227   황색망사점균 © Naturalraw

p. 322-323   미래도서관 © Katie Paterson, Future Library, 2014-2114. Silent Room. Photo by Einar Aslaksen, 2023

p. 330   사자 머리 인간상(Public domain, Wikimedia Commons)

p. 375   해양 세계 © John A. Anderson

벌, 개미, 거미에게서

인간이 배울 지혜가 정녕 없겠는가?

토머스 브라운 Thomas Browne

Nature's Genius